TRAUNER VERLAG
BILDUNG

Bildung, die begeistert!

Ihr interaktives E-Book *plus* in der TRAUNER-DigiBox

Das Plus zum gedruckten Buch

+ Angereichertes E-Book
+ Multimediale Inhalte
+ Vielfältige Zusatzmaterialien auf einen Blick
+ Einfache Navigation
+ Für verschiedene Endgeräte (PC, Mac, Tablet, Smartphone)

AF704764

Spannendes Lernen an jedem Ort.

Film ab!
Videos erklären die Lösungswege mit Technologieunterstützung

Interaktives E-Book

Interaktive Abbildungen

Safety-Checks überprüfen den Kompetenzerwerb automatisch

Kopier- und Vervielfältigungsverbot
Wir weisen darauf hin, dass gem § 42/6 UrhG kein Teil dieses Schulbuches in irgendeiner Form ohne schriftliche Genehmigung des Verlages reproduziert (kopiert) oder unter Verwendung elektronischer Systeme verarbeitet, vervielfältigt oder verbreitet werden darf.

Dieses Buch wurde auf Papier aus nachhaltiger Forstwirtschaft gedruckt.

Impressum

Tinhof u. a., Mathematik für die Berufsreifeprüfung – Maturatraining

\+ digitales Zusatzpaket

1. Auflage 2021
TRAUNER Verlag, Linz

Das Autorenteam

OSTR. MAG. FRIEDRICH TINHOF,
Lehrer i. R. an der Bundeshandelsakademie Eisenstadt, ehem. Bundes-ARGE-Leiter Mathematik HAK, langjähriger ARGE-Leiter Mathematik Burgenland, Mehrfach-Vorsitzender bei Berufsreifeprüfungen im Rahmen der sRDP, Vortragender an der Pädagogischen Hochschule Burgenland

MAG. KATHRIN GERSTENDORF,
Bundeshandelsakademie Landeck, Item-Writerin für die Kompensationsprüfung zur standardisierten kompetenzorientierten Reife- und Diplomprüfung, Verfasserin von Übungsaufgaben für die Handelsakademie am BMBWF, Multiplikatorin im Bereich standardisierte Reife und Diplomprüfung aus angewandter Mathematik an BHS, ARGE-Leiterin Mathematik Tirol

OSTR. MAG. HELMUT GIRLINGER,
Lehrer i. R. an der Bundeshandelsakademie Rohrbach,
Trainer, Prüfer und Mehrfach-Vorsitzender bei Berufsreifeprüfungen,
Testadministrator für das BMBWF

OSTR. MAG. DR. MARKUS PAUL,
Bundeshandelsakademie Innsbruck, Item-Writer für die standardisierte, kompetenzorientierte Reife- und Diplomprüfung, Lektor am FH-Studiengang Tourismus- und Freizeitwirtschaft am Management-Center Innsbruck, langjähriger ARGE-Leiter Mathematik Tirol

Unter Mitarbeit von
THERESIA KLONNER
THOMAS PÜHRINGER

Dieses Buch wurde auf der Grundlage eines Rahmenlehrplanes erstellt. Die Auswahl und die Gewichtung der Inhalte erfolgen durch die Lehrer/innen.

Lektorat/Produktmanagement:
MMag. Wolfgang Jungwirth
Titelgestaltung: Bettina Victor
Grafik & Gestaltung: Michael Wenigwieser
Schulbuchvergütung/Bildrechte:
© Bildrecht GmbH/Wien
Gesamtherstellung:
Vorarlberger Verlagsanstalt GmbH
Schwefel 81, 6850 Dornbirn

ISBN 978-3-99062-667-2
www.trauner.at

Vorwort

Das vorliegende Buch ist als **Übungsbuch** konzipiert. Das Buch wurde von erfahrenen Pädagoginnen und Pädagogen zur Vertiefung der Lerninhalte sowie zur optimalen Vorbereitung auf die Berufsreifeprüfung entwickelt.

Die **Inhalte** basieren auf den Büchern *Mathematik für die Berufsreifeprüfung – Teil 1* und *Teil 2* sowie auf den Inhaltsbereichen des *Grundkompetenzenkatalogs Teil A* und des *Kompetenzenkatalogs Teil B* für die Cluster BAFEP/BASOP/BRP (P) des Ministeriums für Bildung, Wissenschaft und Forschung.

Über 160 Aufgaben, mit zumeist ausführlichen **Lösungen,** sollen Sie optimal auf die Herausforderung der standardisierten kompetenzorientierten Berufsreifeprüfung vorbereiten.

Das Buch beinhaltet

- eine ideale Vorbereitung auf die standardisierte kompetenzorientierte Berufsreifeprüfung,
- eine übersichtliche Erklärung zum Aufbau und zu den Rahmenbedingungen der standardisierten kompetenzorientierten Berufsreifeprüfung,
- eine Vielzahl von Übungsaufgaben aus allen fünf Inhaltsbereichen,
- die Anwendung aller sechs Antwortformate,
- umfangreiche Lösungen im Buch sowie
- Erklärvideos und interaktive Safety-Checks auf unserer Lehr- und Lernplattform – der **TRAUNER-DigiBox**.

Das Autorenteam
Linz, im Februar 2021

Die Werke des Mathematikers müssen schön sein wie die des Malers oder Dichters; die Ideen müssen harmonieren wie die Farben oder Worte.

G. H. Hardy,
1877 bis 1947,
britischer Mathematiker

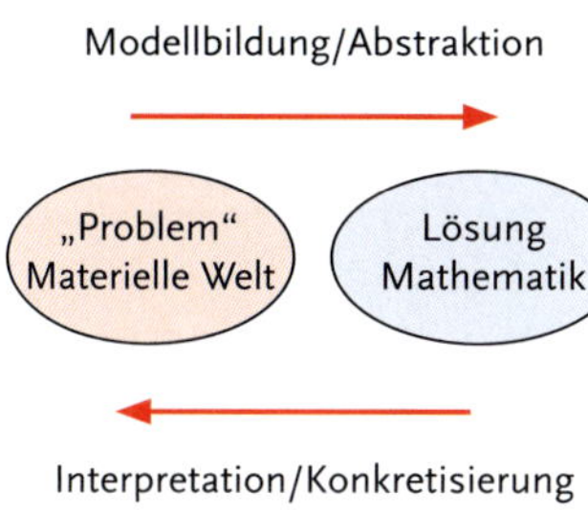

Zeichenerklärung

Zeichen	Sprechweise	Erläuterung, Beispiele
$\neg$	nicht	$\neg P$ Negation der Aussage P
$\Rightarrow$	impliziert aus ... folgt ...	$P \Rightarrow Q$ P impliziert Q aus P folgt Q
$\Leftrightarrow$	äquivalent genau dann	$P \Leftrightarrow Q$ P äquivalent Q P genau dann, wenn Q
$\wedge$	und	$P \wedge Q$ sowohl P als auch Q
$\vee$	oder	$P \vee Q$ entweder P oder Q oder beides
$\{\ldots\}$	Menge mit den Elementen	$A = \{a, b, c\}$ Menge A mit den Elementen a, b und c
$\in$	ist Element aus (von)	$a \in A$
$\notin$	ist nicht Element aus (von)	$d \notin A$
$\{x \in M \mid P(x)\}$	Menge aller Elemente x aus M für die gilt: P von x ist wahr	$\{x \in M \mid x < 3\}$
$\{\}$, $\varnothing$	leere Menge	enthält kein Element
$=$ $\neq$	ist gleich ist nicht gleich, ist ungleich	bei Mengen: $A = B$, $A \neq C$ bei Zahlen: $2 = \frac{4}{2}$, $3 \neq 5$
$\subseteq$	ist Teilmenge	$A \subseteq B$ A ist Teilmenge von B
$\cap$	Durchschnitt(smenge)	$A \cap B$ Durchschnitt(smenge) von A und B
$\cup$	Vereinigung(smenge)	$A \cup B$ Vereinigung(smenge) von A und B
$\setminus$	ohne	$A \setminus B$ Differenzmenge A ohne B
$\complement_G A$	Komplementärmenge zu A	$\complement_G A = G \setminus A$ Komplementärmenge zu A in Bezug auf G
$\times$	kreuz	$A \times B$ Produktmenge von A und B
$(a\mid b)$; (a, b)	geordnetes Paar a, b	$(3\mid-2)$
$>$	ist größer	$a > b$
$<$	ist kleiner	$a < b$
$\geqslant$	ist größer oder gleich	$a \geqslant b$
$\leqslant$	ist kleiner oder gleich	$a \leqslant b$
$\mathbb{N}$	Menge der natürlichen Zahlen	$\mathbb{N} = \{0, 1, 2, 3, \ldots\}$
$\mathbb{Z}$	Menge der ganzen Zahlen	$\mathbb{Z} = \{\ldots, -2, -1, 0, 1, 2, \ldots\}$
$\mathbb{Z}^+$	Menge der positiven ganzen Zahlen	$\mathbb{Z}^+ = \{1, 2, 3, \ldots\}$
$\mathbb{Z}^-$	Menge der negativen ganzen Zahlen	$\mathbb{Z}^- = \{\ldots, -3, -2, -1\}$
$\mathbb{Z}_0^+$	Menge der positiven ganzen Zahlen einschließlich 0	$\mathbb{Z}_0^+ = \{0, 1, 2, 3, \ldots\}$
$\mathbb{Q}$	Menge der rationalen Zahlen	$\mathbb{Q}^+$, $\mathbb{Q}^-$, $\mathbb{Q}_0^+$ wie bei $\mathbb{Z}$
$\mathbb{I}$	Menge der irrationalen Zahlen	unendliche nichtperiodische Dezimalzahlen
$\mathbb{R}$	Menge der reellen Zahlen	$\mathbb{R}^+$, $\mathbb{R}^-$, $\mathbb{R}_0^+$ wie bei $\mathbb{Z}$

Zeichen	Sprechweise	Erläuterung, Beispiele
$\| \|$	(Absolut-)Betrag von, absolut	$\|a\|$ absolut a
$\sum$	Summe	$\sum_{i=1}^{n} a_i = a_1 + a_2 + \ldots + a_n$
G, D, L	Grund-, Definitions- und Lösungsmenge	$L = \{-2, 3\}$
[a; b]]a; b], [a; b[ ]a; b[	abgeschlossenes Intervall halboffenes Intervall offenes Intervall	$[a; b] = \{x \in \mathbb{R} \mid a \leqslant x \leqslant b\}$ $]a; b] = \{x \in \mathbb{R} \mid a < x \leqslant b\}$ $]a; b[= \{x \in \mathbb{R} \mid a < x < b\}$
$\sqrt{\ }$	(Quadrat-)Wurzel aus	$\sqrt{a}$ (Quadrat-)Wurzel aus a

Funktionen

$f\colon D \to W$, $x \mapsto y = f(x)$ — D Definitionsmenge, W Wertemenge; x zugeordnet y, y ist Funktion von x

$f = \{(x \mid y) \mid y = f(x)\}$ — Funktion in Mengenschreibweise

$f^{-1}\colon x \mapsto y = f^{-1}(x)$ — Umkehrfunktion zu f: $x \mapsto y = f(x)$ mit $y = f(x) \Leftrightarrow x = f^{-1}(y)$

Folgende Piktogramme haben wir für die verschiedenen Bereiche gewählt:

Zum Nachdenken, Übungsaufgaben

Für besonders wichtige Hinweise

Für Wissenswertes, Tipps

Für Diskussionsaufgaben

Für Verknüpfungen zu anderen Gegenständen, Kapiteln oder Internetlinks

FILM AB! Für Videos, die in der TRAUNER-DigiBox oder mittels QR-Code bzw. Link aufgerufen werden können

Für Downloads aus der TRAUNER-DigiBox (www.trauner-digibox.com)

STARTEN SIE IHR DIGITALES ZUSATZPAKET ZUM BUCH!

t. DigiBox

In der TRAUNER-DigiBox (www.trauner-digibox.com) finden Sie Ihr persönliches E-Book und die Zusatzmaterialien zum Buch:

- www.trauner-digibox.com aufrufen
- Einmal kostenlos registrieren
- Ihr digitales Zusatzpaket mit **Lizenz-Key** auf der Rückseite des Buches freischalten.

Inhaltsverzeichnis

Note	Punkte
Sehr gut	44 – 48
Gut	38 – 43
Befriedigend	31 – 37
Genügend	23 – 30
Nicht genügend	0 – 22

Beurteilungsschlüssel

Die schriftliche Reife- und Diplomprüfung

Zusammensetzung der Klausur

Die schriftliche Reife- und Diplomprüfung (sRDP) aus Angewandter Mathematik besteht aus einer zweiteiligen Klausur mit einer Bearbeitungszeit von 270 Minuten.

- Die Aufgabenstellungen in **Teil A** sind schulformenübergreifend und prüfen Grundkompetenzen ab. Alle Aufgaben sind kontextorientiert. Der Teil A umfasst mindestens vier voneinander unabhängige Aufgaben, für jede Teilaufgabe werden 1, 2 oder selten 3 Punkte vergeben. Diese Aufgaben sind für alle Maturantinnen und Maturanten aller BHS-Schulformen gleich.
- Die Aufgabenstellungen in **Teil B** sind schulformenspezifisch und prüfen schulformentypische Kompetenzen ab: Der Teil B umfasst mindestens zwei voneinander unabhängige Aufgaben, für jede Teilaufgabe werden 1, 2, 3 oder 4 Punkte vergeben. Die Teilaufgaben sind voneinander unabhängig.

Etwa die Hälfte der erreichbaren Punkte entfällt je auf den Teil A bzw. den Teil B. Für die Gesamtbeurteilung ist die Summe der Punkte relevant, die Sie insgesamt bei Teil A und bei Teil B erreichen.

Ihre Klausur wird positiv bewertet, wenn Sie mindestens 23 der 48 möglichen Punkte erreichen.

Antwortformate

Bei den Aufgaben können folgende Formate auftreten:

Offenes Antwortformat
Eine freie Bearbeitung der Aufgabe wird durch eine Handlungsanweisung gefordert.

> Gegeben ist die Gleichung einer Geraden g mit $3 \cdot x + 5 \cdot y = 15$.
> *Ermitteln Sie die Steigung der dieser Geraden entsprechenden linearen Funktion.*

Halboffenes Antwortformat
Beim halboffenen Antwortformat sollen Sie Ihre Antwort in einer vorgegebenen Formel oder Funktion formulieren.

> Gegeben ist ein Rechteck mit den Seitenlängen a und b.
> *Erstellen Sie eine Formel zur Berechnung des Flächeninhalts A dieses Rechtecks.*
> $A = a \cdot b$

Konstruktionsformat
Ein Koordinatensystem, ein Diagramm oder eine Grafik ist vorgegeben. Sie sollen Funktionsgraphen, Punkte, Skalierungen oder Achsenbeschriftungen ergänzen.

> Gegeben ist eine lineare Funktion f mit $f(x) = k \cdot x + d$.
> *Zeichnen Sie einen Graphen einer linearen Funktion mit $k = -2$ und $d = 1$ im nebenstehenden Koordinatensystem ein.*

Multiple-Choice-Antwortformat
Zu einer Aufgabenstellung werden fünf Antwortmöglichkeiten angeboten. Genau eine der angebotenen Antworten ist richtig und diese sollen Sie ankreuzen **(1 aus 5).**

Kreuzen Sie die zutreffende Gleichung an.

$1 + 1 = 1$	☐
$2 + 2 = 4$	☒
$3 + 3 = 3$	☐
$4 + 5 = 8$	☐
$5 + 5 = 5$	☐

Zuordnungsformat
Vier Aussagen oder Tabellen oder Abbildungen sollen Sie zwei Antwortmöglichkeiten zuordnen **(2 zu 4).**

Ordnen Sie den zwei Gleichungen jeweils die entsprechende Bezeichnung (aus A bis D) zu.

$1 + 1 = 2$	*A*
$2 \cdot 2 = 4$	*C*

A	Addition
B	Division
C	Multiplikation
D	Subtraktion

Eine ausführliche Erläuterung der Antwortformate finden Sie auf www.matura.gv.at/srdp/angewandte-mathematik.

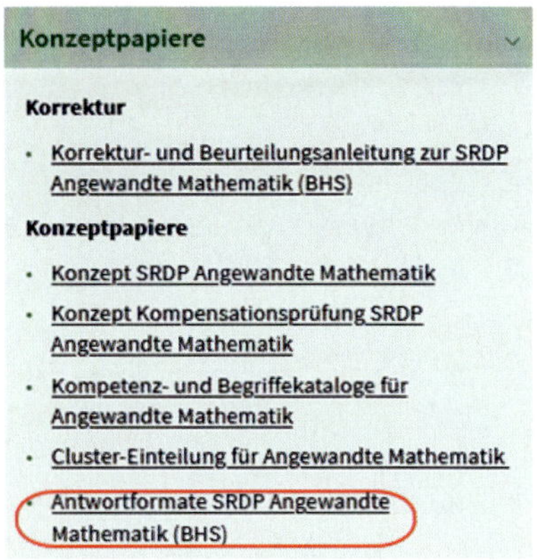
Konzeptpapiere

Korrektur

- Korrektur- und Beurteilungsanleitung zur SRDP Angewandte Mathematik (BHS)

Konzeptpapiere

- Konzept SRDP Angewandte Mathematik
- Konzept Kompensationsprüfung SRDP Angewandte Mathematik
- Kompetenz- und Begriffekataloge für Angewandte Mathematik
- Cluster-Einteilung für Angewandte Mathematik
- Antwortformate SRDP Angewandte Mathematik (BHS)

Konstruktionsformat (Lösung):

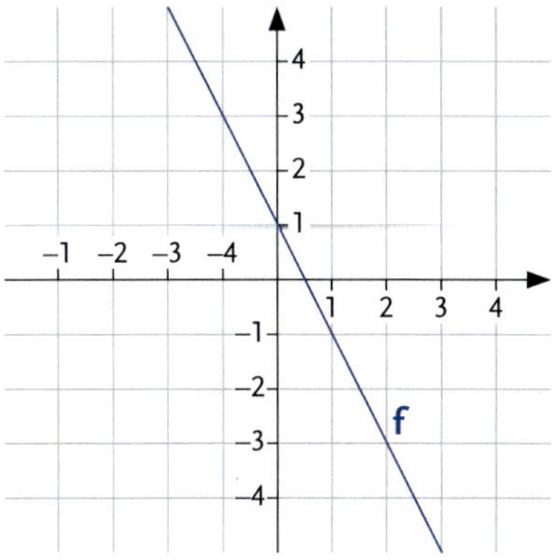

Lückentext

Ein Lückentext ist ein Satz mit zwei Lücken, die ergänzt werden müssen. Für jede Lücke werden drei Antwortmöglichkeiten vorgegeben. Sie lösen die Aufgabe, indem Sie bei beiden Lücken die zutreffenden Antworten ankreuzen.

Gegeben sind 3 Gleichungen.

Ergänzen Sie die Textlücken im folgenden Satz durch Ankreuzen der jeweils richtigen Satzteile so, dass eine korrekte Aussage entsteht.

Die Gleichung _____❶_____ wird als Zusammenzählung oder _____❷_____ bezeichnet.

①	
$1-1=0$	☐
$1+1=2$	☒
$1\cdot 1=1$	☐

②	
Multiplikation	☐
Subtraktion	☐
Addition	☒

Kompetenzorientierung

Alle Aufgaben sind kompetenzorientiert. Das bedeutet, dass Sie bei diesen Aufgaben ihre mathematischen Kenntnisse bei Problemstellungen aus variablen Kontexten anwenden müssen. Sie sollen nicht Aufgabentypen und Schemata auswendig lernen, sondern Sie sollen die Fähigkeit besitzen, mathematische Konzepte in Problemstellungen anzuwenden, mit denen Sie erstmals konfrontiert sind.

Sie sollen **vier verschiedene Kompetenzbereiche** beherrschen, die durch Signalwörter gekennzeichnet sind:

A Modellieren und Transferieren
B Operieren und Technologieeinsatz
C Interpretieren und Dokumentieren
D Argumentieren und Kommunizieren

A Modellieren und Transferieren
Signalwörter sind „Erstellen Sie ...“, „Übertragen Sie...“ etc.

B Operieren und Technologieeinsatz
Signalwörter „Berechnen Sie ...“, „Ermitteln Sie ...“, „Formen Sie ... um“ etc.

C Interpretieren und Dokumentieren
Signalwörter „Beschreiben Sie ...“, „Lesen Sie ab“, „Kennzeichnen Sie ...“ etc.

D Argumentieren und Kommunizieren
Signalwörter „Erklären Sie ...“, „Begründen Sie ...“, „Zeigen Sie ...“, „Überprüfen Sie ...“ etc.

Die Kompetenzbereiche C und D werden auch zu dem übergreifenden Kompetenzbereich **R Reflektieren** zusammengefasst.

Je ein Drittel der zu erreichenden Punkte entfallen auf die Kompetenzbereiche A, B und R.

Die Aufgabenstellungen können **fünf Inhaltsbereichen** zugeordnet werden:

1. Zahlen und Maße
2. Algebra und Geometrie
3. Funktionale Zusammenhänge
4. Analysis
5. Stochastik

Die Kompetenzen für diese Inhaltsbereiche sind in eigenen **Kompetenzkatalogen** für den Teil A und für den Teil B in sogenannten Deskriptoren detailliert festgehalten.

Deskriptor	Formulierung des Deskriptors: Inhalt und Handlung
1.1	mit natürlichen, ganzen, rationalen und reellen Zahlen rechnen, ihre Zusammenhänge interpretieren und damit argumentieren und sie auf der Zahlengeraden veranschaulichen siehe Kommentar
1.2	Zahlen in Fest- und Gleitkommadarstellung in der Form $\pm a \cdot 10^k$ mit $1 \leqslant a < 10$ und $a \in \mathbb{R}$, $k \in \mathbb{Z}$ verstehen und anwenden
1.3	Vielfache und Teile von Einheiten mit den entsprechenden Zehnerpotenzen (inkl. der Bedeutungen der Begriffe „Nano-“ bis „Tera-“) sowie Größen als Kombination von Maßzahl und Maßeinheit verstehen und anwenden
1.4	Ergebnisse beim Rechnen mit Zahlen abschätzen (überschlagsrechnen) und in kontextbezogener Genauigkeit angeben (kaufmännisch runden)
1.5	Zahlenangaben in Prozent und Promille im Kontext verstehen und anwenden
1.6	den Betrag einer Zahl verstehen und anwenden

Die Kompetenzkataloge können von der Website www.matura.gv.at/srdp/angewandte-mathematik heruntergeladen werden.

Weiters müssen Sie mit Begriffen vertraut sein, die in **Begriffekatalogen** für Teil A und Teil B festgelegt sind.

Technologieeinsatz

Bei der Klausur zur sRDP wird eine der Schulform entsprechende Werkzeugkompetenz verlangt.

Folgende Mindestanforderungen muss Ihr technologisches Werkzeug erfüllen:

- Darstellung von Funktionsgraphen
- Möglichkeiten des numerischen Lösens von Gleichungen und Gleichungssystemen
- Numerisches Integrieren
- Grundlegende Funktionen der Matrizenrechnung
- Funktionen für statistische Kenngrößen, Regression und Korrelation, Binomial- und Normalverteilung

Diese Mindestanforderung erfüllen z. B. grafische Taschenrechner wie TI-82 Stats oder TI-84 Plus. Bei der sRDP sind aber auch Computeralgebrasysteme wie GeoGebra und Tabellenkalkulationssysteme wie Excel zugelassen. Falls in Ihrem Unterricht andere Programme verwendet wurden, sind auch diese zugelassen.

Es ist Ihnen frei gestellt, wie Sie die Aufgaben lösen und mit welcher Technologie Sie die Aufgaben bearbeiten. Wichtig ist eine nachvollziehbare Dokumentation Ihres Technologieeinsatzes. Der Einsatz mehrerer Technologien ist zulässig.

Formelsammlung

Bei der sRDP ist eine vom Ministerium erstellte Formelsammlung zugelassen (www.matura.gv.at/srdp/angewandte-mathematik).

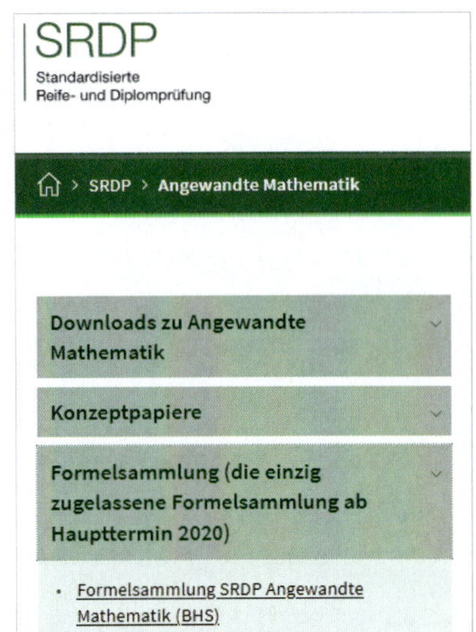

Richtlinien für die Bearbeitung der Aufgaben

Für die Bearbeitung der Aufgaben müssen Sie folgende Richtlinien beachten
(Handreichung für die Bearbeitung der sRDP in Angewandter Mathematik, www.matura.gv.at/srdp/angewandte-mathematik):

- Sie müssen jede Berechnung mit einem nachvollziehbaren Rechenansatz und einer nachvollziehbaren Dokumentation des Technologieeinsatzes durchführen. Dazu müssen Sie angeben:
  – die verwendeten Ausgangsparameter und
  – die verwendete Technologiefunktion
- Selbst gewählte Variablen müssen Sie erklären und gegebenenfalls mit Einheiten benennen.
- Ergebnisse müssen Sie eindeutig hervorheben.
- Erstellen Sie Diagramme und Skizzen als Lösungen, so müssen Sie die Achsen skalieren und beschriften.
- Erstellen Sie geometrische Skizzen, so müssen Sie die lösungsrelevanten Teile beschriften.
- Rechnen Sie eine Aufgabe mehrfach, so müssen Sie alle Lösungswege bis auf einen streichen.

Aufgabenpool

- Das Ministerium stellt unter aufgabenpool.srdp.at/bhs mehr als 500 Übungsklausuraufgaben mit Lösungen zum Download zur Verfügung.
  Sie können die Aufgaben filtern nach Inhaltsbereichen und nach Handlungskompetenzen.
- Unter www.aufgabenpool.at können Sie gezielt Aufgaben nach Schlagwörtern (etwa „Boxplot“) oder nach Deskriptoren (etwa 5.5 für Binomialverteilung) suchen.
- Unter www.matura.gv.at/srdp/angewandte-mathematik können Sie die bisher gegebenen Klausuren mit Lösungen herunterladen.

Überprüfen Sie Ihre Kompetenz zu diesem Inhaltsbereich mit einem interaktiven **Safety-Check** in der **TRAUNER-DigiBox.**

1 Zahlen und Maße

Deskriptor	Formulierung des Deskriptors: Inhalt und Handlung
1.1	mit natürlichen, ganzen, rationalen und reellen Zahlen rechnen, ihre Zusammenhänge interpretieren und damit argumentieren und sie auf der Zahlengeraden veranschaulichen *(siehe Kommentar)*
1.2	Zahlen in Fest- und Gleitkommadarstellung in der Form $\pm a \cdot 10^k$ mit $1 \leqslant a < 10$ und $a \in \mathbb{R}$, $k \in \mathbb{Z}$ verstehen und anwenden
1.3	Vielfache und Teile von Einheiten mit den entsprechenden Zehnerpotenzen (inkl. der Bedeutungen der Begriffe „Nano-" bis „Tera-") sowie Größen als Kombination von Maßzahl und Maßeinheit verstehen und anwenden
1.4	Ergebnisse beim Rechnen mit Zahlen abschätzen (überschlagsrechnen) und in kontextbezogener Genauigkeit angeben (kaufmännisch runden)
1.5	Zahlenangaben in Prozent und Promille im Kontext verstehen und anwenden
1.6	den Betrag einer Zahl verstehen und anwenden

Kommentar 1.1: $\mathbb{N} = \{0, 1, 2, \ldots\}$

Aufgabenstellungen – Teil A

A 1.01 Traubensaft

B C
1.1
1.4

Traubensaft wird in Fässern mit jeweils 1,5 Hektolitern geliefert.
Der Traubensaft wird in Flaschen mit einem Volumen von 750 Milliliter abgefüllt.

a) Ermitteln Sie, wie viele Flaschen aus einem Fass abgefüllt werden können.

b) Ein Kunde kauft 2 800 Flaschen Traubensaft.
Beschreiben Sie, was mit folgendem Ausdruck berechnet wird:
$\frac{2\,800 \cdot 0{,}75}{150} = 14$

A 1.02 Halskette

C
1.1
1.4

Eine Halskette aus Silber, die 176 Gramm wiegt, ist mit der Zahl 925 gestempelt. Die Kette enthält 162,8 g reines Silber.
Dies wird durch folgende Rechnung ermittelt: $\frac{176\text{ g} \cdot 925}{1\,000} = 162{,}8\text{ g}$
Interpretieren Sie die Zahl 925 im Sachzusammenhang.

A 1.03 Größen ohne Vorsilbe und Zehnerpotenz

B
1.2
1.3

Schreiben Sie die Größen jeweils in ihrer Einheit:

a) 3 µm = ____________ m

b) 28 MB = ____________ Byte

c) 0,5 hl = ____________ Liter

A 1.04 Gleitkommadarstellung

B
1.2

Schreiben Sie in Gleitkommadarstellung:

a) 325 000

b) 0,000 0017

c) 1 101 000

d) $141{,}7 \cdot 10^{-7}$

A 1.05 Uranerz

B D
1.1
1.2
1.3

Uranerz enthält $3{,}328 \cdot 10^{-5}$ % Radium.
Berechnen Sie, wie viel Gramm Radium in einer Tonne Uranerz enthalten ist.

A 1.06 **Gas-Pipeline**
B
1.1
1.3

Eine Gas-Pipeline ist aus Rohren der Länge 12 m gebaut. Die Masse eines Rohrs beträgt 24 Tonnen.
Die Pipeline hat eine Länge von 1 800 km.

a) Berechnen Sie, wie viele Rohre verlegt wurden.
b) Berechnen Sie die Masse der verlegten Rohre in kg.
c) Mit der Gas-Pipeline Nord Stream können jährlich 55 Mrd. m^3 Erdgas nach Europa transportiert werden. Der durchschnittliche jährliche Gasverbrauch beträgt pro Haushalt 2 200 m^3.
Berechnen Sie, wie viele Haushalte mit Nord Stream versorgt werden können.

A 1.07 **Lichtgeschwindigkeit**
B D
1.1
1.2
1.3

Die mittlere Entfernung der Sonne vom Planeten Jupiter beträgt ca. $778 \cdot 10^6$ km. Die Lichtgeschwindigkeit c beträgt ca. 300 000 km/s.

a) Schreiben Sie die Lichtgeschwindigkeit c in Gleitkommadarstellung.
b) Rechnen Sie die Lichtgeschwindigkeit in Kilometer pro Stunde um.
c) Überprüfen Sie, ob das Licht von der Sonne den Jupiter in weniger als einer Stunde erreicht.

$$\text{Zeit} = \frac{\text{Weg}}{\text{Geschwindigkeit}}$$

A 1.08 **Staatsverschuldung**
A B C D
1.1
1.4
1.5

Nach Berechnungen der Statistik Austria (www.statistik.at) ist die Staatsverschuldung Österreichs im Jahr 2015 um 11,843 Mrd. Euro auf 290,762 Mrd. Euro gegenüber 2014 gestiegen.
Die Bevölkerungszahl stieg von 8,58 Mio. im Jahr 2014 auf 8,63 Mio. im Jahr 2015.

a) Die Staatsverschuldung und die Einwohnerzahl Österreichs des Jahres 2015 sollen in Gleitkommadarstellung geschrieben werden.
Ergänzen Sie die fehlende Hochzahl:

$290{,}762$ Mrd. Euro $= 2{,}90762 \cdot 10^{\square}$ Euro

$8{,}63$ Mio. EW $= 8{,}63 \cdot 10^{\square}$ EW

b) Berechnen Sie den prozentuellen Anstieg der Staatsverschuldung im Jahr 2015 gegenüber dem Vorjahr.
c) Folgende Rechnung wird durchgeführt: $\frac{8{,}63}{8{,}58} = 1{,}0058$
Interpretieren Sie die Zahl 1,0058 im Sachzusammenhang.
d) Ein Zeitungsleser schätzt, dass die Pro-Kopf-Verschuldung im Jahr 2015 in Österreich rund 33.000 Euro beträgt.
Erklären Sie, wie dieser Leser überschlagsmäßig gerechnet hat.

A 1.09 **Körpergewicht**
B D
1.5

Peter nimmt bei einer Diät 10 % seines Körpergewichts ab. Im Anschluss nimmt er leider wieder 10 % des verringerten Körpergewichts zu.
Argumentieren Sie, ob Peter insgesamt zugenommen, abgenommen oder sein ursprüngliches Gewicht behalten hat.

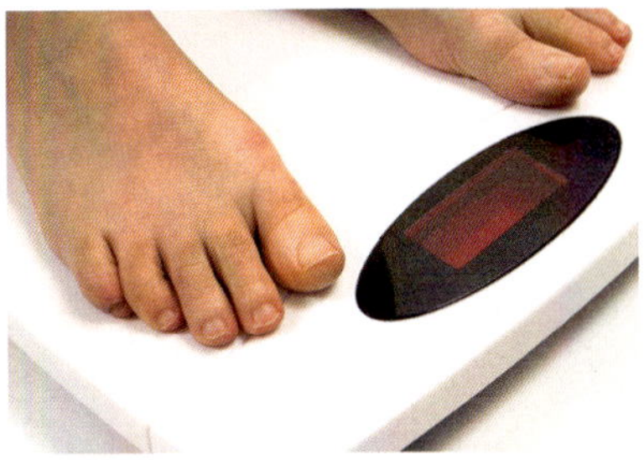

A 1.10 **Aktie**
B D
1.5

Eine Aktie ist nach ihrem Kauf im ersten Jahr um 3 % gefallen und im darauffolgenden um 5 % gestiegen.
Argumentieren Sie, ob der Wert der Aktie nach diesen zwei Jahren größer wäre, wenn sie zuerst um 5 % gestiegen und dann um 3 % gefallen wäre.

A 1.11 Prozente

A B
1.5

Kreuzen Sie die zutreffende Aussage über Prozente an:

Aussage	trifft zu
Eine Ware wird zuerst um 5 % und anschließend um 10 % verteuert. Insgesamt wurde sie dadurch um 15 % verteuert.	☐
Eine Ware wird zuerst um p % verteuert und anschließend um p % verbilligt. Anschließend kostet sie wieder so viel wie zu Beginn.	☐
Ein Autohändler kalkuliert bei einem Verkaufsgespräch für Gebrauchtwagen immer 20 % Preisnachlass ein. Verteuert er den Gebrauchtwagen vorher um 25 %, macht er keinen Verlust.	☐
Der Preis einer Ware wird zuerst um p % verteuert und anschließend um p % verbilligt. Der Preis der Ware hat sich dadurch verteuert.	☐
Ein Verkäufer gewährt 10 % Rabatt und 3 % Skonto. Dadurch verringert sich der Preis der Ware um 13 %.	☐

A 1.12 Miete

A B D
1.5
2.4

Die Miete M hat im Vorjahr 30 % eines Gehalts G betragen. Das Gehalt wird heuer um 2 % erhöht und die Miete um 5 %.

a) Erstellen Sie mithilfe von G eine Formel für das neue Gehalt und mithilfe von M eine Formel für die neue Miete.

b) Ein Mieter vermutet, dass die neue Miete jetzt 33 Prozent des neuen Gehalts beträgt. Überprüfen Sie diese Vermutung.

A 1.13 Versicherung

B C D
1.4
1.5

Die Versicherungssumme eines Hauses beträgt 260.000 Euro.
Die jährliche Prämie beträgt 4,75 ‰ der Versicherungssumme.

a) Schätzen Sie ab, wie hoch die jährliche Versicherungsprämie sein wird.

b) Überprüfen Sie, ob ein Betrag von 1.200 Euro für die Bezahlung der Prämie ausreicht.

c) Beschreiben Sie, was mit folgender Rechnung berechnet wird:

$\frac{1\,200}{260\,000} \approx 0{,}004\,62 = 4{,}62\ ‰$

Begriffe:
Mengensymbolik
Schnittmenge
leere Menge; Komplementärmenge
Element; (echte) Teilmenge
Mengendiagramm

Deskriptor	Formulierung des Deskriptors: Inhalt und Handlung
B_P_1.1	Verknüpfungen von Mengen (Durchschnitt, Vereinigung und Differenz) ermitteln, interpretieren und begründen sowie Venn-Diagramme verstehen und anwenden

Aufgabenstellungen – Teil B

B 1.01 Online-Handel

B C
P 1.1

Der Online-Handel verzeichnet große Zuwachsraten.

B Menge der Kunden, die Bücher online bestellen
S Menge der Kunden, die Schuhe online bestellen
E Menge der Kunden, die Elektro- und Elektronikgeräte online bestellen

a) Interpretieren Sie die im Venn-Diagramm gekennzeichnete Menge im Sachzusammenhang.
Schreiben Sie die gekennzeichnete Menge in Mengensymbolik an.

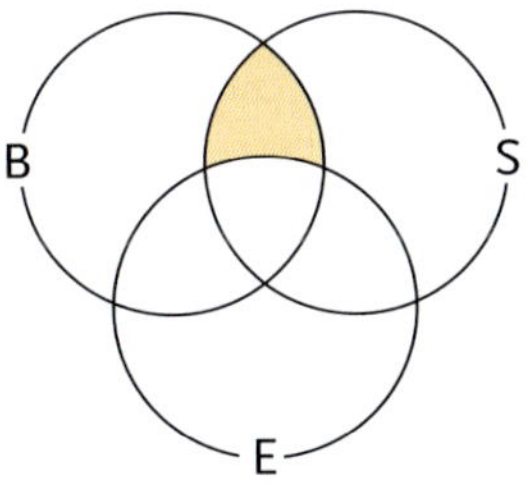

b) Kennzeichnen Sie im nachstehenden Venn-Diagramm die Menge aller Kunden, die entweder Schuhe oder Elektro- und Elektronikgeräte, aber keine Bücher online bestellen.

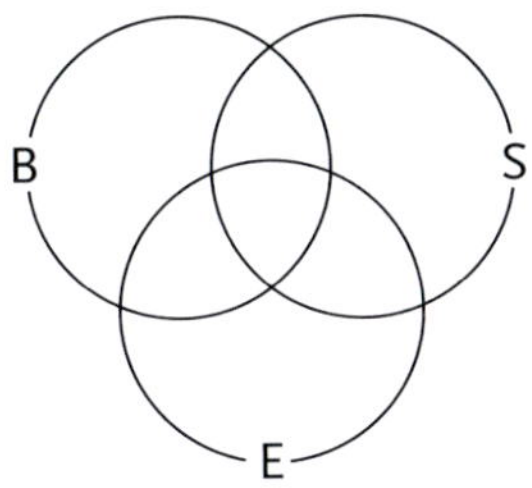

Zahlen und Maße

B 1.02 Viehzucht

A B C
P 1.1

In Niederösterreich gibt es Landwirte, die sich der Pflege und Zucht von Nutztieren widmen.

S Menge der Landwirte, die Schafe züchten
R Menge der Landwirte, die Rinder züchten
P Menge der Landwirte, die Pferde züchten
N Menge aller Landwirte in Niederösterreich

a) Zeichnen Sie mit den Mengen S, R, P und N ein Mengendiagramm und kennzeichnen Sie die Menge $S \cup R$.
b) Beschreiben Sie die Menge $R \cap P$ im gegebenen Sachzusammenhang.
c) Geben Sie die Menge der Landwirte, die keine der angeführten Tierarten züchten, in Mengensymbolik an.

B 1.03 Viehzuchtverband

B
P 1.1

Ein Viehzuchtverband hat 100 Mitglieder.
30 Mitglieder züchten Schafe, 28 züchten Rinder und 16 züchten Pferde.
8 züchten Rinder und Schafe, 10 züchten Schafe und Pferde und 6 züchten Rinder und Pferde.
4 züchten alle drei Tierarten.

a) Tragen Sie die angegebenen Anzahlen im Mengendiagramm ein.
b) Ermitteln Sie anhand des Mengendiagramms die Anzahl der Viehzüchter, die
   - Schafe, aber keine Rinder und keine Pferde züchten.
   - genau eine der angeführten Tierarten züchten.
   - keine der angeführten Tierarten züchten.

Zu Aufgabe B 1.03:

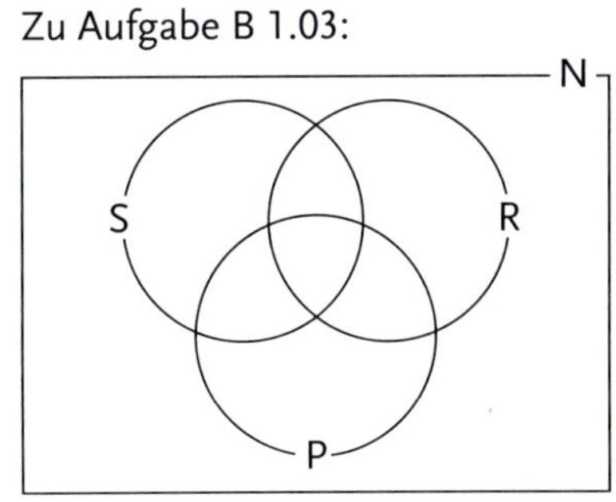

B 1.04 Kleidergeschäft

A B C
P 1.1

Ein Kleidergeschäft wurde von 4 130 Personen besucht. Insgesamt wurden 2 102 Anzüge und 1 732 Mäntel verkauft. 237 Personen kauften sowohl einen Mantel als auch einen Anzug. Kein Kunde kaufte mehr als einen Anzug und einen Mantel.

a) Zeichnen Sie ein geeignetes Mengendiagramm.
b) Ermitteln Sie, wie viele Kunden einen Anzug und keinen Mantel gekauft haben.
c) Ermitteln Sie, wie viele Kunden keinen Anzug und einen Mantel gekauft haben.
d) Berechnen Sie, wie viele Besucher nichts gekauft haben.

Zu Aufgabe B 1.06:

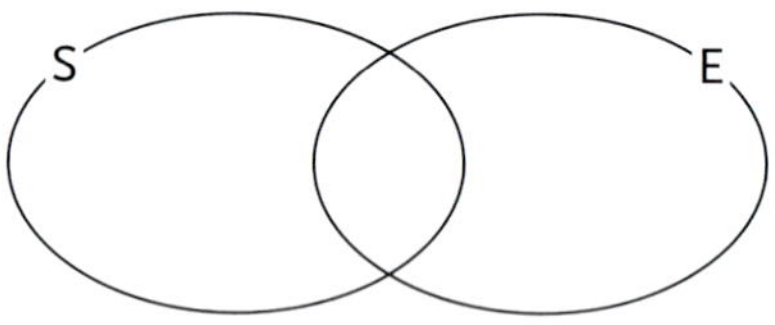

B 1.05 **Legasthenie**

C
P 1.1

Legasthenie (Lese- und Rechtschreibschwäche) und Dyskalkulie (Rechenschwäche) sind Lernstörungen, die zusammen auftreten können, aber nicht müssen.

L ist die Menge der Kinder mit Legasthenie.
D ist die Menge der Kinder mit Dyskalkulie.

Beschreiben Sie die markierten Bereiche der Venn-Diagramme mit eigenen Worten:

a) b) c)

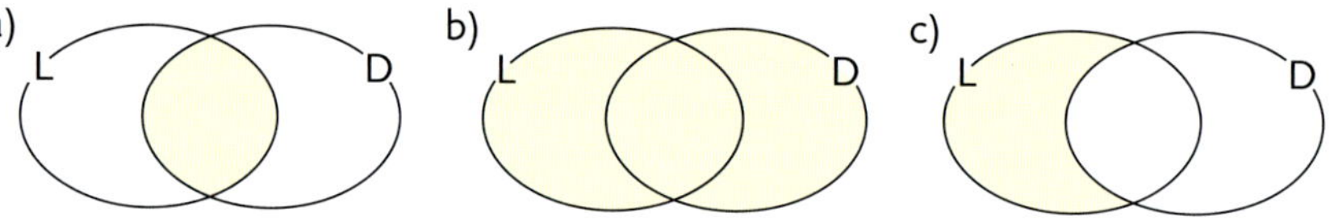

B 1.06 **Fremdsprachen**

A B
P 1.1
P 1.5

Eine Firma befragt die 30 Bewerber/innen für eine Führungsposition nach ihren Fremdsprachenkenntnissen.

Von den Bewerberinnen und Bewerbern geben 13 an, Spanisch (S) zu sprechen, 20 sprechen Englisch (E) und 2 geben an, keine Fremdsprache zu beherrschen.

a) Vervollständigen Sie das Mengendiagramm in der Randspalte durch Eintragen der richtigen Anzahlen.

b) Berechnen Sie, wie viel Prozent der 30 Bewerber/innen sowohl Spanisch als auch Englisch sprechen.

2 Algebra und Geometrie

Überprüfen Sie Ihre Kompetenz zu diesem Inhaltsbereich mit einem interaktiven **Safety-Check** in der **TRAUNER-DigiBox.**

Deskriptor	Formulierung des Deskriptors: Inhalt und Handlung
2.1	mit Termen rechnen *(siehe Kommentar)*
2.2	Rechenregeln für Potenzen mit ganzzahligen und rationalen Exponenten verstehen und anwenden; Potenz- und Wurzelschreibweise ineinander überführen
2.3	Rechengesetze für Logarithmen verstehen und anwenden *(siehe Kommentar)*
2.4	Probleme aus Anwendungsgebieten durch lineare Gleichungen mit einer Unbekannten modellieren, diese lösen und die Lösungen interpretieren; im Kontext argumentieren
2.5	Formeln aus der elementaren Geometrie anwenden, erstellen und im Kontext interpretieren und begründen *(siehe Kommentar)*
2.6	Zusammenhänge zwischen Größen durch eine Formel modellieren, die Formel umformen und die gegenseitige Abhängigkeit der Größen interpretieren und erklären *(siehe Kommentar)*
2.7	Probleme aus Anwendungsgebieten durch lineare Gleichungssysteme in zwei Variablen modellieren, diese lösen, die möglichen Lösungsfälle grafisch veranschaulichen und interpretieren; im Kontext argumentieren
2.8	Probleme aus Anwendungsgebieten durch lineare Gleichungssysteme in mehreren Variablen modellieren, diese mit Technologieeinsatz lösen; das Ergebnis in Bezug auf die Problemstellung interpretieren; im Kontext argumentieren
2.9	Probleme aus Anwendungsgebieten durch quadratische Gleichungen mit einer Variablen modellieren, reelle Lösungen quadratischer Gleichungen ermitteln und die verschiedenen möglichen Lösungsfälle interpretieren und damit argumentieren
2.10	Exponentialgleichungen vom Typ $a^{k \cdot x} = b$ nach x auflösen
2.11	Polynomgleichungen, Exponentialgleichungen und Gleichungen mit trigonometrischen Funktionen in einer Variablen mittels Technologieeinsatz lösen und das Ergebnis interpretieren
2.12	Sinus, Cosinus und Tangens von Winkeln zwischen 0° und 90° als Seitenverhältnisse im rechtwinkeligen Dreieck verstehen und anwenden

Kommentar 2.1:
keine Polynomdivision und keine Partialbruchzerlegung

Kommentar 2.3:
$\log_a(b \cdot c) = \log_a(b) + \log_a(c)$
$\log_a\left(\frac{b}{c}\right) = \log_a(b) - \log_a(c)$
$\log_a(b^r) = r \cdot \log_a(b)$

Kommentar 2.5:
Es werden die Inhalte der elementaren Geometrie vorausgesetzt: Ähnlichkeit, Lehrsatz des Pythagoras, Dreiecke, Vierecke, Kreis, Würfel, Quader, gerade Prismen, gerade Pyramiden, Drehzylinder, Drehkegel, Kugel, Längen, Flächen und Rauminhalte in anwendungsbezogenen Problemen.

Kommentar 2.6:
Formeln können aus allen Gebieten vorkommen, z. B. aus Technik, Wirtschaft und Naturwissenschaft. Sie müssen nicht im Fachzusammenhang verstanden werden, dennoch soll die Abhängigkeit der variablen Größen voneinander interpretiert werden können.

Aufgabenstellungen – Teil A

A 2.01 **Pizzen**
A C
2.1

Für den Belag von drei Pizzen kauft Susi 30 dag Schinken zum Preis von s Euro pro Kilogramm, 400 g Champignon zum Preis von c Euro pro Kilogramm und ein halbes Kilogramm Pizzakäse zum Preis von k Euro pro Kilogramm. Die Zutaten werden gleichmäßig auf allen drei Pizzen verteilt. Erklären Sie, was durch die angegebenen Terme jeweils beschrieben wird.

a) $0{,}3 \cdot s + 0{,}4 \cdot c + \frac{k}{2}$

b) $0{,}1 \cdot s + \frac{k}{6}$

c) $\left(0{,}3 \cdot s + 0{,}4 \cdot c + \frac{k}{2}\right) \cdot \frac{1}{3}$

A 2.02 **Kinosaal**
A B
2.1

Ein Kinosaal hat 300 Sitzplätze. Jeder verkaufte Sitzplatz bringt dem Kinobesitzer einen Gewinn von 4 Euro. Jeder nicht verkaufte Sitzplatz verursacht einen Verlust von 6 Euro. Es werden Tickets für x Sitzplätze verkauft.

a) Erstellen Sie mithilfe von x eine Formel zur Berechnung des Gewinns G einer beliebigen Vorstellung:

G = ____________

b) Ermitteln Sie den maximalen Gesamtgewinn und den maximalen Verlust, den der Kinobesitzer erzielen könnte.

A 2.03 **Autofahrt**
A C
2.1

Ein Auto fährt t Minuten lang mit einer Durchschnittsgeschwindigkeit von v Kilometern pro Stunde.
Erstellen Sie mithilfe von v und t eine Formel für die zurückgelegte Strecke s

a) in Kilometern: s = ____________

b) in Metern: s = ____________

Weg = Geschwindigkeit · Zeit

A 2.04 **Pipeline**
B D
2.1
2.5
1.3

Für eine Pipeline werden Stahlrohre mit einer Länge von 12 m verlegt. Die Stahlrohre haben den Innenradius r = 1 350 mm. Die Rohrwand hat die Dicke d = 25 mm (siehe Abbildung in der Randspalte). Stahl hat die Dichte $\rho = 7{,}9\ g/cm^3$.

a) Zeigen Sie, dass für die Einheit der Dichte gilt: $kg/dm^3 = g/cm^3$.

b) Die Masse eines Pipelinerohrs wird mit ca. 20 Tonnen angegeben. Überprüfen Sie diese Behauptung.

Zu Aufgabe A 2.04:

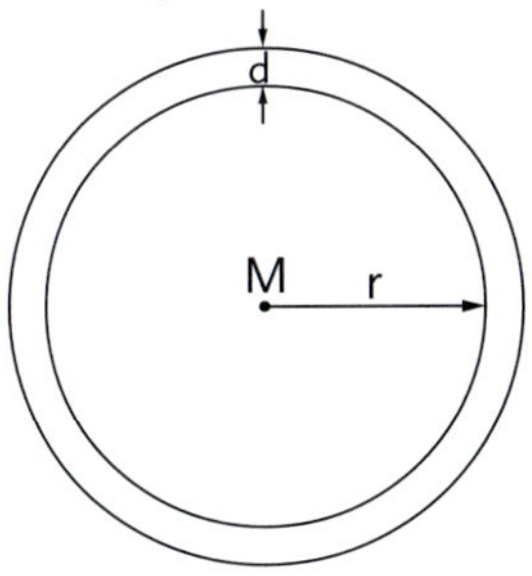

A 2.05 **Salbe**
A B
C
2.1
2.4
2.6
1.5

Eine Apothekerin schlägt auf die Herstellungskosten K einer Salbe g % Gewinnspanne auf. Nach Aufschlag von 20 % Umsatzsteuer wird die Salbe um den Preis P verkauft.

a) Erstellen Sie mithilfe von g und K eine Formel für den Verkaufspreis P:

P = ____________

b) Für den Preis der Salbe führt die Apothekerin bei 20 % USt folgende Rechnung aus: $23{,}12 \cdot 1{,}8 \cdot 1{,}2 = 49{,}94$.
Interpretieren Sie den Wert der Zahl 1,8 im Sachzusammenhang.

c) Für eine andere Salbe mit Herstellungskosten von 15,37 Euro bezahlt ein Kunde nach Aufschlag von 60 % Gewinnspanne, nach Aufschlag von 20 % Umsatzsteuer und nach Abzug eines Skontos 28,92 Euro. Berechnen Sie das Skonto in Prozent.

Algebra und Geometrie

Zu Aufgabe A 2.06 f):

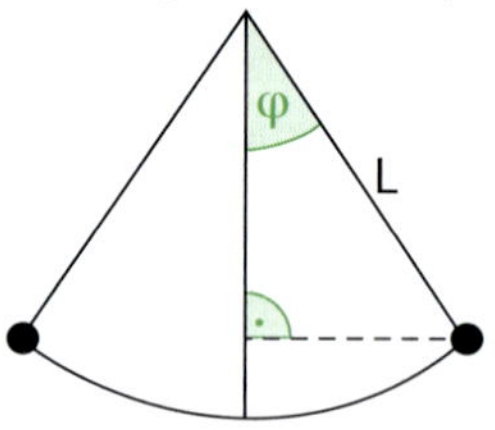

Richter-Skala:

Richtwerte	Auswirkungen
0,0 – 2,0	nicht spürbar
2,0 – 3,0	nicht spürbar, messbar
3,0 – 4,0	meist spürbar, kaum Schäden
4,0 – 5,0	sichtbar (Bewegungen), Geräusche, meist keine Schäden
5,0 – 6,0	bei anfälligen Gebäuden Schäden, bei robusten Gebäuden leichte Schäden
6,0 – 7,0	Zerstörung bis zu 70 km Umkreis
7,0 – 8,0	Zerstörung von weiten Gebieten
8,0 – 9,0	Zerstörung bis zu einigen 100 km
9,0 – 10,0	Zerstörung bis zu 1 000 km
> 10,0	globale Katastrophe, keine Registrierung zum jetzigen Zeitpunkt

A 2.06 Pendel

A B C D
2.1
2.2
2.6
2.12

Die Schwingungsdauer T eines Pendels hängt nur von der Länge L des Pendels ab: $T = 2 \cdot \pi \cdot \sqrt{\frac{L}{g}}$

L Länge des Pendels in m
T Schwingungsdauer in Sekunden (s) bei der Länge L
$g \approx 9{,}81\ m/s^2$ Erdbeschleunigung

a) Übertragen Sie den Wurzelausdruck $\sqrt{\frac{L}{g}}$ in Potenzschreibweise.

b) Ergänzen Sie die Textlücken im folgenden Satz durch Ankreuzen der jeweils richtigen Satzteile, sodass eine korrekte Antwort entsteht.

Die Schwingungsdauer ______①______ sich, wenn die Pendellänge L ______②______ wird.

①	
verdoppelt	☐
halbiert	☐
vervierfacht	☐

②	
verdoppelt	☐
halbiert	☐
vervierfacht	☐

c) Erstellen Sie eine Formel, mit der bei gegebener Schwingungsdauer T die Länge des Pendels L ermittelt werden kann.

L = ____________

d) Erklären Sie, um welchen Faktor die Länge L des Pendels geändert werden muss, um die Schwingungsdauer zu verdreifachen.

e) Die Schwingungsdauer eines 1 m langen Pendels beträgt ca. 2 s. Überprüfen Sie nachweislich diese Behauptung.

f) In der Randspalte ist die Auslenkung eines Pendels für den Winkel φ dargestellt.
Markieren Sie im Diagramm die Strecke mit der Länge $a = L \cdot \cos(\varphi)$.

A 2.07 Richter-Skala

A B D
2.1
2.2
2.3

Mit der logarithmischen Richter-Skala wird die Stärke von Erdbeben, die Magnitude M, durch den Ausschlag eines Seismographen gemessen:

$$M = \log_{10}\left(\frac{A_{max}}{A_0}\right)$$

A_0 Ausschlag bei Magnitude M = 0 in Mikrometer (μm)
A_{max} maximaler Ausschlag in μm
M Magnitude beim Ausschlag A_{max}

a) Bei einer Magnitude von 3,7 ist ein Beben zwar spürbar, es gibt aber kaum Schäden.
Ermitteln Sie für diese Magnitude, das Wievielfache des Ausschlages A_0 der maximale Amplitudenausschlag A_{max} ist.

b) Eine Zunahme der Magnitude um den Wert 1 auf der Richterskala bedeutet einen 10-fachen Ausschlag beim Seismographen.
Zeigen Sie dies mithilfe der Rechengesetze für Logarithmen.

c) In einem amerikanischen Schulbuch findet sich für den Zusammenhang der Magnitude M eines Erdbebens und dessen verursachten Ausschlags am Seismographen die Formel

$$M = \frac{\ln(A_{max}) - \ln(A_0)}{\ln(10)}$$

Zeigen Sie durch entsprechende Umformung, dass diese Formel zur im deutschsprachigen Raum verwendeten, oben angeführten Formel äquivalent ist.

d) Argumentieren Sie, wie sich der maximale Ausschlag A_{max} am Seismographen verändert, wenn nach einem Beben der Stärke M ein Nachbeben der Stärke M – 2 folgt.

A 2.08 Gehalt
A B
2.4

Frau Maier legt von ihrem Gehalt G ein Zehntel für ihren nächsten Urlaub auf ein Sparbuch, ein Viertel des Gehalts benötigt sie für die Wohnungsmiete, ca. € 500,00 gibt sie für Lebensmittel aus.

Erstellen Sie eine Gleichung, mit deren Hilfe das Gehalt von Frau Maier bestimmt werden kann, wenn ihr nach Abzug der obigen Beträge noch € 800,00 übrig bleiben.

Berechnen Sie das Gehalt von Frau Maier.

A 2.09 Langlaufen
A B
2.4

Beim Langlaufen legt Peter eine Strecke 1,5 mal so schnell zurück wie Sandra und ist um 15 Minuten früher am Ziel.

Erstellen Sie eine Gleichung, mit der die Laufzeit von Sandra in Minuten ermittelt werden kann, und berechnen Sie diese.

A 2.10 Bausteine
A C
2.4

In einer Box sind b blaue, r rote und g gelbe Bausteine.

a) Interpretieren Sie die Bedeutung folgender Gleichung im Sachzusammenhang: $3 \cdot b = r$

b) Es sind um 5 rote Bausteine mehr als gelbe Bausteine in der Box. Erstellen Sie eine Gleichung, die diesen Sachverhalt beschreibt.

A 2.11 Gondelfahrt
C
2.4

In einer Gondel sind doppelt so viele Skifahrer s als Snowboarder b.
Kreuzen Sie jene Gleichung an, die diesen Zusammenhang richtig beschreibt.

☐ $s = b - 2$ ☐ $2 \cdot s = b$

☐ $s = 2 \cdot b$ ☐ $s = \frac{b}{2}$

☐ $s = b + 2$

A 2.12 Warenpreise
A
2.4
1.5

Erstellen Sie eine passende Gleichung, die den vorliegenden Sachverhalt mathematisch beschreibt.

a) Der Bruttopreis einer Ware beträgt € 3.000,00. Dieser ergibt sich aus dem Nettopreis x und 20 % Mehrwertsteuer.

b) Der Preis einer Ware ist G Euro. Nach Abzug von 3 % Skonto kostet die Ware € 2.500,00.

A 2.13 Aktienkurs
A
2.4
1.5

Der Kurs einer Aktie beträgt beim Kauf 1 500. Im ersten Jahr steigt ihr Wert um 2 %, im 2. Jahr fällt er um 1 %. Nach Ablauf der zwei Jahre hat die Aktie den Kurs K.

Erstellen Sie eine Gleichung, die diesen Sachverhalt beschreibt.

A 2.14 Höhenweg
C
2.1
2.4

Der Höhenweg von der Starkenburger Hütte zur Franz-Senn-Hütte ist 16 km lang. Die Wanderin Andrea geht durchschnittlich mit 3 km/h von der Starkenburger Hütte zur Franz Senn-Hütte. Eine halbe Stunde nach Andrea startet die Bergläuferin Beate von der Franz-Senn-Hütte zur Starkenburger Hütte. Sie läuft durchschnittlich mit 8 km/h.

Es soll die Gehzeit t von Andrea in Stunden ermittelt werden, nach der sie Beate begegnet.

Kreuzen Sie jene Gleichung an, mit der diese Gehzeit t ermittelt werden kann:

A	$3 \cdot t + 8 \cdot t - 0{,}5 = 16$	☐
B	$3 \cdot t + 0{,}5 + 8 \cdot t = 16$	☐
C	$3 \cdot (t + 0{,}5) + 8 \cdot t = 16$	☐
D	$3 \cdot t + 8 \cdot (t - 0{,}5) = 16$	☐
E	$3 \cdot (t + 0{,}5) + 8 \cdot (t - 0{,}5) = 16$	☐

Zu Aufgabe A 2.14:
Weg = Geschwindigkeit · Zeit
$s = v \cdot t$

Zu Aufgabe A 2.15:

Kugel

Oberfläche: $O = 4 \cdot r^2 \cdot \pi$

Volumen: $V = \frac{4 \cdot r^3 \cdot \pi}{3}$

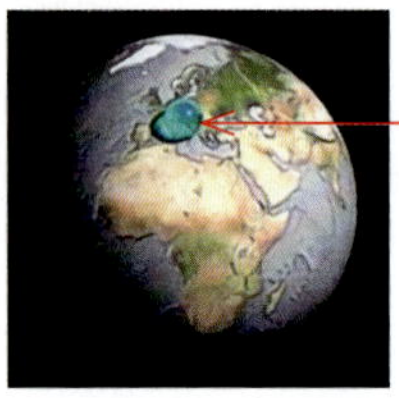

Der gesamte Wasservorrat der Erde erscheint im Verhältnis zur Erdkugel verschwindend klein.
(Quelle: science photo library)

Zu Aufgabe A 2.16:

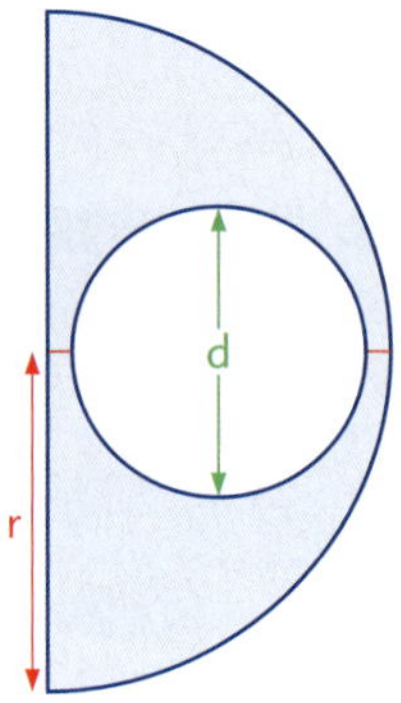

$\rho = \frac{m}{V}$, Dichte = $\frac{\text{Masse}}{\text{Volumen}}$

Kugeln aus Lapislazuli mit Einschlüssen aus Calcit und Pyrit

A 2.15 **Wasservorrat der Erde**
B D
1.5
2.5
2.6

Da auf der Erde ca. 360 Millionen km^2 mit Wasser bedeckt sind, erscheint sie vom Weltall aus als „blauer Planet".

a) Ermitteln Sie den Anteil der Erdoberfläche in Prozent, der von Wasser bedeckt ist. Modellieren Sie dazu die Erde näherungsweise als Kugel mit dem Radius 6 370 km.

b) Der gesamte Wasservorrat der Erde beträgt ca. $1{,}4 \cdot 10^9$ km^3. Stellt man diesen Wasservorrat in Form einer Kugel dar, so erscheint diese Wasserkugel im Verhältnis zur Erde verschwindend klein (siehe Abbildung in der Randspalte).
Berechnen Sie den Radius dieser Wasserkugel.

c) Der Radius der Erde ist nur 9-mal größer als der Radius der Wasserkugel. Argumentieren Sie, um das Wievielfache sich das Volumen einer Kugel verändert, wenn der Radius verneunfacht wird.

A 2.16 **Werkstück**
A B
2.4

Ein halbkreisförmiges Werkstück hat einen Radius r. Aus dem Werkstück wurde mittig ein Kreis mit einem Durchmesser d gestanzt (siehe Abbildung in der Randspalte).

a) Erstellen Sie aus r und d eine Formel zur Berechnung des Inhalts A der blau markierten Fläche: A = ______________________________

b) Der Durchmesser d des Kreises ist um 5 cm kleiner als der Radius r des Halbkreises.
Erstellen Sie aus dem Radius r des Halbkreises die Flächenformel zur Berechnung des Inhalts A der blau markierten Fläche:
A = ______________________________

c) In einer Variante des Werkstücks wird der Durchmesser des ausgestanzten Kreises um 30 % im Vergleich zum ursprünglichen Werkstück verkleinert.
Berechnen Sie, um wieviel Prozent der Inhalt der ausgestanzten Fläche bei dieser neuen Variante kleiner ist als beim ursprünglichen Werkstück.

A 2.17 **Zwei Kugeln**
A B
C D
2.5
1.5

Daniel besitzt zwei Kugeln aus dem seltenen, blauen Mineral Lapislazuli.

a) Erstellen Sie eine Formel zur Berechnung der Dichte ρ von Lapislazuli, wenn von einer Kugel der Durchmesser d und die Masse m gegeben sind.
Schreiben Sie die Formel ohne Doppelbruch.

b) Die kleinere der beiden Kugeln hat einen Durchmesser von d = 40 mm und eine Masse von 101 g.
Berechnen Sie die Dichte der kleineren Kugel in $\frac{g}{cm^3}$.

c) Die größere der beiden Kugeln hat eine Dichte von $3{,}2\ \frac{g}{cm^3}$.
Kreuzen Sie denjenigen Ausdruck an, der die Dichte dieser Kugel in $\frac{kg}{dm^3}$ angibt.

A	$0{,}32\ \frac{kg}{dm^3}$	☐
B	$32\ \frac{kg}{dm^3}$	☐
C	$0{,}0032\ \frac{kg}{dm^3}$	☐
D	$0{,}032\ \frac{kg}{dm^3}$	☐
E	$3{,}2\ \frac{kg}{dm^3}$	☐

d) Die größere der beiden Kugeln hat den **doppelten** Durchmesser der kleineren Kugel.

d_1) Daniel behauptet, dass diese größere Kugel dann das **vier**fache Volumen der kleineren Kugel hat.
Zeigen Sie, dass diese Behauptung falsch ist.
Stellen Sie die Behauptung richtig.

d_2) Berechnen Sie, um wieviel Prozent das Volumen der größeren Kugel größer ist, als jenes der kleineren Kugel.

A 2.18 **Alkoholkonzentration im Blut**
B D
2.1
2.6
1.5

Der Alkoholgehalt im Blut eines Menschen kann näherungsweise mit der Formel des Chemikers Widmark berechnet werden:

$$c = \frac{V \cdot e \cdot \rho}{m \cdot r}$$

c Massenanteil des Alkohols im Blut in ‰ (Promille); Alkoholkonzentration im Blut in Promille zeitnah zur Konsumation
V Volumen des konsumierten alkoholischen Getränks in ml
e Alkoholanteil im Getränk als Dezimalzahl (z. B. 5 % Vol.: $e = 0{,}05$)
m Körpermasse des Konsumenten des alkoholischen Getränkes in kg;
ρ Dichte von Alkohol: $\rho = 0{,}8$ g/ml
r Reduktionsfaktor, abhängig vom Geschlecht
$r_{Männer} = 0{,}68$; $r_{Frauen} = 0{,}55$

a) Berechnen Sie den Alkoholgehalt in g (Gramm) in einer Flasche Bier mit $V = 0{,}5$ Liter und einem Alkoholanteil von 4,9 % Vol. ($\rho = 0{,}8$ g/ml).

b) Um in Österreich ein Kraftfahrzeug auf öffentlichen Straßen lenken zu dürfen, darf die Alkoholkonzentration im Blut 0,5 Promille nicht überschreiten.
Berechnen Sie das Volumen an Bier (mit 4,9 % Vol. Alkohol) in Litern, das ein Mann mit 90 kg Körpermasse höchstens trinken darf, wenn die 0,5 Promillegrenze nicht überschritten werden soll.

c) Argumentieren Sie, warum Frauen, um ihre Fahrtüchtigkeit zu erhalten, üblicherweise weniger Bier trinken dürfen als Männer.

ERIK MATTEO PROCHET WIDMARK,
1889 BIS 1945,
SCHWEDISCHER CHEMIKER

Anleitung zu A 2.18 a):

Auf allen alkoholischen Getränken ist der Alkoholgehalt in Volumensprozent (% Vol.) angegeben.

Die Prozentangabe kann dabei auf 100 ml des Getränkes bezogen werden.

Das heißt, dass sich z. B. in einem alkoholischen Getränk mit 12 % Vol. Alkohol 12 ml reiner Alkohol pro 100 ml Getränk befinden.

Bei Wasser entspricht ein ml Wasser genau einem Gramm. Die Dichte von Wasser ist somit 1 g/ml.

Alkohol hat eine geringere Dichte als Wasser. Ein ml reiner Alkohol hat eine Masse von 0,8 g. Die Dichte von reinem Alkohol ist somit $\rho = 0{,}8$ g/ml.

Für die Masse des konsumierten Alkohols A (Alkoholgehalt des Getränks) in Gramm gilt somit:

$A = V \cdot e \cdot \rho$

A 2.19 **Alkoholmischung**
A B
2.7
1.5

In einer Apotheke soll Alkohol gemischt werden.

a) Es sollen aus 20%igem und 45%igem Alkohol 800 Milliliter (ml) 35%iger Alkohol gemischt werden.
Ermitteln Sie die Mengen, die dazu benötigt werden.
Erklären Sie die verwendeten Variablen.

b) Ermitteln Sie die Menge 80%iger Alkohol, die mit reinem Wasser gemischt werden muss, um 800 ml 35%igen Alkohol zu erhalten.

A 2.20 **Mineralölfirma**
A B
D
2.7

Eine Mineralölfirma verkauft auf dem österreichischen Markt Normal- und Superbenzin.
In der Tabelle in der Randspalte sind die in den Monaten Jänner und Februar verkauften Mengen in 1 000 t angegeben.
Der Gewinn beträgt im Jänner 40 Mio. Euro, im Februar 34 Mio. Euro.

a) Erstellen Sie ein Gleichungssystem, mit dem der Gewinn in Euro pro Tonne für beide Benzinsorten ermittelt werden kann.

b) Berechnen Sie den Gewinn in Euro pro Tonne für beide Benzinsorten.

c) Argumentieren Sie, bei welcher Menge Superbenzin im Monat Februar die Aufgabe nicht lösbar ist.

d) Erklären Sie anhand von Skizzen die verschiedenen Lösungsfälle, die bei linearen Gleichungssystemen mit zwei Variablen und zwei Gleichungen auftreten können.

Zu Aufgabe A 2.20:

FILM AB!

Der Lösungsweg dieser Aufgabe wird in einem **Video** erklärt.
www.trauner.at/mam5_video1.aspx

	Normalbenzin	Superbenzin
Jänner	50	40
Februar	40	36

Algebra und Geometrie

Zu Aufgabe A 2.23:

FILM AB!

Der Lösungsweg dieser Aufgabe wird in einem **Video** erklärt.
www.trauner.at/mam5_video2.aspx

A 2.21 **Sparbücher**
A B
2.7
1.5

Frau Singer besitzt zwei Sparbücher. Beim ersten beträgt der Jahreszinssatz 2 %, beim zweiten 2,5 %. Die Zinsen betragen insgesamt € 615,00. Würde der Jahreszinssatz des ersten Sparbuchs 2,5 % betragen und jener des zweiten 2 %, so würden die Zinsen € 600,00 betragen.

Berechnen Sie die Höhe der jeweils in den Sparbüchern angelegten Geldbeträge.

A 2.22 **Züge**
A B
2.7

Der Bahnhof Landeck-Zams ist 75 km vom Hauptbahnhof Innsbruck entfernt. Ein Railjet verlässt um 13:25 Uhr den Bahnhof Landeck-Zams und fährt mit durchschnittlich 108 km/h in Richtung Innsbruck. Vom Hauptbahnhof Innsbruck startet um 13:55 Uhr ein Personenzug mit durchschnittlich 60 km/h in Gegenrichtung.

a) Erstellen Sie ein Gleichungssystem zur Berechnung der Fahrzeiten der beiden Züge bis zu Ihrem Treffpunkt.

b) Berechnen Sie, wann und in welcher Entfernung von Innsbruck die Züge einander treffen.

A 2.23 **Geldsäcke**
A B
2.8

In der Erzählung „Die grobe Schätzung“ von Lewis Carroll befördern fünf Fischer Säcke mit Geld auf einem Schiff. Durch eine Unachtsamkeit der Seeleute fallen die Säcke ins Wasser, worauf der Kapitän den Schaden wieder gut machen will. Zum Glück hatten die Fischer die Säcke gewogen: „Der erste und der zweite Sack wogen zwölf Pfund; der zweite und dritte dreizehneinhalb; der dritte und vierte elfeinhalb; der vierte und fünfte acht Pfund; und dann stellten sie fest, dass sie nur noch den großen Hammer als Gewicht übrig hatten, und sie mussten drei Säcke nehmen, um sein Gewicht aufzuwiegen; es waren der erste, dritte und fünfte Sack, und die wogen sechzehn Pfund.“

a) Erstellen Sie ein Gleichungssystem, mit dem Sie das Gewicht der fünf Säcke ermitteln können.

b) Ermitteln Sie mit Technologieeinsatz jeweils das Gewicht der fünf Säcke.

A 2.24 **Anhalteweg**
A B
C D
2.1
2.6
2.9

Eine Faustregel für den Anhalteweg eines Pkw in Metern (m) lautet:
Der Anhalteweg ergibt sich aus drei Zehntel der Geschwindigkeit vermehrt um das Quadrat eines Zehntels der Geschwindigkeit. Dabei wird die Geschwindigkeit in km/h angegeben.

a) Erstellen Sie mithilfe der Faustregel eine Formel für den Anhalteweg. Bezeichnen Sie die Geschwindigkeit mit v und den Anhalteweg mit s.

b) In einer Gemeinde wird überlegt, ob im Ortsgebiet statt 50 km/h eine Höchstgeschwindigkeit von 30 km/h eingeführt werden soll. Die Befürworter argumentieren: Bei 30 km/h ist der Anhalteweg weniger als halb so lang wie bei 50 km/h.
Überprüfen Sie diese Behauptung mithilfe der Faustregel.

c) Berechnen Sie mithilfe der Faustregel jene Geschwindigkeit, für die der Anhalteweg 100 m beträgt.

d) Ordnen Sie den beiden Formeln für Reaktionsweg und Bremsweg die jeweils zutreffende Aussage aus A bis D zu.

Reaktionsweg $s_R = \frac{v}{3,6}$	
Bremsweg $s_B = \frac{v^2}{3,6^2 \cdot 10}$	

A	Steigt v um 10 %, nimmt der Weg um 10 % zu.
B	Steigt v um 25 %, nimmt der Weg um 50 % zu.
C	Steigt v um 50 %, nimmt der Weg um 100 % zu.
D	Steigt v um 100 %, nimmt der Weg um 300 % zu.

A 2.25 **Luftdruck**
B C
2.3
2.10

Der Luftdruck p nimmt mit zunehmender Höhe exponentiell ab:

$p = p_0 \cdot e^{k \cdot h}$

p_0 Luftdruck auf Meeresniveau in Millibar (mbar)
h Höhe über dem Meeresspiegel in m
p Luftdruck in mbar in der Höhe h

Kreuzen Sie jenen Term an, mit dem die Konstante k richtig berechnet wird:

A	$k = \frac{\ln(p - p_0)}{h}$	☐
B	$k = \frac{\ln(p) - \ln(p_0)}{h}$	☐
C	$k = \frac{\ln(p - p_0)}{\ln(h)}$	☐
D	$k = \frac{\ln\left(\frac{p_0}{p}\right)}{h}$	☐
E	$k = \frac{\ln\left(\frac{p}{p_0}\right)}{\ln(h)}$	☐

A 2.26 **Teetemperatur**
B
2.11

In einem Glas befindet sich Tee mit einer Temperatur von $T_0 = 80$ °C.
Die Umgebungstemperatur liegt bei $T_R = 20$ °C.
Die Abkühlung erfolgt nach dem Gesetz $T(t) = T_R + (T_0 - T_R) \cdot e^{-0{,}05 \cdot t}$.

t Zeit seit Versuchsbeginn in Minuten
T(t) Temperatur des Teewassers in °C nach t Minuten

a) Berechnen Sie die Temperatur des Tees nach 10 min, nach 20 min und nach 1 Stunde.
b) Berechnen Sie, wie lange es dauert, bis der Tee auf Trinktemperatur (40 °C) abgekühlt ist.

A 2.27 **Treppe**
A B
2.12
2.5
1.5

Eine Treppe wird so aus Steinquadern gebaut, dass die Stufen h cm hoch und t cm tief sind.

a) Zeichnen Sie eine passende Skizze und erstellen Sie mithilfe von h und t eine Formel zur Berechnung des Neigungswinkels α einer direkt auf den Stufen aufliegenden Rollstuhlrampe:

$\alpha =$ ______________

b) Die Treppe besteht insgesamt aus 10 Stufen mit h = 10 cm und t = 20 cm.
Berechnen Sie die Länge einer Rollstuhlrampe, die direkt auf die Stufen montiert wird.
c) Eine Rollstuhlrampe überwindet bei einer Steigung von 12 % einen Höhenunterschied von einem halben Meter.
Berechnen Sie, über welche horizontale Distanz die Rampe verläuft.

A 2.28 **Turm**
A B
2.12

Eine Person steht auf einem waagrechten Platz s Meter von einem Turm entfernt. Die Augen der Person befinden sich h Meter über dem Boden. Sie sieht ein F Meter hohes Fenster, das sich H Meter über dem Boden befindet, unter dem Sehwinkel α.

a) Zeichnen Sie die Größen h, F, H und α in der Skizze in der Randspalte ein.
b) Erstellen Sie die mithilfe der Größen y, s und β eine Formel zur Berechnung der Fensterhöhe F:

F = ______________

Zu Aufgabe A 2.28:

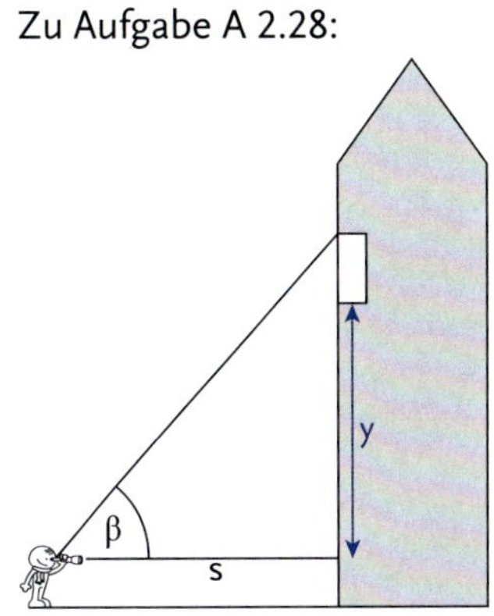

Zu Aufgabe A 2.29:

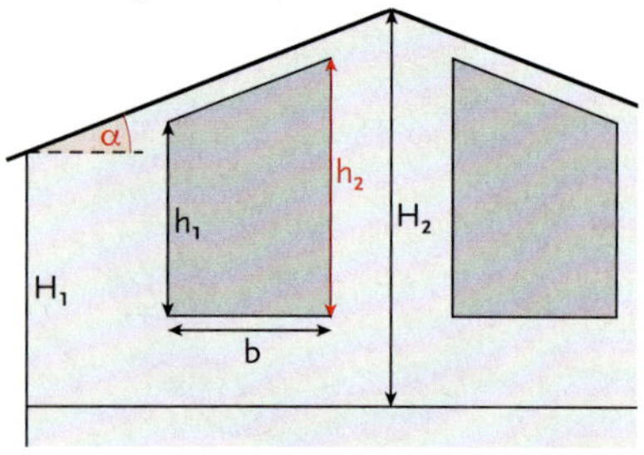

Zu Aufgabe A 2.30:

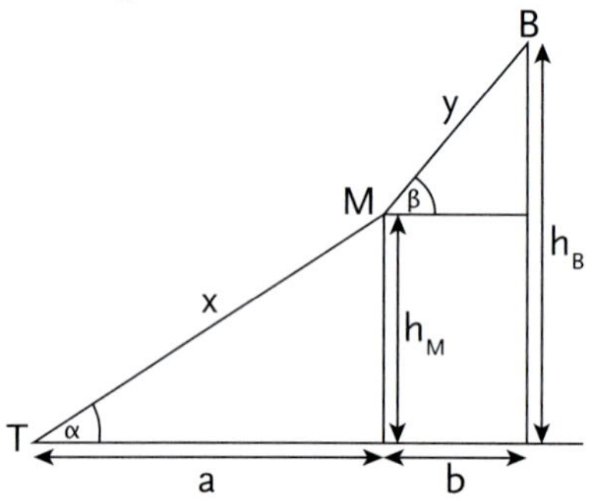

Zu Aufgabe A 2.31:

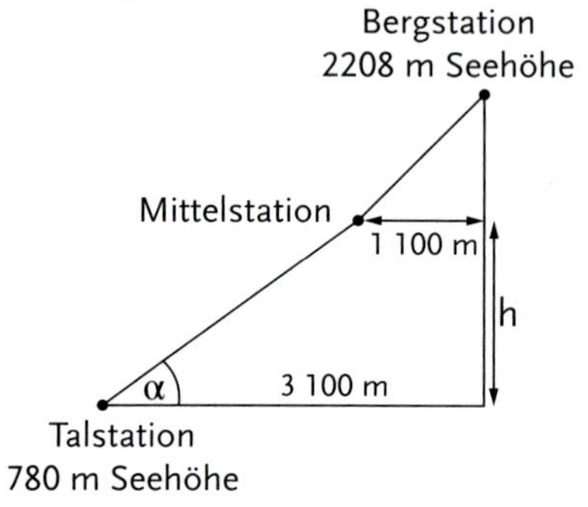

A 2.29 **Dachgaupe**

A B C
2.12

In der Abbildung in der Randspalte ist die Frontseite einer Dachgaupe mit zwei Fenstern dargestellt. Die oberen Kanten der Fenster verlaufen jeweils parallel zur Dachkante.

a) Zeichnen Sie in der Abbildung jene Länge x ein, die durch folgenden Ausdruck berechnet werden kann: $x = \frac{b}{\cos(\alpha)}$

b) Erstellen Sie mithilfe von α, h_1, und b eine Formel zur Berechnung der

Höhe h_2 der Fenster: $h_2 =$ ______________________

c) Es sind folgende Abmessungen der Gaupe bekannt:

$H_1 = 1$ m und $H_2 = 1{,}8$ m.

Die Länge der Dachkante beträgt 1,8 m, wovon 10 cm über das Mauerwerk vorspringen.

Berechnen Sie mithilfe dieser Angaben den Neigungswinkel α des Dachs.

A 2.30 **Gondelbahn**

A C D
2.5
2.12

In der Skizze ist der Verlauf einer Gondelbahn von der Talstation T über die Mittelstation M bis zur Bergstation B dargestellt.

a) Erklären Sie, welche Größe durch die Formel $a \cdot \tan(\alpha) + b \cdot \tan(\beta)$ berechnet wird.

b) Maria entnimmt einer Landkarte die Länge der Strecken zwischen Talstation und Mittelstation, sowie zwischen Mittelstation und Bergstation. Interpretieren Sie die Bedeutung dieser Strecken für die Gondelbahn.

c) Erstellen Sie mithilfe der Höhen h_M und h_B und den Winkeln α und β eine Formel für die von der Gondel zurückgelegte Strecke.

Erklären Sie, welche Größen gegeben sein müssten, um die Strecke ohne Winkelfunktionen berechnen zu können und erstellen Sie die entsprechende Formel.

d) Es soll die Länge der Strecke TB berechnet werden.

Peter behauptet: $\overline{TB} : h_B = \overline{TM} : h_M$ und daher $\overline{TB} = \frac{\overline{TM} \cdot h_B}{h_M}$.

Erklären Sie, welchen Fehler Peter bei dieser Überlegung macht.

A 2.31 **Standseilbahn**

A B C D
2.12

In der Skizze in der Randspalte ist der Verlauf einer Standseilbahn dargestellt.

a) Maria behauptet, dass man den Höhenunterschied h zwischen der Talstation und der Mittelstation in Metern folgendermaßen berechnen kann:

$\tan(\alpha) = \frac{2\,208 - 780}{3\,100}$

$h = \tan(\alpha) \cdot (3\,100 - 1\,100) \approx 921{,}29$

Erklären Sie, welchen Fehler Maria bei dieser Berechnung macht.

b) Schaut man von der Bergstation zur Mittelstation, sieht man diese unter einem Tiefenwinkel $\beta = 27°$.

b_1) Zeichnen Sie den Winkel β in der Skizze ein.

b_2) Berechnen Sie, in welcher Seehöhe sich die Mittelstation befindet.

c) Zwischen Mittelstation und Bergstation legt die Bahn ca. 1 230 m zurück. Der Höhenwinkel α, unter dem man von der Talstation aus die Mittelstation sieht, beträgt ca. 23,46°.

c_1) Berechnen Sie die von der Bahn insgesamt zurückgelegte Strecke.

c_2) In einer Werbeaussendung wird die Fahrzeit von der Talstation zur Bergstation mit 8 Minuten angegeben.

Bestimmen Sie die durchschnittliche Geschwindigkeit.

d) Unmittelbar neben der Bergstation steht ein H Meter hoher Sendemast. Armin sieht diesen vom Tal aus unter dem Sehwinkel γ. Die Spitze des Mastes sieht er unter dem Höhenwinkel δ.

Zeichnen Sie in der obigen Skizze die nötigen Strahlen und die Winkel γ und δ ein.

A 2.32 Grundstück

A B C
2.5
2.12

In der Randspalte ist ein viereckiges Grundstück mit den Eckpunkten A, B, C, D und mit $\beta = 76°$ dargestellt.

Das Grundstück soll durch eine durch den Punkt D parallel zur Seite AB verlaufende Grenzlinie geteilt werden.

a) Markieren Sie die Größe x, die mit der folgenden Gleichung berechnet wird:

$$x = \frac{150}{\tan(\beta)}$$

b) Berechnen Sie das Verhältnis, in dem der Punkt E die Seite BC teilt.

c) Die Grundstücksfläche ABED wird verkauft.
Berechnen Sie den Inhalt dieser Fläche.

Zu Aufgabe A 2.32:

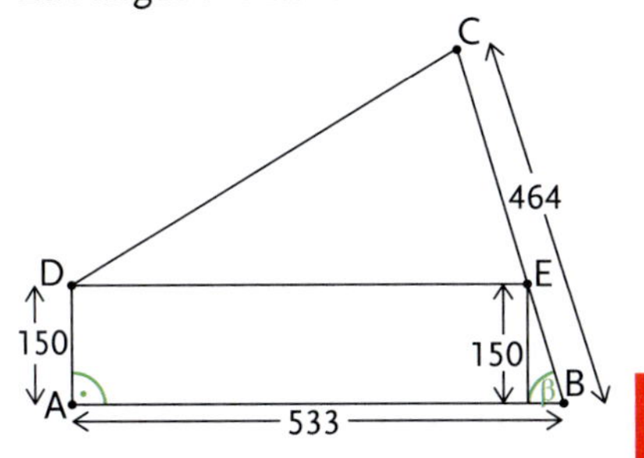

A 2.33 Swimmingpool

A B C D
2.5
2.12

Ein Swimmingpool hat die in der Grafik dargestellte Form.

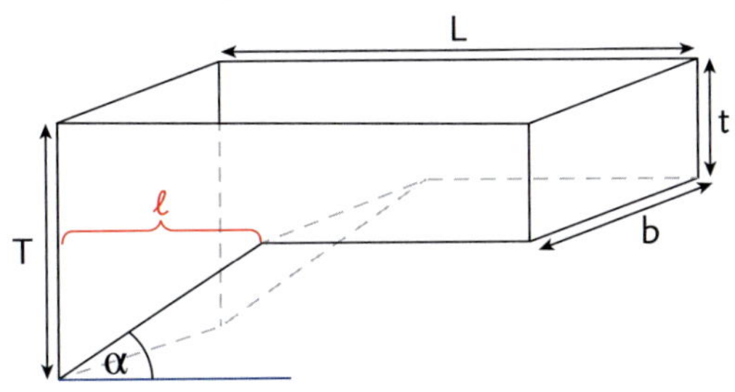

a) Sandro und Marina erstellen eine Formel zur Berechnung des Fassungsvermögens des Pools. Sie lösen das Problem auf unterschiedliche Weise und erhalten folgende Formeln.

Sandro: $V = \frac{(t + T) \cdot \ell}{2} \cdot b + b \cdot t \cdot (L - \ell)$

Marina: $V = \frac{(T - t) \cdot \ell \cdot b}{2} + L \cdot b \cdot t$

a_1) Interpretieren Sie die aufgestellten Formeln jeweils in Bezug auf die zugrunde liegende Unterteilung des Pools in Teilkörper.

a_2) Zeigen Sie durch entsprechende Umformungen, dass die beiden Formeln äquivalent sind.

b) b_1) Erstellen Sie eine Formel zur Berechnung des Neigungswinkels α des schrägen Teils des Poolbodens. (siehe Skizze).
Verwenden Sie dazu die Größen T, t und ℓ.

$\alpha =$ ____________

b_2) Bestimmen Sie die Steigung des Poolbodens in Prozent für T = 3 m, t = 0,9 m und ℓ = 17 m.

Die Abmessungen des Pools betragen:
b = 12,5 m, ℓ = 17 m, L = 25 m, t = 0,9 m, T = 3 m

c) Die Seitenwände des Pools werden neu gestrichen.
Berechnen Sie, für wie viel Quadratmeter Farbe gekauft werden muss.

d) Der Pool wird mit Wasser gefüllt. Berechnen Sie, wie lange die Füllung dauert, wenn die Wasseroberfläche 10 cm unterhalb des Beckenrands liegen soll und pro Stunde 10 Kubikmeter Wasser in den Pool fließen.

Algebra und Geometrie

Zu Aufgabe A 2.34:

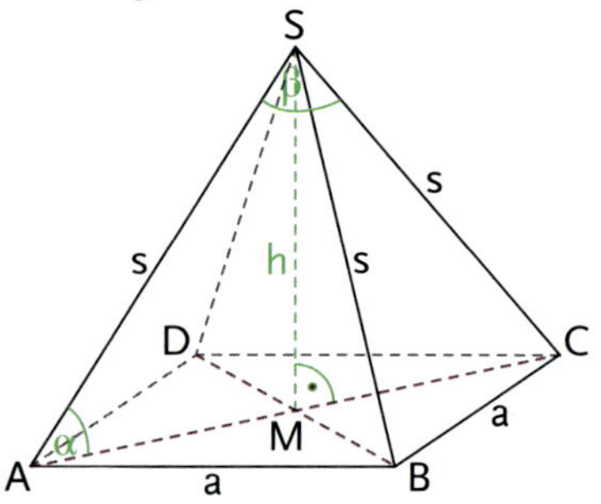

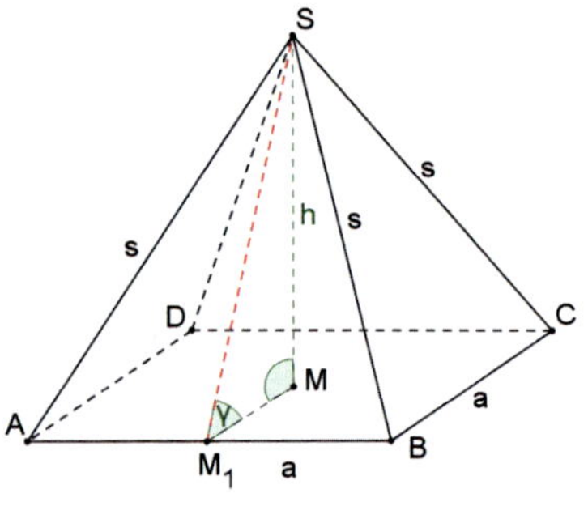

Zu Aufgabe A 2.35:

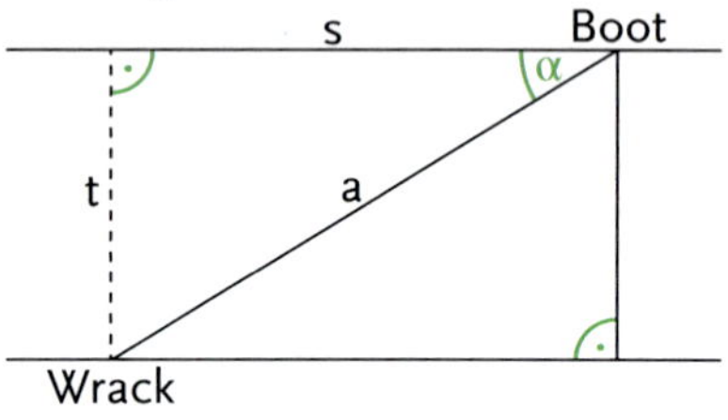

A 2.34 **Pyramiden von Gizeh**

A B D

2.5
2.12

Die Cheopspyramide bei Gizeh (erbaut um 2500 v. Chr.) hat die Form einer quadratischen Pyramide (siehe Skizze in der Randspalte).
Die ursprüngliche Länge der Basiskante a betrug 230,3 m.
Der Winkel α beträgt ca. 42°.

a) Beschreiben Sie, welche geometrische Form die Seitenflächen der Pyramide haben.

b) Berechnen Sie den Winkel β zwischen zwei diagonal gegenüberliegenden Seitenkanten an der Spitze der Pyramide.

c) Berechnen Sie die Höhe der Pyramide.

d) Berechnen Sie mithilfe von h und a den Neigungswinkel γ zwischen den Seitenflächen und der Grundfläche der Pyramide:

$\gamma =$ ______________

e) Nina und Sebastian sind begeisterte Kletterer. Sie überlegen, welches der kürzeste Weg zur Spitze der Pyramide ist.
Nina behauptet, dass der kürzeste Weg entlang einer Seitenkante führt.
Sebastian glaubt, man sollte ausgehend von der Mitte einer Basiskante gerade nach oben steigen (siehe Skizze in der Randspalte).
Erklären Sie, ohne zu rechnen, wer von beiden den kürzesten Weg gefunden hat.

A 2.35 **Wrackortung**

A B

2.12

Eine Suchmannschaft hat am ebenen Meeresboden Wrackteile eines versunkenen Schiffs geortet. Laut Radar ist die Verbindungslinie a zwischen dem Boot der Suchmannschaft und dem Fundort unter einem Tiefenwinkel $\alpha = 26°$ geneigt und 723 m lang.

a) Berechnen Sie die Tiefe t des Meeres an der Fundstelle.

b) Berechnen Sie die Strecke s, die das Boot fahren muss, damit es senkrecht über den Wrackteilen schwimmt.

c) Erstellen Sie eine Formel zur Berechnung des Horizontalabstandes s des Boots in Metern in Abhängigkeit vom Tiefenwinkel α (in Grad) und der Meerestiefe t in Metern am Fundort.

$s =$ ______________

Deskriptor	Formulierung des Deskriptors: Inhalt und Handlung
B_P_2.1	Vektoren in $\mathbb{R}^2$ verstehen und anwenden *(siehe Kommentar)*
B_P_2.2	Trigonometrie des allgemeinen Dreiecks in zwei Dimensionen verstehen und anwenden *(siehe Kommentar)*

Kommentar B_P_2.1:
Addition, Multiplikation mit einem Skalar, Skalarprodukt, Ortsvektor, Betrag, Einheitsvektor, Normalvektor, Gegenvektor, Winkel zwischen Vektoren Resultierende von vektoriellen Größen bzw. Zerlegung in deren Komponenten

Kommentar B_P_2.2:
Sinussatz, Cosinussatz, Flächeninhalt

Aufgabenstellungen – Teil B

B 2.01 Orientierungsmarsch

A B C
P 2.1

Eine Klasse macht in einem ebenen Waldgelände einen Orientierungsmarsch mit Karte und Kompass. Im Koordinatensystem sind einige Orientierungspunkte eingezeichnet. Dabei entspricht eine Einheit von x bzw. von y einer Strecke von 500 Metern.

A Aussichtsturm
B Brücke
H Hütte
K Wegkreuz
R Rastplatz

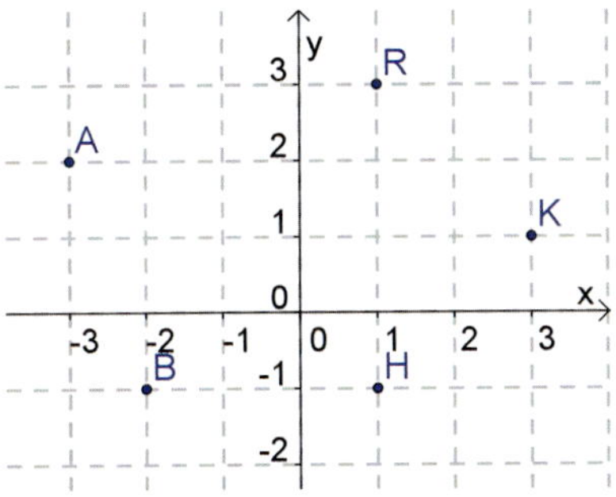

a) Eine Gruppe marschiert von der Brücke B auf direktem Weg zum Aussichtsturm A.
Ermitteln Sie die Koordinaten des Vektors $\overrightarrow{BA}$.

b) Eine andere Gruppe marschiert vom Aussichtsturm A zum Lagerplatz L. Ihr Weg wird durch den Vektor $\vec{a} = \begin{pmatrix} 2 \\ -1{,}5 \end{pmatrix}$ beschrieben.
- Zeichnen Sie den Lagerplatz im Koordinatensystem ein.
- Berechnen Sie die direkte Entfernung des Aussichtsturms vom Lagerplatz in Metern.

c) Eine dritte Gruppe geht von der Hütte H 1 000 Meter weit in Richtung des Vektors $\begin{pmatrix} 1 \\ 2 \end{pmatrix}$ zur Jausenstation J.
Berechnen Sie die Koordinaten der Jausenstation J.

B 2.02 Landeshauptstädte

A B C
P 2.1

In der Grafik ist die Lage der österreichischen Landeshauptstädte in einem Koordinatensystem ungefähr dargestellt. Auf beiden Achsen entspricht eine Einheit jeweils einer Strecke von ca. 60 km.

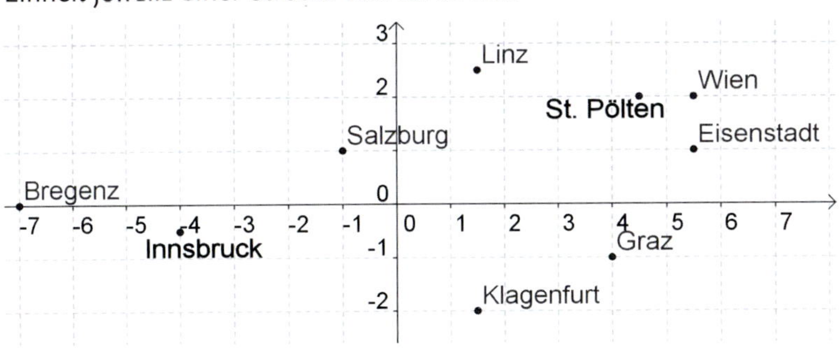

a) Entnehmen Sie der Grafik die Koordinaten aller Landeshauptstädte.

b) Ein Hubschrauber fliegt von Salzburg aus alle Landeshauptstädte auf direktem, geradlinigem Weg an.
Stellen Sie die Vektoren auf, die diese Flüge beschreiben.

c) Ein Hubschrauber fliegt von Wien über Graz nach Innsbruck.
Berechnen Sie den Umweg in km im Vergleich zur Luftlinie Wien – Innsbruck.

B 2.02 A B C P 2.1

d) Ein Hubschrauber startet in Bregenz.
Er folgt zuerst dem Vektor $\begin{pmatrix} 3 \\ -2 \end{pmatrix}$, dann dem Vektor $\begin{pmatrix} 4 \\ 3 \end{pmatrix}$ und schließlich dem Vektor $\begin{pmatrix} 5{,}5 \\ 0 \end{pmatrix}$.
Ermitteln Sie grafisch und rechnerisch, wo der Hubschrauber nach diesem Flug landet.

e) Bestimmen Sie rechnerisch die ungefähre Entfernung (Luftlinie) in Kilometer:
- zwischen Graz und Klagenfurt
- zwischen St. Pölten und Innsbruck

B 2.03 **Schleppkähne**
A B D P 2.1

Ein Kreuzfahrtschiff wird von zwei Schleppkähnen von der Kaimauer weggezogen (siehe nicht maßstabgetreue Skizze).

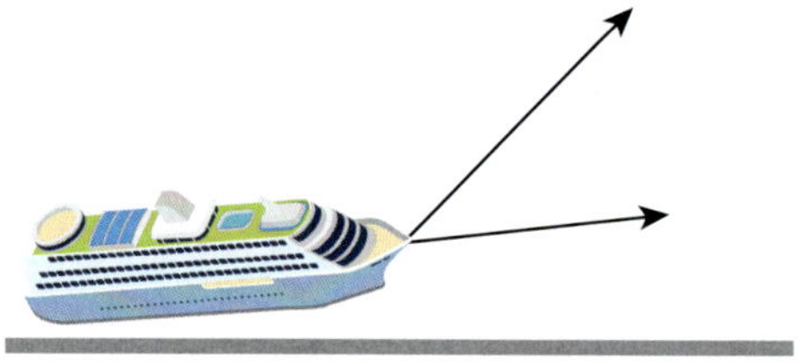

a) Der erste Schleppkahn zieht mit einer Kraft $\vec{F_1}$ = 700 Kilonewton (kN) unter einem Winkel von 40° zur Kaimauer.
Die Kraft des zweiten Schleppkahns wird durch den Vektor
$\vec{F_2} = \begin{pmatrix} 380\text{ kN} \\ 270\text{ kN} \end{pmatrix}$ beschrieben.
- Beschriften Sie die Skizze mit $\vec{F_1}$ und $\vec{F_2}$ und zeichnen Sie die resultierende Kraft $\vec{F_R}$ ein.
- Berechnen Sie die Koordinaten des Kraftvektors $\vec{F_1}$.
- Berechnen Sie die resultierende Kraft $\vec{F_R}$.

b) Zwei andere Schleppkähne schleppen einen Frachter mit einer resultierenden Kraft $\vec{F_R} = \begin{pmatrix} 960\text{ kN} \\ 680\text{ kN} \end{pmatrix}$ von der Kaimauer weg.
Berechnen Sie, in welchem Winkel dieses Schiff vom Kai weggezogen wird.

c) Argumentieren Sie anhand des Kräfteparallelogramms, ob sich der Betrag der resultierenden Kraft vergrößert oder verkleinert, wenn die beiden Schlepper möglichst nahe nebeneinander fahren.

Zu Aufgabe B 2.04:

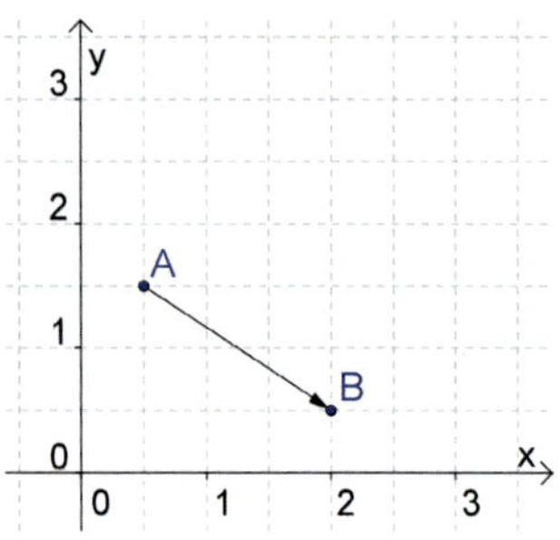

B 2.04 **Golfsport**
B C P 2.1

Ein Golfball wird im Punkt A abgeschlagen und landet im Punkt B (siehe Randspalte).

a) Lesen Sie den Vektors $\overrightarrow{AB}$ aus der Grafik ab.

b) Mit dem nächsten Schlag wird der Golfball von B zum Punkt C befördert.
Zeichnen Sie den Punkt C ein, der ausgehend vom Punkt B mit dem Vektor $\begin{pmatrix} 1 \\ 1{,}5 \end{pmatrix}$ erreicht wird.

c) Berechnen Sie das Skalarprodukt der Vektoren $\overrightarrow{AB}$ und $\overrightarrow{BC}$.
Interpretieren Sie dieses Skalarprodukt geometrisch.

B 2.05 **Bergtour**
A B
P 2.2
2.12

Selina will einen Berg besteigen. Vom ebenen Parkplatz P aus sieht sie den Berggipfel G unter dem Höhenwinkel $\alpha = 41°$. Auf dem Gipfel steht ein 60 Meter hoher Aussichtsturm, der Selina unter dem Sehwinkel $\beta = 2°$ erscheint.

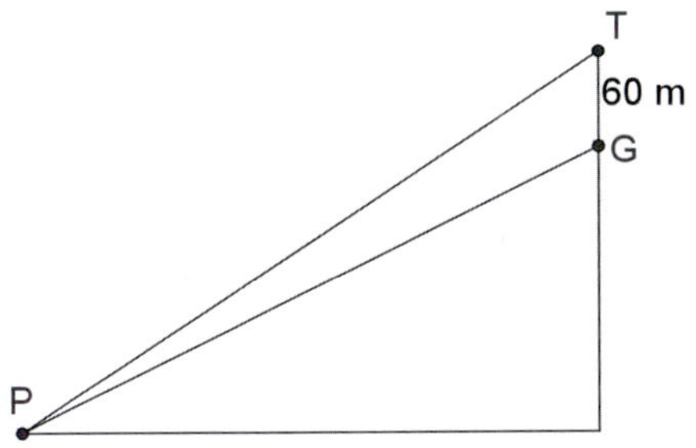

a) Beschriften Sie alle Winkel der (nicht maßstabgetreuen) Skizze mit den erforderlichen Größen.
Zeichnen Sie den Tiefenwinkel γ, unter dem man von der Spitze T des Aussichtsturms aus den Parkplatz P sieht, in die Skizze ein.

b) Berechnen Sie den Höhenunterschied h zwischen Parkplatz P und Berggipfel G.

c) Erstellen Sie eine Formel für h, wenn anstelle der Turmhöhe die horizontale Entfernung e bekannt wäre.
h = ________________

B 2.06 **Giebeldach**
A B
P 2.2
2.12

Ein Giebeldach mit dreieckigem Querschnitt hat folgende Abmessungen:
$a = 10$ m, $b = 15$ m, $\alpha = 33{,}75°$ (Skizze nicht maßstabgetreu)

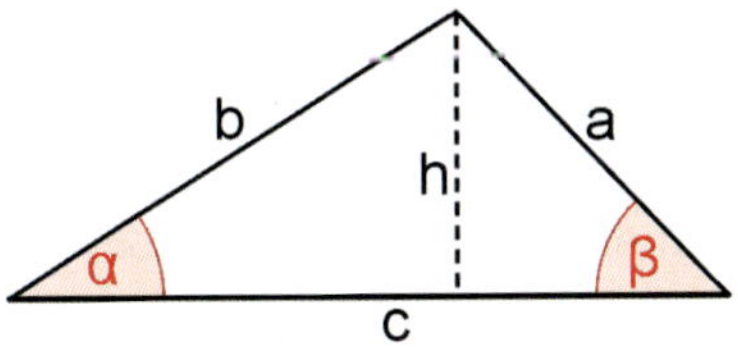

Berechnen Sie den Winkel β und die Länge der Seite c.

B 2.07 **Grundstücksvermessung**
A B
P 2.2

Ein viereckiges Grundstück wird vermessen. Es werden die in der nachstehenden Abbildung angegebenen Maße ermittelt.

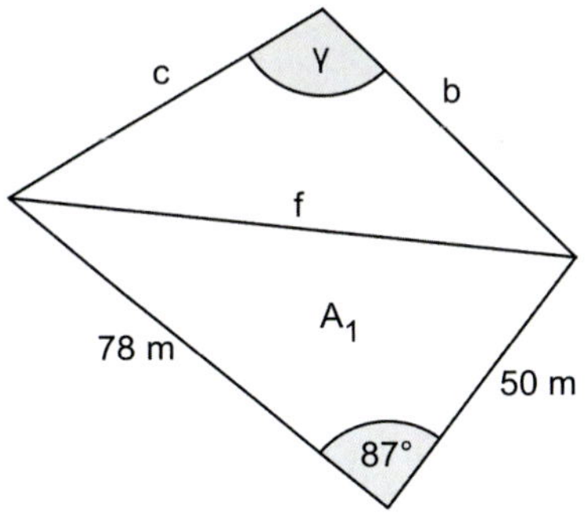

a) Berechnen Sie die Länge der Strecke f.

b) Berechnen Sie den Inhalt der Fläche A_1.

c) Erstellen Sie mithilfe von b, c und f eine Formel zur Berechnung des Winkels γ: γ = ________________

3 Funktionale Zusammenhänge

Überprüfen Sie Ihre Kompetenz zu diesem Inhaltsbereich mit einem interaktiven **Safety-Check** in der **TRAUNER-DigiBox.**

Kommentar 3.1:
Funktionen können auch abschnittsweise definiert sein.

Variablen kontextbezogen benennen (nicht nur x und y); dies gilt auch für Parameter von Funktionen (am Beispiel der linearen Funktion: nicht nur k für Anstieg, d für Ordinatenabschnitt)

Kommentar 3.5:
die prototypischen Verläufe der Graphen von f mit $f(x) = a \cdot b^x + c$ ($b \in \mathbb{R}^+$ und $a, c \in \mathbb{R}$, $a \neq 0$) und $f(x) = a \cdot e^{\lambda \cdot x} + c$ ($a, c, \lambda \in \mathbb{R}$, $a \neq 0$) kennen; die Parameter a, b, c und λ in unterschiedlichen Kontexten deuten

Kommentar 3.9:
Vorausgesetzt wird die Kenntnis des Zusammenhangs zwischen Kosten-, Erlös- und Gewinnfunktion sowie grundlegender Begriffe der Zinseszinsrechnung.

Deskriptor	Formulierung des Deskriptors: Inhalt und Handlung
3.1	eine Funktion in einem geeigneten Definitionsbereich als eindeutige Zuordnung verstehen und als Darstellung der Abhängigkeit zwischen Größen interpretieren; den Graphen einer gegebenen Funktion mittels Technologieeinsatz darstellen, Funktionswerte ermitteln und den Verlauf des Graphen im Kontext interpretieren *(siehe Kommentar)*
3.2	Zusammenhänge aus Anwendungsgebieten durch lineare Funktionen modellieren, damit Berechnungen durchführen, die Ergebnisse interpretieren und damit argumentieren; Graphen von linearen Funktionen skizzieren und die Parameter kontextbezogen interpretieren; den Zusammenhang zwischen einer linearen Gleichung in zwei Variablen und einer linearen Funktion verstehen und anwenden
3.3	Graphen von Potenzfunktionen ($y = c \cdot x^n$ mit $n \in \mathbb{Z}$, $c \in \mathbb{R}$ sowie $y = \sqrt{x}$) skizzieren, ihre Definitions- und Wertemenge angeben können, ihre Eigenschaften (Symmetrie, Polstelle, asymptotisches Verhalten) anhand ihrer Graphen interpretieren und damit argumentieren
3.4	Null-, Extrem- und Wendestellen sowie das Monotonieverhalten bei Polynomfunktionen bis zum Grad 3 bestimmen, interpretieren und damit argumentieren, zugehörige Graphen skizzieren; bei Polynomfunktionen 2. Grades vom Typ $f(x) = a \cdot x^2 + b$ mit $a, b \in \mathbb{R}$ die Parameter interpretieren und damit argumentieren
3.5	Graphen von Exponentialfunktionen skizzieren, Exponentialfunktionen als Wachstums- und Abnahmemodelle interpretieren, die Verdoppelungszeit und die Halbwertszeit berechnen und im Kontext deuten sowie die Parameter von Exponentialfunktionen interpretieren *(siehe Kommentar)*
3.6	lineare Funktionen und Exponentialfunktionen strukturell vergleichen, die Angemessenheit einer Beschreibung mittels linearer Funktionen oder mittels Exponentialfunktionen im Anwendungskontext beurteilen
3.9	anwendungsbezogene Problemstellungen mit geeigneten Funktionstypen (lineare Funktion, quadratische Funktion und Exponentialfunktion) modellieren *(siehe Kommentar)*
3.10	Graphen von $f(x) = \sin(x)$, $f(x) = \cos(x)$ und $f(x) = \tan(x)$ mit Winkeln im Bogenmaß skizzieren und die Eigenschaften dieser Funktionen interpretieren und damit argumentieren; den Zusammenhang zwischen Grad- und Bogenmaß verstehen und anwenden; die Zusammenhänge im Einheitskreis verstehen und anwenden

Aufgabenstellungen – Teil A

Die Bestrahlungsstärke (Bestrahlungsleistung) gibt an, wie viel Leistung an Sonnenstrahlung auf einen Quadratmeter senkrecht zur Strahlungsrichtung fällt.

A 3.01 **Sonnenenergie**
C
3.1

Die Sonne ist unser wichtigster Energielieferant und strahlt mit ca. 1 360 W/m^2 (Solarkonstante) senkrecht auf die Erdatmosphäre. Von dieser Strahlung gelangen aber nur ca. 50 W/m^2 (bei Bewölkung) bis zu maximal ca. 1 000 W/m^2 (wolkenloser Sommertag) auf die Erdoberfläche.

Das Diagramm gibt die Bestrahlungsstärke auf der Erdoberfläche in W/m^2 für verschiedene Tage eines Jahres in Abhängigkeit von der Uhrzeit (mitteleuropäische Winterzeit) idealisiert an.

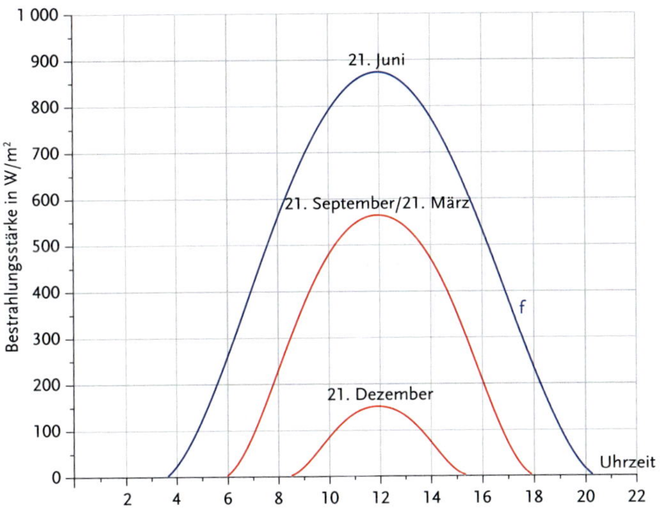

Globalstrahlung auf der Erdoberfläche:

bedeckter Himmel	50 bis	200 W/m²
wolkig	200 bis	400 W/m²
sonnig	400 bis 1 000	W/m²

Verwenden Sie die Kurve f für den 21. Juni. Lesen Sie die folgenden Daten aus der Grafik ab:

a) die Bestrahlungsstärke um 8:00 Uhr
b) die Uhrzeit, zu der die Bestrahlungsstärke 800 W/m² ist
c) den Maximalwert der Bestrahlungsstärke

Formulieren Sie die Fragen d) bis g) in Worten und beantworten Sie diese.

d) $f(15) = ?$
e) $f(x) = 300,\ x = ?$
f) $f(x) = 100,\ x = ?$
g) $f(x) = 0,\ x = ?$ Welche Ereignisse werden damit berechnet?
h) $D = ?$
i) $W = ?$

A 3.02 **Zylinder und Kugel**

B C D
3.1
2.6

a) Zylinder

Für das Volumen eines Drehzylinders gilt die Formel $V = r^2 \cdot \pi \cdot h$.

a_1) Interpretieren und begründen Sie die Auswirkung der Verdoppelung des Radius r auf das Volumen V des Zylinders.

a_2) Interpretieren und begründen Sie die Auswirkung auf das Volumen V des Zylinders, wenn der Radius r um den Faktor n vergrößert wird.

a_3) Ordnen Sie den passenden Graphen zu:

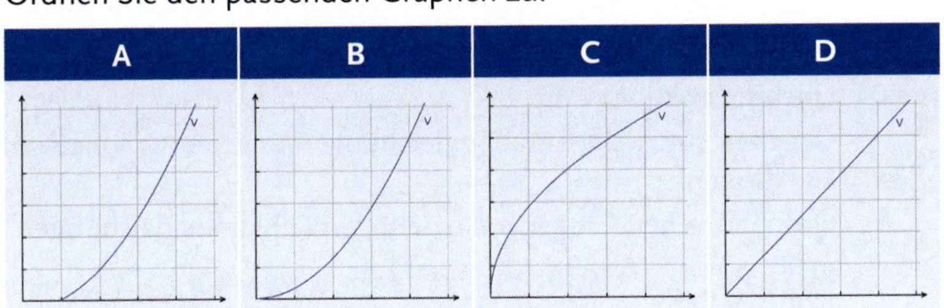

Volumen V des Zylinders in Abhängigkeit vom Radius r. (Höhe h ist konstant.)	
Volumen V des Zylinders in Abhängigkeit von der Höhe h. (Radius r ist konstant.)	

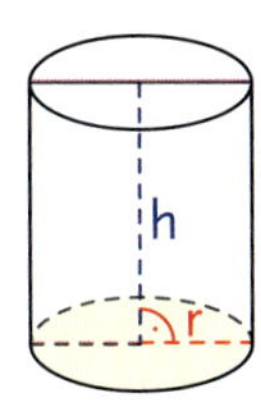

Mantelfläche $M = 2 \cdot r \cdot \pi \cdot h$
Oberfläche $O = 2 \cdot r^2 \cdot \pi + 2 \cdot r \cdot \pi \cdot h$
Volumen $V = r^2 \cdot \pi \cdot h$

b) Kugel

Für das Volumen einer Kugel gilt die Formel $V = \frac{4}{3} \cdot r^3 \cdot \pi$.

b_1) Interpretieren und begründen Sie die Auswirkung der Halbierung des Radius r auf das Volumen V der Kugel.

b_2) Interpretieren und begründen Sie die Auswirkung auf das Volumen V des Zylinders, wenn der Radius r mit dem Faktor $\frac{1}{n}$ multipliziert wird.

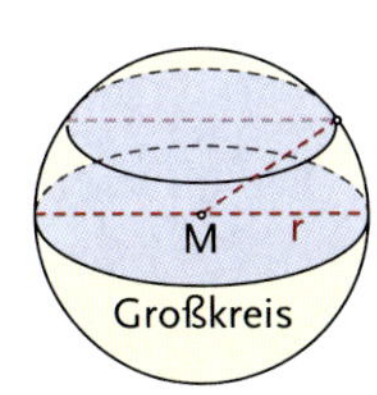

Oberfläche $O = 4 \cdot r^2 \cdot \pi$
Volumen $V = \frac{4}{3} \cdot r^3 \cdot \pi$

A 3.03 Alkoholkonzentration im Blut nach Biergenuss

A B C D
3.1
3.3

Die Alkoholkonzentration c im Blut eines Mannes und einer Frau nach dem Konsum von 1 Liter Bier kann näherungsweise mit der nachstehenden Formel berechnet werden: $c = \frac{39{,}2}{m \cdot r}$

- c Massenanteil des Alkohols im Blut in ‰ (Promille); Alkoholkonzentration im Blut in Promille zeitnah zur Konsumation
- m Körpermasse des Konsumenten des alkoholischen Getränkes in kg; Dichte von Alkohol: $\rho = 0{,}8$ g/ml
- r Reduktionsfaktor, abhängig vom Geschlecht $r_{Männer} = 0{,}68$; $r_{Frauen} = 0{,}55$

Die gegebenen zwei Graphen zeigen die Alkoholkonzentration c im Blut eines Mannes und einer Frau in Abhängigkeit von der Körpermasse m der jeweiligen Person nach dem Konsum von 1 Liter Bier.

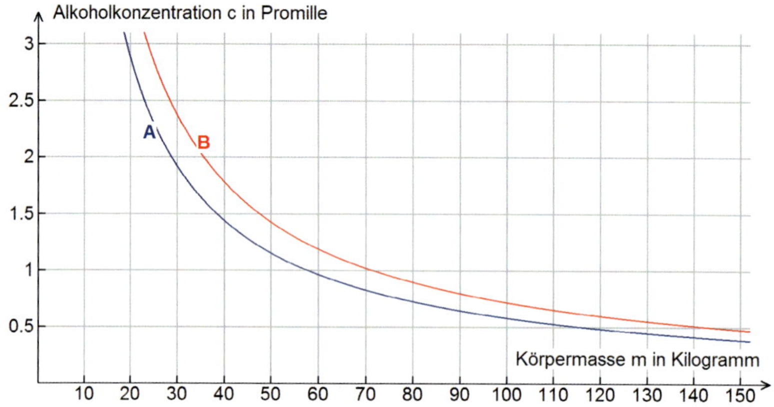

a) Argumentieren Sie, welche der beiden Kurven die Werte für Männer und welche Kurve die Werte für Frauen darstellt.

b) Lesen Sie jeweils die Alkoholkonzentration im Blut für eine Frau und einen Mann mit 70 kg ab.

c) Lesen Sie jeweils ab, welche Körpermasse eine Frau bzw. ein Mann haben müssten, um fahrtüchtig ($c \leqslant 0{,}5$ ‰) zu sein.

d) Dora hat eine Körpermasse m = 58 kg und trinkt Wein mit 13,5 % Vol. Alkohol.
Zeichnen Sie den Funktionsgraphen der Alkoholkonzentration c im Blut von Dora in Abhängigkeit vom Volumen V des konsumierten Weines in einem geeigneten Koordinatensystem.

Anleitung zu A 3.03 d)
Formel zur Berechnung der Alkoholkonzentration c im Blut:
$c = \frac{V \cdot e \cdot \rho}{m \cdot r}$

- c Alkoholkonzentration im Blut in Promille
- V Volumen des konsumierten alkoholischen Getränks in ml
- e Alkoholanteil im Getränk als Dezimalzahl 13,5 % Vol.: e = 0,135
- ρ Dichte von Alkohol: $\rho = 0{,}8$ g/ml
- m Körpermasse des Konsumenten in kg
- r Reduktionsfaktor, r = 0,55

A 3.04 Lineare Funktion

C
3.2

Gegeben sind acht Geradengleichungen und vier Graphen von linearen Funktionen.
Ordnen Sie den Graphen die richtigen Funktionsgleichungen zu.

A	$f(x) = 2 \cdot x + 1$	E	$f(x) = -\frac{2}{3} \cdot x - 1$
B	$f(x) = \frac{1}{2} \cdot x - 1$	F	$f(x) = x$
C	$f(x) = -2 \cdot x + 2$	G	$f(x) = 2 \cdot x - 1$
D	$f(x) = -x + 3$	H	$f(x) = -\frac{3}{2} \cdot x - 1$

Abb. 1

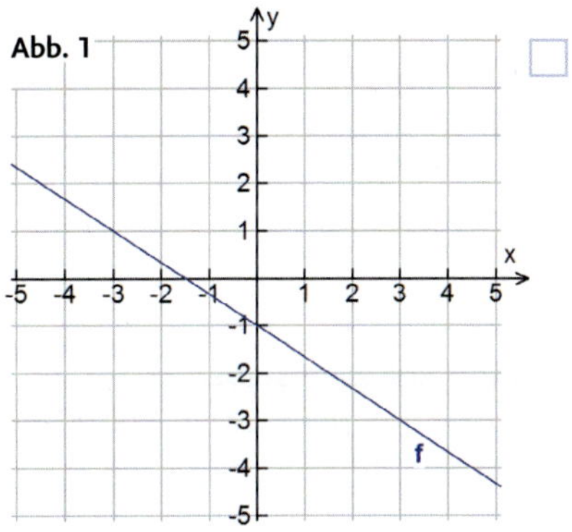

Abb. 2

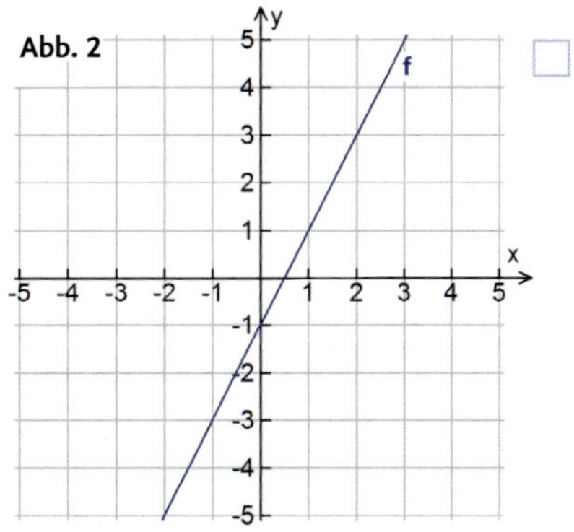

Abb. 3

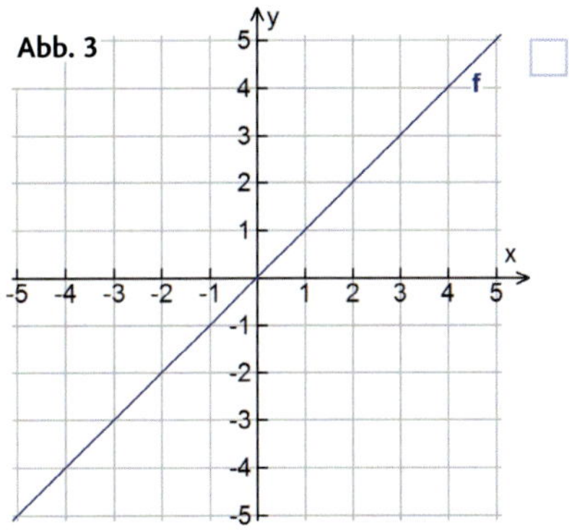

Abb. 4

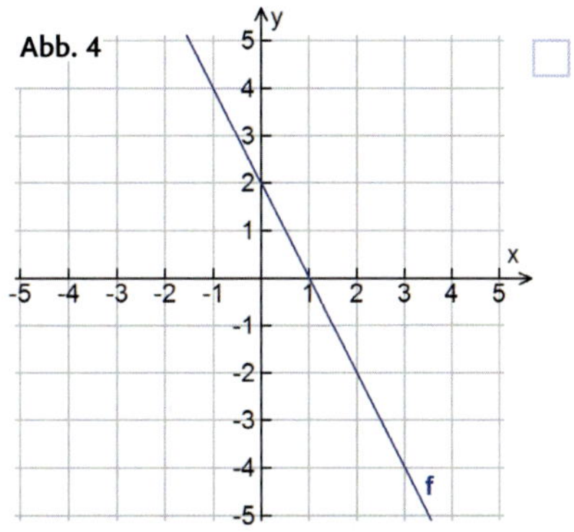

A 3.05 Wassertank

A B C 3.2

Ein Wassertank für eine Bewässerungsanlage hat eine maximale Speicherkapazität von 6 000 Liter Wasser. Bevor die Tröpfchenbewässerung eines Glashauses eingeschaltet wird, ist der Tank voll. Mit einer Pumpe wird gleichmäßig 12 Liter Wasser pro Minute zur Bewässerung des Glashauses entnommen.

a) Erstellen Sie eine Funktionsgleichung, die das Wasservolumen V (in Litern) im Tank in Abhängigkeit von der Betriebszeit t (in Minuten) der Wasserpumpe beschreibt.
   Stellen Sie diese Funktion grafisch dar.

b) Ermitteln Sie, wie lange es dauert, bis der Tank vollständig geleert ist.

c) In einem anderen Glashaus steht ein größerer Wassertank mit einer stärkeren Bewässerungspumpe.
   Im Diagramm ist der Graph des Wasservolumens im Tank in Abhängigkeit von der Zeit dargestellt.

   c_1) Lesen Sie aus dieser Grafik ab:
   - das Wasservolumen im Tank am Beginn des Bewässerungsvorganges,
   - die Steigung der Geraden, interpretieren Sie diese Steigung im Sachzusammenhang,
   - die Zeit bis zur vollständigen Entleerung des Tanks.

   c_2) Erstellen Sie eine Funktionsgleichung, die das Wasservolumen V (in Litern) im Tank in Abhängigkeit von der Betriebszeit t (in Minuten) der Wasserpumpe beschreibt.

Zu Aufgabe A 3.05 c:

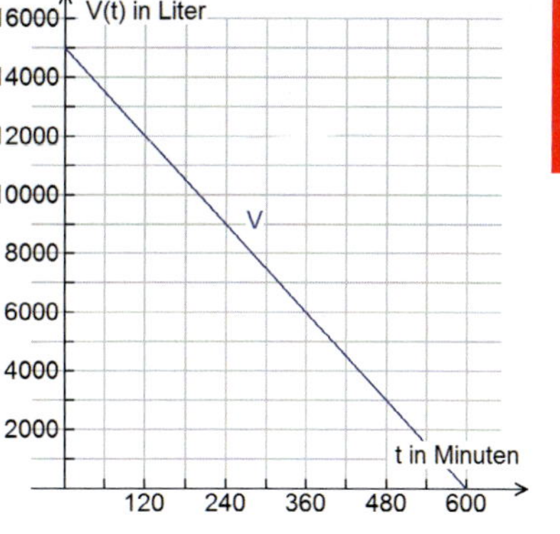

Die Parseierspitze ist mit einer Höhe von 3.036 m ü. A. der höchste Gipfel der nördlichen Kalkalpen und deren einziger Dreitausender.

A 3.06 Temperaturabnahme

A B C
3.2

Die Temperatur der Luft nimmt mit der Höhe ab.
In den Alpen sinkt die Temperatur nach einer Faustregel um ca. 6 °C pro 1 000 m Höhe.

a) Bestimmen Sie, um wie viel °C die Temperatur pro m Höhe abnimmt.

b) In Landeck wird an einem Spätsommertag zu Mittag eine Temperatur von 25 °C gemessen.

b_1) Erstellen Sie eine lineare Funktion, die zum selben Zeitpunkt die Temperatur T in °C in Abhängigkeit von der Höhe h über Landeck in m beschreibt.

b_2) Die Parseierspitze liegt ca. 2 200 m höher als Landeck. Berechnen Sie nach der Faustregel die Temperatur auf der Parseierspitze zu diesem Zeitpunkt.

A 3.07 Großbäckerei

A B C
3.2

Eine Großbäckerei arbeitet 24 Stunden pro Tag und betreibt ihre Backöfen mit Heizöl. Pro Stunde werden bei Volllast 25 Liter Heizöl verbraucht. Derzeit beträgt der Heizölvorrat 15 500 Liter.

a) Erstellen Sie die lineare Funktion für den Heizölvorrat H in Abhängigkeit von der Brenndauer x in Stunden und zeichnen Sie den Graphen in ein geeignetes Koordinatensystem.
Interpretieren Sie die Steigung k und den y-Achsenabschnitt d.

b) Berechnen Sie den Heizölvorrat nach einer Woche (7 Tage).

c) Wenn der Vorrat an Heizöl unter 3 000 Liter sinkt, wird nachbestellt. Berechnen Sie, am wievielten Tag nachbestellt werden muss.

d) Überprüfen Sie die Ergebnisse Ihrer Berechnungen aus b) und c) anhand Ihrer Grafik.

A 3.08 Gartenarbeiten

A B D
3.2

Familie Huber möchte Gartenarbeiten von einer Firma durchführen lassen. Die Arbeiten sollen an einem Tag erledigt werden.
Firma A (Garten-Fuchs) verlangt für jede Arbeitsstunde € 70.
Die Fahrtkostenpauschale beträgt € 60 pro Tag.
Firma B (Grünschnitt & Mehr) verrechnet € 75 pro Arbeitsstunde und pro Tag € 30 für die Anfahrt.

a) Ermitteln Sie die Funktionsgleichungen der beiden linearen Funktionen, die jeder verrichteten Arbeitszeit x in Stunden die entstehenden Kosten K(x) in Euro zuordnen.

b) Stellen Sie die Graphen der beiden linearen Kostenfunktionen im gegebenen Koordinatensystem dar.

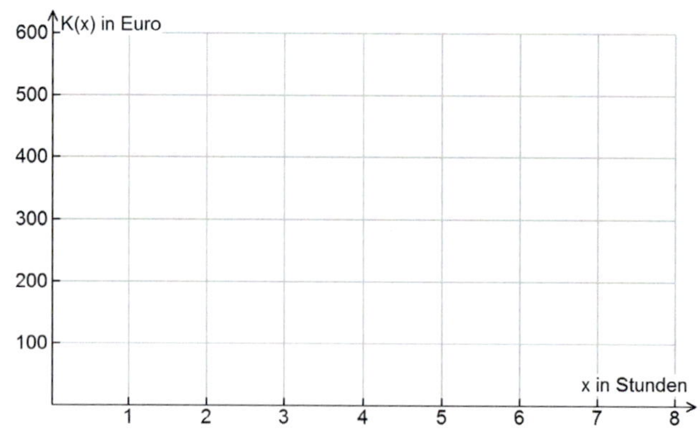

c) Argumentieren Sie, ab welcher Arbeitszeit Firma A günstiger ist als Firma B.

A 3.09 **Wetterballon**
A B
C
3.2

Ein mit Wasserstoff (H_2) gefüllter Wetterballon hat bei 0 °C ein Volumen von 10 m^3. Erhöht man die Temperatur des Gases um 1 °C (bei konstantem Druck), nimmt das Volumen des Ballons um jeweils ca. 0,036 63 m^3 zu.

a) Modellieren Sie das Volumen V des Ballons (in m^3) als lineare Funktion der Temperatur T (in °C).
Erstellen Sie die Funktionsgleichung und zeichnen Sie den Graphen der Funktion.

b) Berechnen Sie die Nullstelle dieser Funktion. Interpretieren Sie die Nullstelle im Sachzusammenhang.

A 3.10 **Telefontarife 1**
A B
C D
3.2

In der Grafik sind die Telefonkosten (in Euro) für zwei Telefonanbieter A und B bei einer monatlichen Gesprächszeit von x Minuten dargestellt.
Einer der Anbieter bietet einen Flatrate-Tarif an. Der andere Anbieter verkauft Wertkarten.

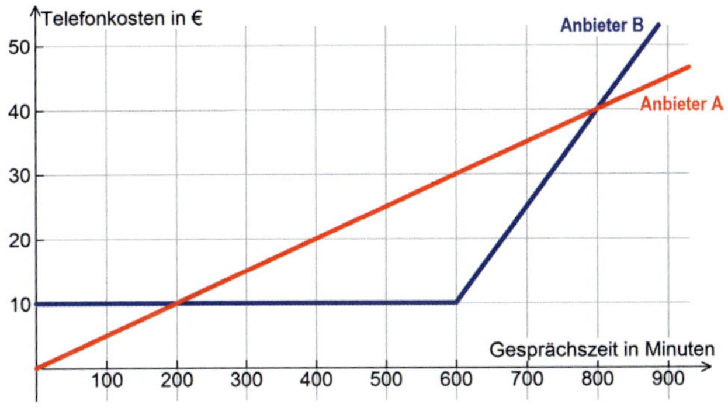

a) Entscheiden und begründen Sie, welcher der beiden Tarife der Flatrate-Tarif ist.

b) Lesen Sie die Anzahl der im Flatrate-Tarif inkludierten Gesprächsminuten ab.

c) Lesen Sie ab und beschreiben Sie, welcher der beiden Anbieter bei welcher monatlichen Gesprächsdauer günstiger ist.

d) Ermitteln Sie die Kosten pro zusätzlicher Gesprächsminute, wenn bei der Flatrate die Freiminuten überschritten werden.

e) Ermitteln Sie die Kosten pro Gesprächsminute für Anbieter A.

f) Skizzieren Sie die Graphen zu den folgenden Tarifen:
Anbieter C: 15 Euro Grundgebühr, 120 Freiminuten, danach 0,12 Euro pro Minute
Anbieter D: Flatrate; für 45 Euro unbegrenzt telefonieren
Erstellen Sie die Gleichung der Telefonkostenfunktion von Anbieter C für $x \geqslant 120$ Minuten.

Der Begriff **„Flatrate"** steht für Pauschaltarif. Das bedeutet, dass bis zu einer bestimmten Anzahl von Telefonminuten (Freiminuten) ein bestimmter festgelegter Betrag zu bezahlen ist. Erst nach Überschreiten der „Freiminuten" steigen die Telefonkosten.

A 3.11 Telefontarife 2

A C D 3.2

Maria vergleicht drei Telefontarife A, B und C.

Tarif A: Grundgebühr 15 Euro inkludiert 150 Freiminuten, danach 0,12 Euro pro Gesprächsminute

Tarif B: keine Grundgebühr, 0,12 Euro pro Gesprächsminute

Tarif C: Flatrate 45 Euro, unbegrenzte Freiminuten

a) Ergänzen Sie jeweils die fehlenden Teile der Funktionsgleichungen für die Telefonkosten:

Tarif A: $K_A(t) = \begin{cases} \ldots\ldots\ldots, & 0 \leqslant t \leqslant \ldots\ldots \\ \ldots\ldots\ldots, & t > \ldots\ldots \end{cases}$

Tarif B: $K_B(t) = \ldots\ldots\ldots$

Tarif C: $K_C(t) = \ldots\ldots\ldots$

b) Stellen Sie die Telefonkosten in Euro für t Gesprächsminuten für alle drei Tarife in einem Koordinatensystem dar.

c) Entscheiden Sie, welcher Tarif für Maria am günstigsten ist, wenn sie monatlich

c_1) maximal 120 Minuten,

c_2) mindestens 140 Minuten, aber weniger als 340 Minuten

telefoniert.

A 3.12 Ausflugsfahrt 1

A 3.2

Die Entfernung von Eisenstadt nach Linz beträgt ca. 230 km.
Anna startet um 7:00 Uhr in Eisenstadt.

a) Anna fährt mit einer durchschnittlichen Geschwindigkeit von ca. 80 km/h in Richtung Linz.
Erstellen Sie eine Funktionsgleichung, mit der die Entfernung von Anna von Eisenstadt t Stunden nach ihrer Abfahrt berechnet werden kann.

b) Maximilian startet um 8:00 Uhr ebenfalls in Eisenstadt und fährt mit durchschnittlich 125 km/h in Richtung Linz.
Erstellen Sie eine Funktionsgleichung, mit der die Entfernung von Maximilian von Eisenstadt t Stunden nach der Abfahrt von Anna berechnet werden kann.

c) Helene startet um 7:00 Uhr in Linz und fährt mit einer durchschnittlichen Geschwindigkeit von ca. 100 km/h in Richtung Eisenstadt.
Erstellen Sie eine Funktionsgleichung, mit der Entfernung von Helene von Eisenstadt t Stunden nach der Abfahrt von Anna angibt.

A 3.13 Ausflugsfahrt 2

A B C 3.2

Beata fährt um 9:00 Uhr mit ihrem Motorrad mit einer durchschnittlichen Geschwindigkeit von ca. 120 km/h von Eisenstadt in das ca. 230 km entfernte Linz.
Um 9:30 Uhr startet Roberto mit einem Pkw von Linz in Richtung Eisenstadt. Roberto fährt mit durchschnittlich 90 km/h.

a) Erstellen Sie die linearen Bewegungsgleichungen für Beata und Roberto. Geben Sie die Entfernung von Linz in km und die Fahrzeit in Minuten ab 9:00 Uhr an.

b) Berechnen Sie, wann (Uhrzeit angeben) und in welcher Entfernung von Linz die beiden Fahrzeuge aneinander vorbeifahren.

c) Berechnen Sie, wann die beiden ihr Ziel erreichen.

d) Zeichnen Sie die Graphen der beiden Weg-Zeit-Funktionen in ein geeignetes Koordinatensystem und überprüfen Sie die Ergebnisse Ihrer Berechnungen.

A 3.14 Fahrt in die Hauptstadt

A B C 3.2

David und Clara fahren von ihrem Heimatort in die 50 km entfernte Hauptstadt.

David nimmt sein Motorrad, Clara fährt mit ihrem E-Bike.

Die Bewegungen der beiden Bikes sind in der folgenden Grafik dargestellt.

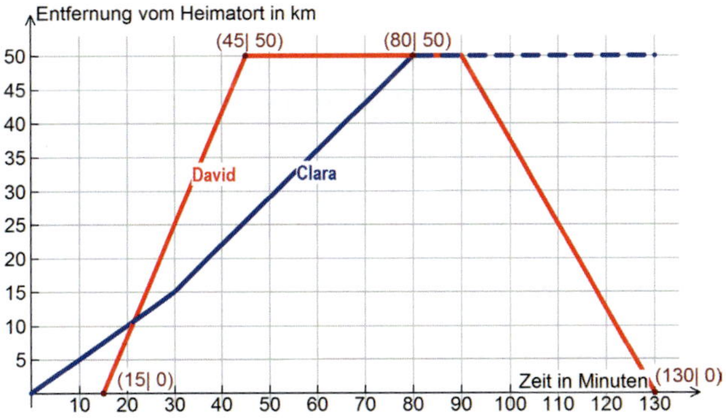

a) Beschreiben Sie die Fahrten von David und Clara. Geben Sie die jeweiligen Fahrzeiten in Minuten und die jeweiligen Geschwindigkeiten in km/h für David und Clara an.

b) Berechnen Sie für jeden der Teilabschnitte die lineare Funktion, die die Entfernung vom Heimatort (in km) als Funktion der Zeit t (in Minuten) beschreibt.

c) Lesen Sie aus der Grafik ab, wann und wo David Clara überholt. Überprüfen Sie Ihr Ergebnis durch eine Berechnung.

A 3.15 Wanderer

A B C D 3.2

Ein Wanderer verlässt um 8:00 Uhr Wiener Neustadt in Richtung Eisenstadt. Er geht mit einer durchschnittlichen Geschwindigkeit von 5 km/h. Die Entfernung von Wiener Neustadt nach Eisenstadt ist auf den gemeinsamen Rad- und Gehwegen ca. 30 km. 30 Minuten später folgt ihm ein Radfahrer mit einer Durchschnittsgeschwindigkeit von 15 km/h.

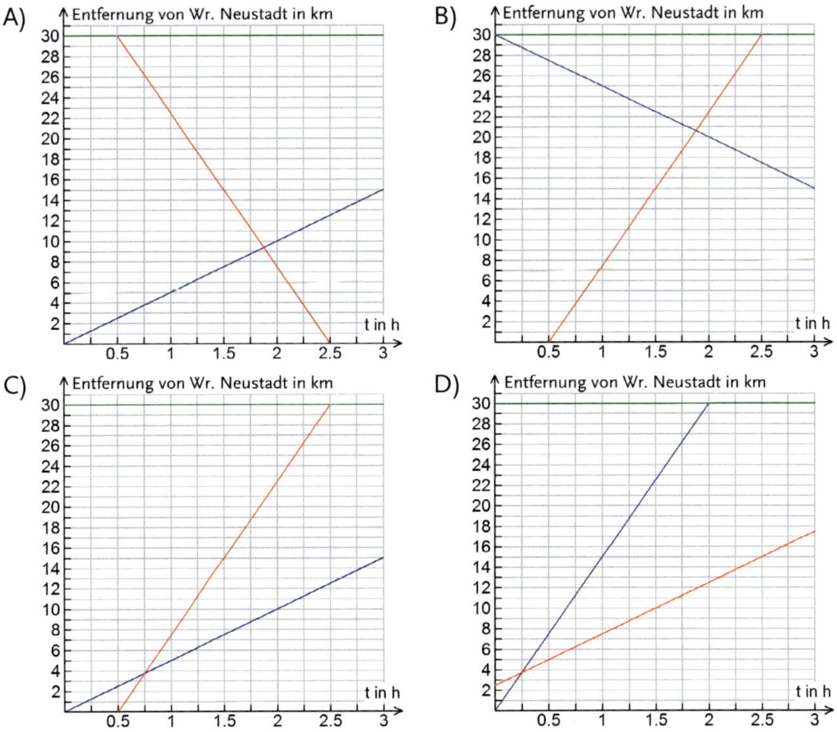

a) Begründen Sie, welche der vier Grafiken den Sachverhalt richtig wiedergibt.

Beschriften Sie in der Grafik, welche der Geraden die Bewegung des Wanderers und welche die Bewegung des Radfahrers wiedergibt.

A 3.15 A B C D 3.2

b) Erstellen Sie die Funktionsgleichungen für beide Bewegungen.
Berechnen Sie, wann und in welcher Entfernung von Wiener Neustadt der Radfahrer den Wanderer einholt.

c) Ermitteln Sie rechnerisch und aus der Grafik, wann der Wanderer und wann der Radfahrer das Ziel in Eisenstadt erreichen.

Zu Aufgabe A 3.16:

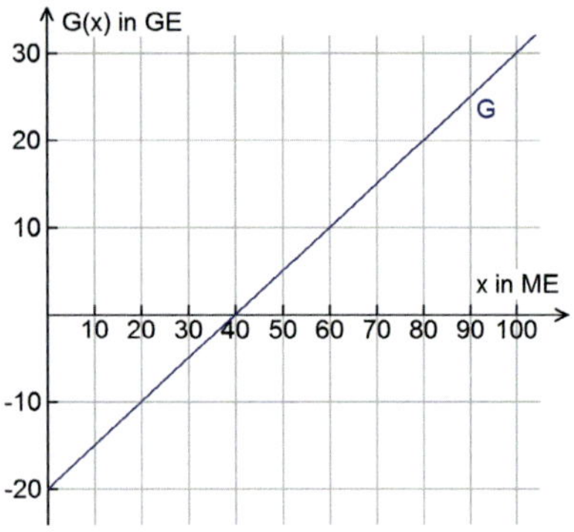

A 3.16 A B C 3.2 **Gewinnfunktion**

Im Diagramm in der Randspalte ist der Graph der Gewinnfunktion G eines Produktes in Abhängigkeit von der Verkaufsmenge x dargestellt.

a_1) Lesen Sie den Break-even-Point ab.

a_2) Erklären Sie, wie Sie den Break-even-Point ermittelt haben.

a_3) Lesen Sie die Verkaufsmenge bei einem erzielten Gewinn von 25 GE ab.

a_4) Ermitteln Sie die Fixkosten für das Produkt.
Erklären Sie, wie Sie die Fixkosten ermittelt haben.

b) Der Hersteller des Produktes macht einen Verlust von 15 GE.
Kreuzen Sie an, wie Sie die dazugehörige Verkaufsmenge x berechnen.

Sie setzen $x = -15$ in $G(x)$ ein und berechnen den Wert G.	☐
Sie setzen $G(x) = -15$ und berechnen daraus x.	☐
Sie setzen $x = 15$ in $G(x)$ ein und berechnen daraus G.	☐
Sie setzen $G(x) = 0$ und addieren zur Lösung dieser Gleichung den Wert -15.	☐
Sie setzen $G(x) = 15$ und berechnen daraus x.	☐

c) Das Produkt wird zu einem Stückpreis von 2,5 GE/ME verkauft.
Ermitteln Sie die Gleichungen der Gewinnfunktion G, der linearen Erlösfunktion E und der Kostenfunktion K.

d) Zeichnen Sie die Graphen von G, E und K in ein Koordinatensystem.

A 3.17 C D 3.3 2.6 **Fliehkraft**

Elisa möchte die Sportart Hammerwerfen ausprobieren. Dazu lässt sie einen an einem Seil befestigten Stein kreisen. Um den Stein auf seiner Bahn zu halten, muss Elisa eine Kraft F gegen die Fliehkraft ausüben.

$$F = \frac{m \cdot v^2}{r}$$

m Masse in kg
v Bahngeschwindigkeit des Steins in m/s
r Radius der Kreisbahn in m
F Kraft in Newton (N)

a) In den Abbildungen ist der Graph der Kraft F in Abhängigkeit unterschiedlicher Größen dargestellt.
Ordnen Sie jeweils den passenden Graphen zu:

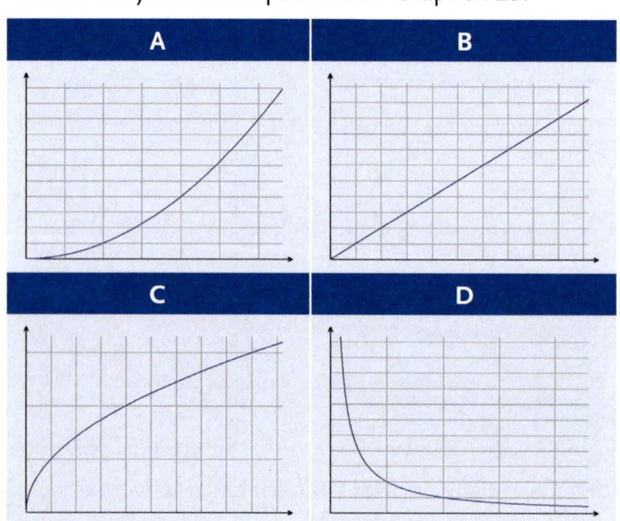

F(r)	
F(v)	

b) Elisa halbiert den Bahnradius r bei unveränderter Masse m und unveränderter Bahngeschwindigkeit v.
Erklären Sie, wie sich dadurch die Kraft ändert.

c) Ergänzen Sie die Textlücken im folgenden Satz durch Ankreuzen der jeweils richtigen Satzteile, sodass eine korrekte Antwort entsteht.
Elisa nimmt einen Stein mit einer Masse von 1 kg. Die Kraft F bleibt unverändert, wenn der Radius r ___❶___ und gleichzeitig die Bahngeschwindigkeit v ___❷___ wird.

①	
verdoppelt	☐
halbiert	☐
vervierfacht	☐

②	
verdoppelt	☐
halbiert	☐
vervierfacht	☐

A 3.18 **Potenzfunktion**
C D
3.3

Gegeben sind die Graphen von Potenzfunktionen f mit $f(x) = a \cdot x^n$ und $a \in \{-2; -1; -0{,}5; 0{,}5; 1; 2\}$.

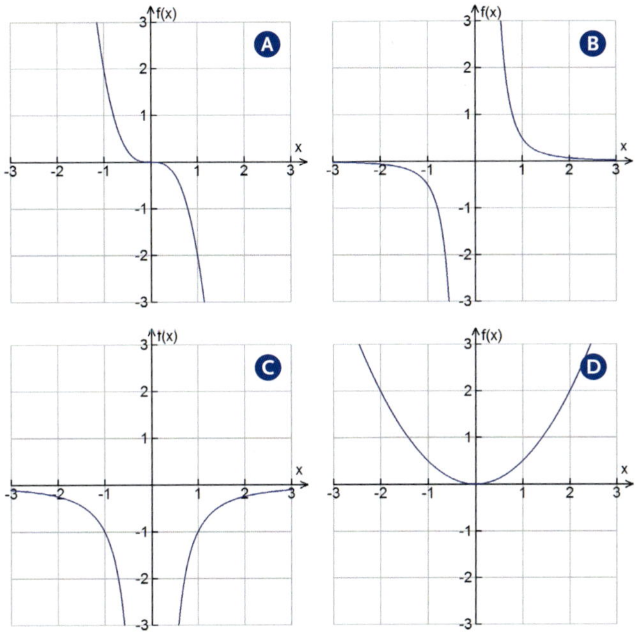

Lesen Sie ab und kreuzen Sie an.

	A	B	C	D
n ist positiv.	☐	☐	☐	☐
|n| ist eine gerade Zahl.	☐	☐	☐	☐
a ist eine negative Zahl.	☐	☐	☐	☐
Definitionsmenge D = ℝ	☐	☐	☐	☐
Lesen Sie den Wert von a aus dem Graphen ab.				

Eine Funktion f mit $f(x) = a \cdot x^n$ verläuft durch den Punkt $(1|a)$.

A 3.19 Gasdruck

A B
3.3

Bei Gasen ist das Volumen V (in m^3) vom Druck p (in bar) abhängig.

Hält man die Temperatur des Gases konstant, ist das Volumen V des Gases näherungsweise indirekt proportional zum Druck p.

1 m^3 Wasserstoffgas (H_2) steht bei konstanter Temperatur unter einem Druck von 3 bar.

a) Erstellen Sie die Funktionsgleichung für dieses Gasvolumen V in Abhängigkeit vom Druck p mit dem Proportionalitätsfaktor c.

$V(p) =$ ______________________________

b) Zeichnen Sie den Graphen der Funktion V.

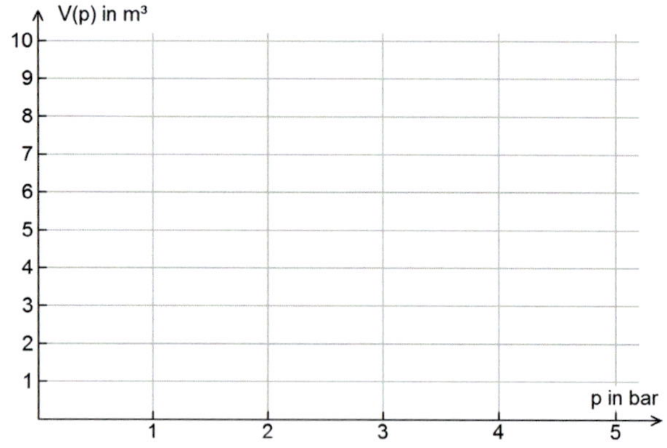

A 3.20 Schallgeschwindigkeit

B
3.3
2.6

Zur näherungsweisen Berechnung der Schallgeschwindigkeit v in Abhängigkeit von der Temperatur t in Luft gilt die Formel:

$v(t) = 331 \cdot \sqrt{1 + \frac{t}{273}}$

t Temperatur der Luft in Grad Celsius (°C)

v(t) Schallgeschwindigkeit in trockener Luft in Metern pro Sekunde (m/s)

a) Berechnen Sie die Schallgeschwindigkeit bei einer Lufttemperatur von 20 °C.

b) Skizzieren Sie den Graphen der Funktion v im gegebenen Koordinatensystem. Beschriften Sie die Achsen.

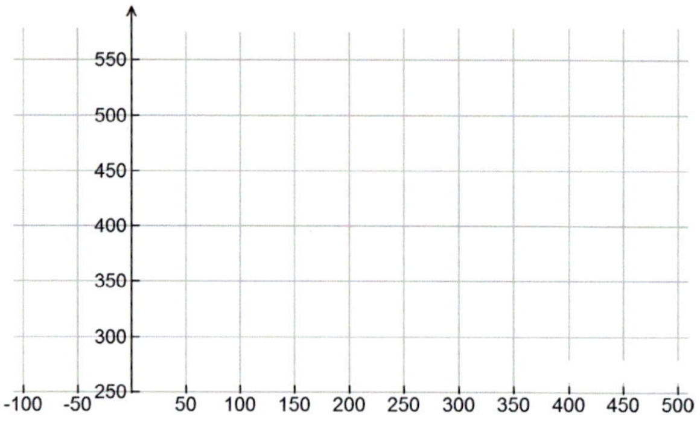

c) Formen Sie die Gleichung $v = 331 \cdot \sqrt{1 + \frac{t}{273}}$ nach der Lufttemperatur t um.

d) Berechnen Sie die Lufttemperatur, bei der die Schallgeschwindigkeit 1 200 km/h beträgt.

A 3.21 Polynomfunktionen 1
B C
3.4
2.11

a) Eine Autobahn hat einen s-förmigen Verlauf, der näherungsweise durch die Polynomfunktion p beschrieben werden kann.
Der Graph in der Randspalte zeigt eine Polynomfunktion p mit $p(x) = a \cdot x^3 + b \cdot x^2 + c \cdot x + d$ mit a, b, c, $d \in \mathbb{R}$ und $a \neq 0$.
Kreuzen Sie die zutreffende Aussage an:

$d = 1$	☐
$d = 2$	☐
$p(0) = 1$	☐
$p(4) = 2$	☐
Die Polynomfunktion p ist quadratisch.	☐

Zu Aufgabe A 3.21 a:

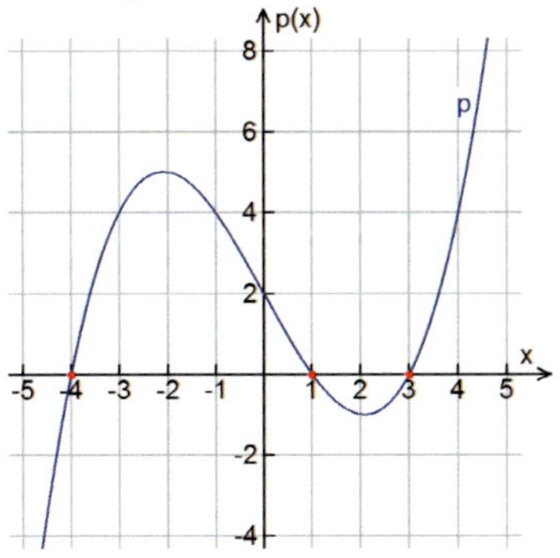

b) Ordnen Sie den gegebenen Graphen die entsprechende Funktionsgleichung zu.

1

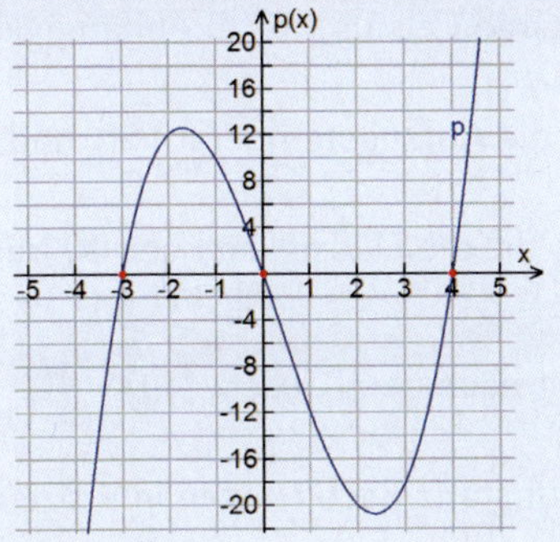

2

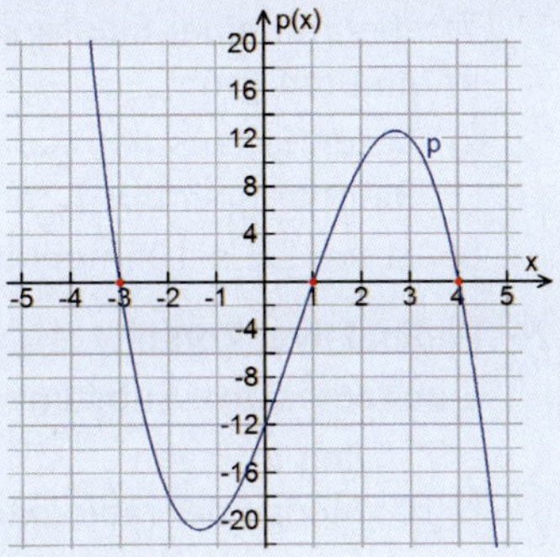

A	$p(x) = -x^3 + 2 \cdot x^2 + 11 \cdot x - 12$	B	$p(x) = 3 \cdot x - 9 \cdot x^2$
C	$p(x) = 9 \cdot x^2 - 12$	D	$p(x) = x^3 - x^2 - 12 \cdot x$

c) Gegeben ist die Gleichung $5 \cdot x \cdot (x^2 - 2 \cdot x - 15) = 0$.
Ermitteln Sie die Lösungsmenge dieser Gleichung.

A 3.22 Polynomfunktionen 2
C
3.4

Für eine Polynomfunktion 3. Grades gilt:
$p(x) = a \cdot x^3 + b \cdot x^2 + c \cdot x + d$ (a, b, c, $d \in \mathbb{R}$ und $a \neq 0$)

a) Kreuzen Sie die zutreffende Aussage an:

Es gibt keine Polynomfunktion 3. Grades mit keiner Nullstelle.	☐
$x = d$ ist eine Nullstelle.	☐
Wenn $d = 4$, dann ist $x = 4$ immer eine Nullstelle von p.	☐
Eine Polynomfunktion 3. Grades hat mindestens zwei Nullstellen.	☐
Eine Polynomfunktion 3. Grades hat mindestens drei Nullstellen.	☐

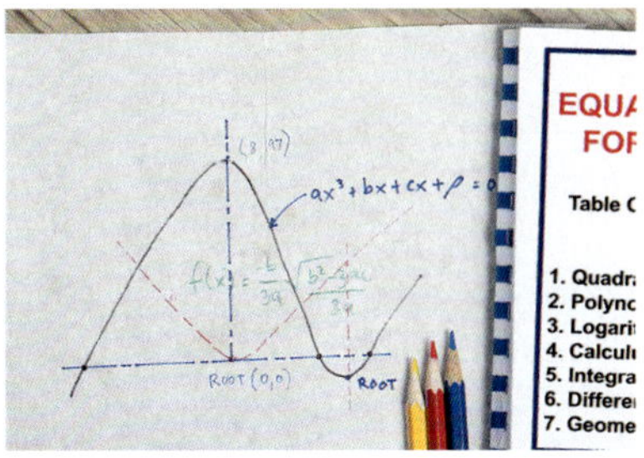

b) Ergänzen Sie die Textlücken im folgenden Satz durch Ankreuzen der jeweils richtigen Satzteile, sodass eine korrekte Antwort entsteht.

Der Parameter ___①___ gibt immer ___②___ an.

①	
a	☐
c	☐
d	☐

②	
eine Nullstelle der Funktion p	☐
die y-Koordinate des Schnittpunktes von p mit der vertikalen Achse	☐
Anzahl der Nullstellen von p	☐

A 3.23 Reaktorunfall
D
3.5

Beim Reaktorunfall in Tschernobyl 1984 wurde unter anderem der radioaktive Stoff Cs-137 freigesetzt. Dieser Stoff hat eine Halbwertszeit von ca. 30 Jahren.

Anton behauptet: „Da der Unfall 1984 passiert ist, müsste nach 60 Jahren, also 2044 kein Cs-137 in der Umgebung von Tschernobyl mehr existieren."

Erklären Sie, welchen Fehler Anton in seiner Behauptung macht.

A 3.24 Exponentialfunktion
C D
3.5

Ein exponentieller Vorgang wird durch die Funktion f mit $f(t) = 125 \cdot 2{,}35^t$ beschrieben.

Interpretieren Sie die Bedeutung der Zahl 125.

Erklären Sie, ob f ein exponentielles Wachstum oder eine exponentielle Abnahme beschreibt und lesen Sie aus der Gleichung ab, um wie viel Prozent sich der Funktionswert bei der Erhöhung von t um eine Einheit verändert.

Zu Aufgabe A 3.25:

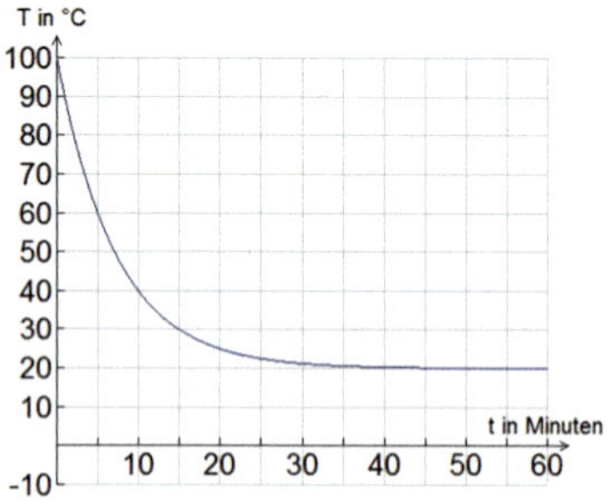

A 3.25 Abkühlung
C
3.5
3.1

Der Graph in der Randspalte beschreibt den Zusammenhang zwischen der Temperatur einer Flüssigkeit in Grad Celsius (°C) in Abhängigkeit der Zeit t in Minuten (min).

a) Lesen Sie aus dem Graphen die Anfangstemperatur T_0 und die Raumtemperatur T_R ab.
b) Lesen Sie die Temperatur ab, die die Flüssigkeit nach 10 Minuten hat.

A 3.26 Radioaktiver Zerfall
B
C D
3.5
2.3
2.10

Eine radioaktive Substanz zerfällt nach dem Gesetz $N(t) = 100 \cdot e^{-0{,}069 \cdot t}$.

t Zeit in Tagen

N(t) Menge der radioaktiven Substanz nach t Tagen in Prozent der Anfangsmenge

a) Erklären Sie, woran Sie aus der gegebenen Formel erkennen, dass es sich hier um einen Zerfall handelt.
b) Ermitteln Sie die Halbwertszeit der radioaktiven Substanz.
c) Schreiben Sie das Zerfallsgesetz in der Form $N(t) = 100 \cdot (1 + i)^t$. Erklären Sie die Bedeutung der Zahl i im Sachzusammenhang.
d) Ein radioaktives Element zerfällt nach der Formel $N(t) = N_0 \cdot e^{\lambda \cdot t}$. Ermitteln Sie den Wert der Konstanten λ für ein Element mit der Halbwertszeit von 4 Tagen. Kreuzen Sie die richtige Antwort an.

$\lambda = -(\ln 2)^{\frac{1}{4}}$	☐
$\lambda = \ln\left(\frac{1}{2}\right)$	☐
$\lambda = -\frac{1}{2} \cdot \ln(2)$	☐
$\lambda = -\ln\left(\frac{1}{2}\right)$	☐
$\lambda = -\ln\left(2^{\frac{1}{4}}\right)$	☐

A 3.27 Radioaktives Isotop
A B
3.5
3.9

Von ursprünglich 300 mg eines radioaktiven Isotops sind nach 8 Tagen noch 200 mg in der Probe enthalten.

a) Berechnen Sie die prozentuelle Abnahme der Stoffmenge pro Tag.
b) Erstellen Sie eine passende Funktionsgleichung in der Form $N(t) = N_0 \cdot e^{\lambda \cdot t}$.
c) Berechnen Sie die vorhandene Stoffmenge nach 16 Tagen.
d) Erklären Sie den Begriff Halbwertszeit und berechnen Sie die Halbwertszeit des vorliegenden radioaktiven Zerfalls.

A 3.28 **Glasfaserkabel 1**

A B C D
3.5
3.6
3.9
3.1

Glasfaserkabel werden zur schnellen Übertragung großer Datenmengen eingesetzt. Die Übertragung der Signale erfolgt mit konstanten prozentuellen Verlusten pro Kilometer.

Die unten stehende Grafik zeigt die Intensität des Laserstrahls durch die Kabel in Prozent der Eingangsleistung in Abhängigkeit von der Länge L für drei verschiedene Glasfaserkabel A, B und C in verschiedenen Qualitätsstufen. (Lichtintensität in Prozent der Eingangsleistung, Länge L in km)

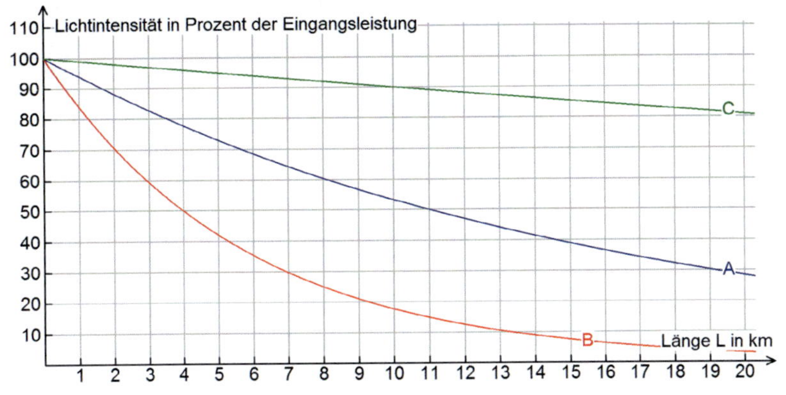

a) Kreuzen Sie jenen Funktionstyp an, der die Lichtintensität in einem Glasfaserkabel in Abhängigkeit von der Länge L am besten modelliert.
   - ☐ Lineare Funktion
   - ☐ Potenzfunktion
   - ☐ Logarithmusfunktion
   - ☐ Exponentialfunktion
   - ☐ Polynomfunktion

b) Vergleichen Sie die Funktionen der Lichtintensitäten der drei dargestellten Glasfaserkabel.
   Argumentieren Sie, welches der drei Kabel sich für die Signalübertragung auf langen Strecken am wenigsten eignet.

c) Lesen Sie aus der Grafik ab:
   - den Verlust an Lichtintensität bei der Datenübertragung in Kabel B pro 1 000 Meter Kabellänge.
   - die Kabellänge, bei der der Verlust an Lichtintensität in Kabel A 50 % der Anfangsintensität beträgt.

d) Ein weiterer Anbieter bringt ein neues Glasfaserkabel D auf den Markt. Messungen zeigen, dass die Lichtintensität in diesem neuen Kabel nach 6 km auf die Hälfte ihres Anfangswertes sinkt.
   Zeichnen Sie in die Grafik der Angabe den Graphen der Funktion für die Lichtintensität in Abhängigkeit von der Länge für das neue Kabel ein.

e) Der Graph der Lichtintensität in Abhängigkeit von der Länge des Glasfaserkabels ist für Kabel C näherungsweise linear.
   Lesen Sie aus der Grafik in der Angabe die Steigung dieser näherungsweise linearen Funktion ab.
   Interpretieren Sie den Wert dieser Steigung im Sachzusammenhang.

FTTH: Fibre **t**o **t**he **H**ome

FILM AB!

Der Lösungsweg dieser Aufgabe wird in einem **Video** erklärt.
www.trauner.at/mam5_video5.aspx

Funktionale Zusammenhänge

A 3.29 Glasfaserkabel 2

A B C D
3.5
2.3
2.10

a) Beim Durchgang eines Laserstrahls durch ein Glasfaserkabel mit der Länge 1 km wird der Lichtstrahl um 2 % abgeschwächt.
Die Lichtintensität des Laserstrahls als Funktion der Länge L des Glasfaserkabels in km wird durch eine Exponentialfunktion mit $I(L) = I_0 \cdot e^{k \cdot L}$ angegeben.
   a_1) Berechnen Sie k, dokumentieren Sie Ihren Lösungsweg und schreiben Sie die Funktionsgleichung an.
   a_2) Erklären Sie, woran Sie in der Funktionsgleichung erkennen, dass es sich hier um eine Abnahmefunktion handelt.

b) Die Lichtintensität eines Laserstrahls in einem anderen Glasfaserkabel nach L km ist gegeben durch $I(L) = 100 \cdot e^{-0{,}025 \cdot L}$.
L Länge des Glasfaserkabels in km
I(L) Lichtintensität in Prozent der Eingangsleistung nach L km Glasfaserkabel
Es wird folgende Rechnung ausgeführt:
$50 = 100 \cdot e^{-0{,}025 \cdot L}$
$L \approx 27{,}7$
   b_1) Erklären Sie die Bedeutung des Wertes L im Sachzusammenhang.
   b_2) Überprüfen Sie den Wert von L durch Umformung der gegebenen Gleichung.
   b_3) Bei sehr langen Lichtleitern muss das Signal in bestimmten Abständen auf 100 % des Ausgangswertes verstärkt werden.
   Ermitteln Sie, wie weit die Lichtverstärker höchstens voneinander entfernt sein dürfen, wenn die Lichtintensität des Signals minimal auf 40 % des Anfangswertes absinken darf.

A 3.30 Linear oder exponentiell?

A D
3.6

Begründen Sie, welches Modell (linear oder exponentiell) jeweils zum angegebenen Sachverhalt passt und erstellen Sie eine passende Funktionsgleichung.

a) Im Jahr 2015 betrug der Preis einer Ware € 145,00. Seither steigt der Preis jährlich um 0,5 %.
b) Martin erhielt zu seinem 5. Geburtstag von seinen Großeltern € 50,00. In den folgenden Jahren ist der Wert des Geburtstagsgeschenks jedes Jahr um € 10,00 erhöht worden.
c) Die Anzahl der Tiere einer Walfischpopulation hat sich alle 5 Jahre halbiert. Ursprünglich wurden 500 Tiere gezählt.

A 3.31 Wandfliesen

A B C
3.9
3.2
3.4

Das Unternehmen ZAGORA stellt Fliesen her. Für die Wandfliese Samara lassen sich die täglichen Gesamtkosten beschreiben durch
$K(x) = 0{,}02 \cdot x^2 + 0{,}1 \cdot x + F$
x produzierte Menge in ME
K(x) Gesamtkosten in GE
Im Diagramm sind die Graphen der Kosten- und der Gewinnfunktion dargestellt.
Die Kosten bei einer Produktion von 20 ME betragen 50 GE.

a) Ermitteln Sie die Fixkosten.
b) Ermitteln Sie jene Produktionsmenge, bei der die Kosten 200 GE betragen.
c) Lesen Sie die Gewinngrenzen ab.
d) Zeichnen Sie den Graphen der (linearen) Erlösfunktion ein.
e) Erstellen Sie die Gleichung der Erlösfunktion.
f) Erstellen Sie die Gleichung der Gewinnfunktion.

Zu Aufgabe A 3.31:

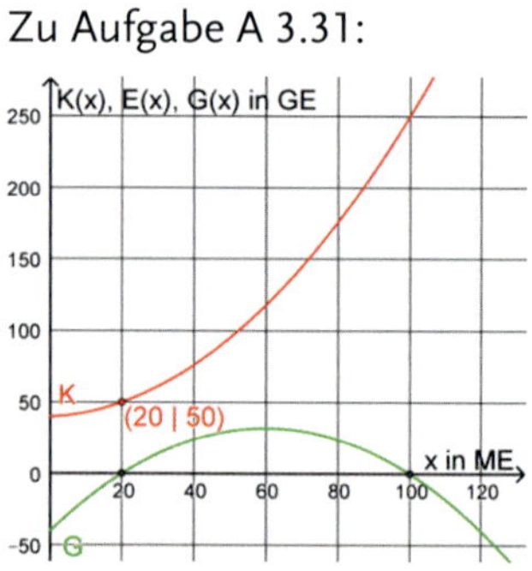

A 3.32 **Trisannabrücke**
A B D
3.9
3.4

Die Trisannabrücke ist eine Stabbogenbrücke mit einer Spannweite von 120 m und einer maximalen Höhe von ca. 18 m.

a) Erstellen Sie eine Funktionsgleichung für den Brückenbogen, wenn die Achsen des Koordinatensystems wie eingezeichnet verlaufen.

b) Erklären Sie, in welchem Punkt des Brückenbogens der Ursprung des Koordinatensystems gewählt wurde, wenn der Brückenbogen durch die Gleichung $f(x) = -0{,}005 \cdot x^2 + 0{,}6 \cdot x$ beschrieben wird.

A 3.33 **Benzinverbrauch**
A B C D
3.9
3.4

Der Benzinverbrauch B (in Litern pro 100 km) eines Pkw ist abhängig von seiner Geschwindigkeit v (in km/h). Die Abhängigkeit kann näherungsweise durch eine quadratische Funktion beschrieben werden.

Geschwindigkeit v in km/h	40	60	80
Benzinverbrauch B in Litern pro 100 km	5,8	6	6,6

a) Erstellen Sie die Gleichung der quadratischen Polynomfunktion B für den Benzinverbrauch (in Litern pro 100 km) in Abhängigkeit von der Geschwindigkeit v (in km/h).
Verwenden Sie zur Berechnung ein Gleichungssystem.

b) Berechnen Sie die Koordinaten des Scheitels der Funktion B und interpretieren Sie die berechneten Werte im Sachzusammenhang.

c) Erklären Sie, woran Sie an der berechneten Funktionsgleichung erkennen, ob die Parabel nach oben oder nach unten geöffnet ist

A 3.34 **Einheitskreis**
B C
3.10

Zeichnen Sie in die Einheitskreise im Bereich [0°; 360°] alle Winkel α und β ein, für die gilt:

a) $\sin(\alpha) = 0{,}6$ und $\sin(\beta) = -0{,}6$

b) $\cos(\alpha) = 0{,}6$ und $\cos(\beta) = -0{,}6$

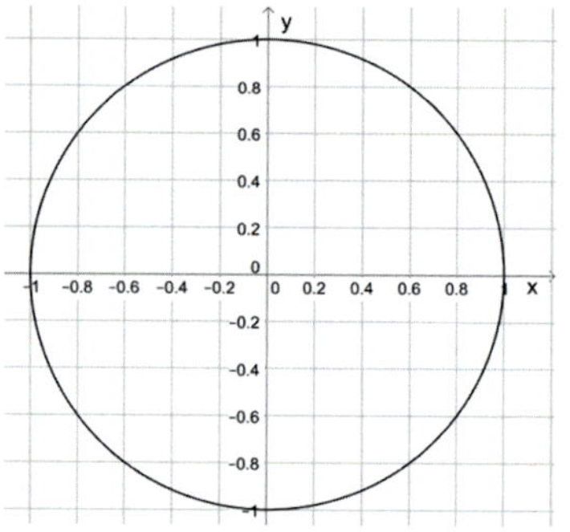

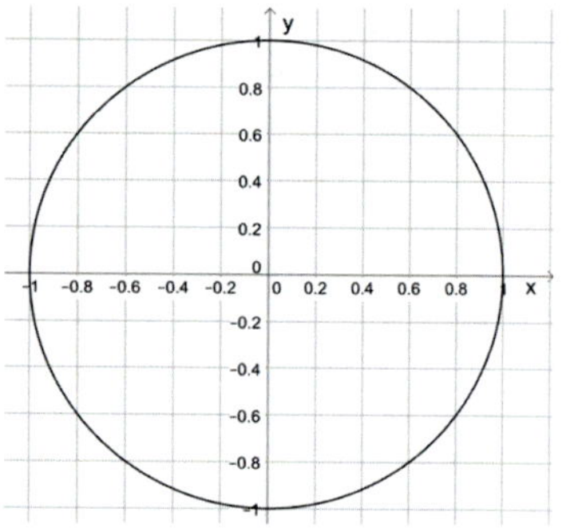

Lesen Sie die entsprechenden Winkel ab.

A 3.35 **Fadenpendel**
B C
3.10

Die Funktion s beschreibt die horizontale Auslenkung eines Fadenpendels in Abhängigkeit vom Winkel φ.

$s(\varphi) = 1{,}5 \cdot \sin(\varphi)$

φ Auslenkungswinkel in Radianten

$s(\varphi)$ horizontale Auslenkung aus der Ruhelage in Metern

a) Beschreiben Sie die Bedeutung der Zahl 1,5 im Sachzusammenhang.

b) Stellen Sie den Graphen der Funktion im Intervall $\left[\frac{\pi}{2};\right] \left[\frac{5\cdot\pi}{2}\right]$ in einem Koordinatensystem dar.
Beschreiben Sie, welcher Bewegungsabschnitt der Pendelschwingung im Graphen dargestellt ist.

Deskriptor	Formulierung des Deskriptors: Inhalt und Handlung
B_P_3.1	bei anwendungsbezogenen Aufgabenstellungen mithilfe von Polynomfunktionen bis zum Grad 4 modellieren, diese Aufgabenstellungen lösen, Sachverhalte grafisch darstellen und Zusammenhänge beschreiben
B_P_3.2	bei anwendungsbezogenen Aufgabenstellungen mithilfe arithmetischer und geometrischer Folgen modellieren, diese Aufgabenstellungen lösen; Sachverhalte interpretieren und die Wahl der Folge begründen
B_P_3.3	bei anwendungsbezogenen Aufgabenstellungen mithilfe der Logarithmusfunktionen zu den Basen e und 10 modellieren, diese Aufgabenstellungen lösen, Sachverhalte grafisch darstellen und Zusammenhänge beschreiben; den Zusammenhang von Logarithmusfunktion und Exponentialfunktion als Umkehrfunktionen voneinander interpretieren

Begriffe:
explizites/rekursives Bildungsgesetz
explizite/rekursive Darstellungsform

Aufgabenstellungen – Teil B

B 3.01 Texanerhut
A
P 3.1

Texaner tragen gerne große Hüte.
Der Querschnitt eines solchen Hutes ist näherungsweise durch die Grafik in der Randspalte veranschaulicht.
Die Krempe des Hutes ist durch die Funktion f mit $f(x) = \frac{x^2}{30}$ modelliert.
Der „Körper" des Hutes ist durch eine Funktion vierten Grades g mit $g(x) = a \cdot x^4 + b \cdot x^2 + c$ gegeben und ist achsensymmetrisch zur y-Achse.
Erstellen Sie ein Gleichungssystem, mit dem Sie die drei Koeffizienten a, b und c berechnen können.
Lesen Sie dazu die Koordinaten der benötigten Punkte am Graphen von g ab.

Zu Übungsaufgabe 3.01:

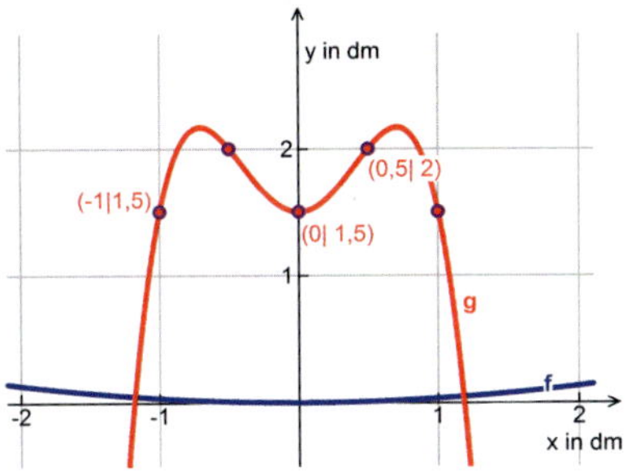

B 3.02 Flussbett
A B
C
P 3.1

Der Querschnitt eines Flussbetts lässt sich durch eine Polynomfunktion vierten Grades f beschreiben, deren Graph durch die Punkte A(0|1), B(2|0), C(4|–1), D(6|0) und E(8|1) geht.

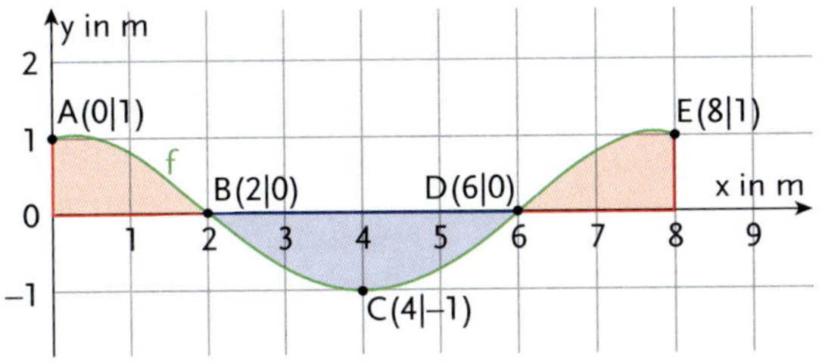

Die x- und y-Koordinaten geben Entfernungen in Metern an.

a) Lesen Sie ab, wie tief das Flussbett an seiner tiefsten Stelle ist.
b) Erstellen Sie die Funktionsgleichung von f.

B 3.03 Zahlentreppe
A
C D
P 3.2

Teresa hat eine Zahlentreppe für die Zahlen von 1 bis 10 hergestellt (siehe Randspalte). Mit Legematerial soll auch die Beziehung zwischen Menge und Zahl gefestigt werden.

a) Erklären Sie, um welche Folge es sich bei der Zahlenfolge der natürlichen Zahlen von 1 bis 10 handelt und stellen Sie für diese Folge ein Bildungsgesetz auf.
b) Teresa rechnet: $s_{10} = \frac{10}{2} \cdot (1 + 10) = 55$
   Lesen Sie ab:
   n = ____________
   a_1 = ____________
   a_n = ____________
c) Erklären Sie, was mit der Formel $s_{10} = \frac{10}{2} \cdot (1 + 10) = 55$ im Sachzusammenhang berechnet wird.

Zu Aufgabe B 3.03:

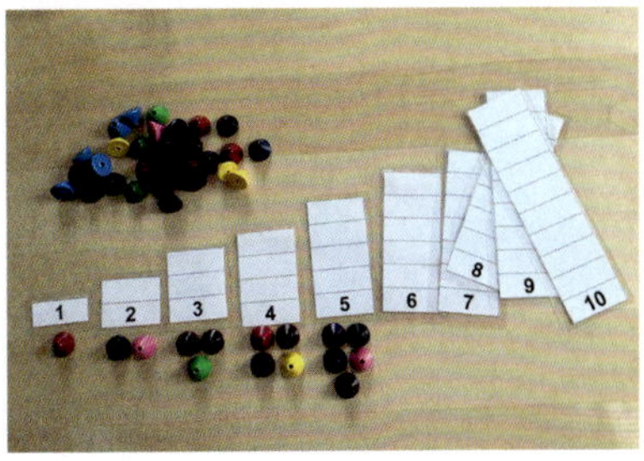

B 3.04 Radtraining
A B
C D
P 3.2

Toby trainiert jeden Tag nach der Schule für ein Amateur-Radrennen. Am ersten Tag fährt er 30 km, dann steigert er seine Fahrstrecke jeden Tag um 2 km.

a) Berechnen Sie seine Fahrstrecke am 15. Tag.
b) Mit der Formel $s_n = n^2 + 29 \cdot n$ kann man berechnen, wie viele Kilometer Toby insgesamt nach n Tagen gefahren ist.
   Berechnen Sie, ab welchem Tag Toby insgesamt mehr als 1 000 Kilometer gefahren ist.
c) Toby verwendet zur Berechnung seiner täglichen Fahrstrecke folgende Formel: $a_n = 30 \cdot 1{,}02^n$
   Argumentieren Sie, warum diese Formel nicht stimmen kann.

explizites Bildungsgesetz der arithmetischen Folge:
$a_n = a_1 + (n - 1) \cdot d$
explizites Bildungsgesetz der geometrischen Folge:
$b_n = b_1 \cdot q^{n-1}$

$K_n = K_0 \cdot (1 + i)^n$

⚠ Die Kapitalertragsteuer (KESt) wird von der Bank einbehalten und direkt an das Finanzamt abgeführt.

B 3.05 Kapitalsparbuch

A B D
P 3.2
3.6

Bei einem Kapitalsparbuch legt man einen Geldbetrag für eine bestimmte Zeitdauer an und bekommt dafür etwas höhere Zinsen als auf einem normalen Sparbuch.

a) Tamara legt ein Kapitalsparbuch mit 500 Euro an und erhält dafür jährlich 1,5 % effektive Zinsen (nach Abzug der KESt).
Berechnen Sie, auf welchen Betrag ihr Kapital nach 5 Jahren angewachsen ist.

b) Sophie legt bei einer anderen Bank ein Kapitalsparbuch mit 500 Euro an und kann nach 5 Jahren 541,30 Euro abheben.
Berechnen Sie den jährlichen effektiven Zinssatz.

c) Susanne behauptet, dass sich die Zinsen auf einem Kapitalsparbuch mit einer Laufzeit von 10 Jahren verdoppeln, wenn der Zinssatz verdoppelt wird.
Zeigen Sie anhand eines selbst gewählten Beispiels, dass diese Behauptung falsch ist.

d) Erklären Sie, mit welchem Funktionstyp man das Endkapital modellieren kann.

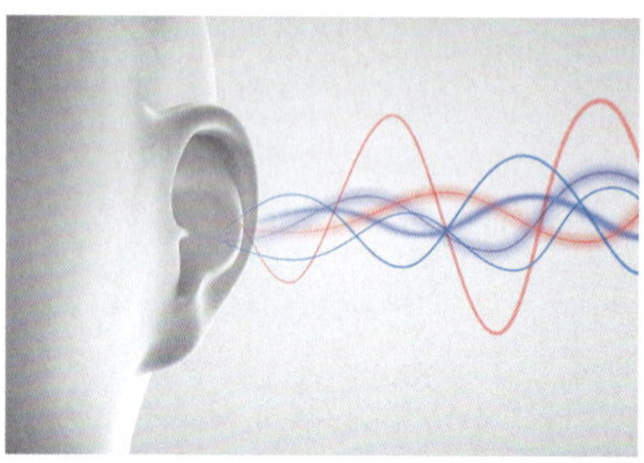

B 3.06 Schalldruck

B D
P 3.3

Als Schalldruck p werden die Druckschwankungen der Luft bezeichnet, die bei der Ausbreitung von Schall auftreten. Der Schalldruckpegel L_p ist ein Maß für die Lautstärke, mit der Töne und Geräusche empfunden werden.

$$L_p = 20 \cdot \lg\left(\frac{p}{20 \cdot 10^{-6}}\right)$$

p Schalldruck in Pascal (Pa)
L_p Schalldruckpegel in Dezibel (dB)

a) Stellen Sie den Schalldruckpegel L_p in Abhängigkeit vom Schalldruck p für das Intervall [0; 0,1] im gegebenen Koordinatensystem dar. Beschriften Sie die Achsen.

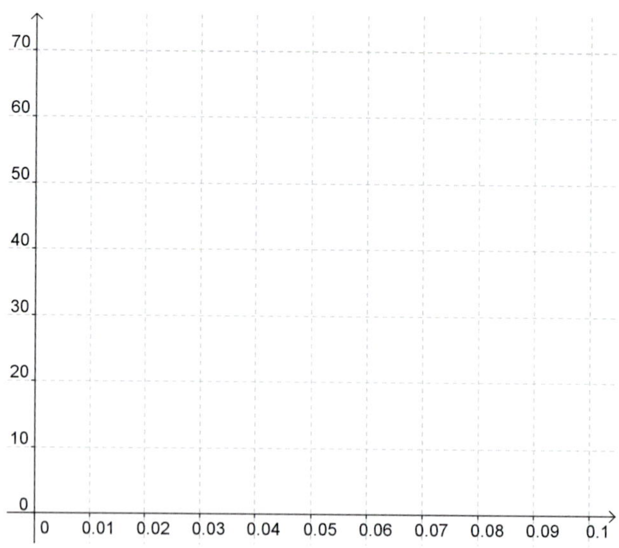

b) Ab einem Schalldruck p von etwa 20 Pa können bereits bei kurzfristiger Einwirkung Gehörschäden auftreten.
Berechnen Sie den Schalldruckpegel für diesen Schalldruck.

c) Zeigen Sie mithilfe der Rechenregeln für Logarithmen und der angegebenen Formel, dass eine Verdreifachung des Schalldrucks p eine Erhöhung des Schalldruckpegels um etwa 10 dB bewirkt.

B 3.07 Glasfaserkabel

B C D
P 3.3

a) In einem Glasfaserkabel nimmt die Intensität des Lichts mit der Entfernung vom Ausgangsort exponentiell ab. Der unten stehende Funktionsgraph stellt diesen Zusammenhang für ein bestimmtes Glasfaserkabel dar.

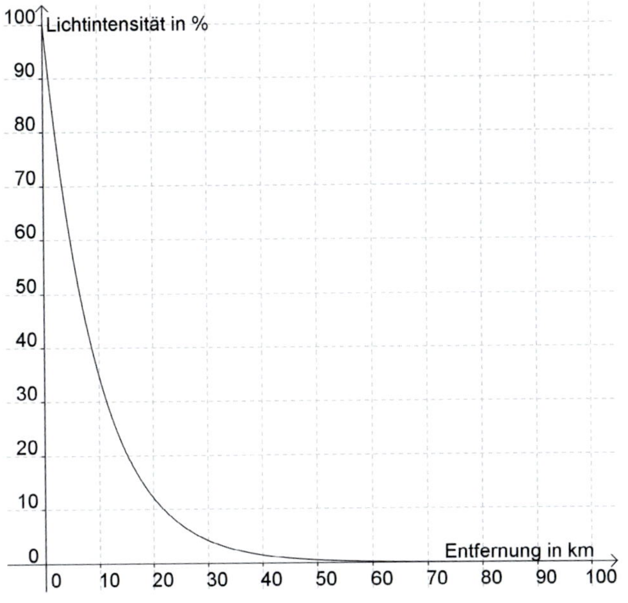

Lesen Sie ab,

- nach wie vielen Kilometern nur mehr 60 % der ursprünglichen Lichtintensität vorhanden sind.
- um wie viel Prozent die Lichtintensität nach 15 km abgenommen hat.

b) Die Abnahme der Lichtintensität wird als Dämpfung bezeichnet und nach folgender Formel berechnet:

$D = 10 \cdot \lg\left(\frac{I_0}{I}\right)$

D Dämpfung in Dezibel (dB)

I_0 Anfangsintensität

I noch vorhandene Intensität nach 1 km

Ein hochwertiges Glasfaserkabel verliert pro Kilometer 4 % an Intensität.
Berechnen Sie die Dämpfung eines Kabels mit 1 Kilometer Länge.

c) Ein minderwertiges Glasfaserkabel hat eine Dämpfung von 20 dB pro Kilometer.
Mit der Formel aus b) soll berechnet werden, wieviel Prozent der Ausgangsintensität bei diesem Kabel nach 1 km noch vorhanden sind. Leider ist das Ergebnis nicht richtig.
Markieren Sie den Fehler und beschreiben Sie ihn verbal:

$20 = 10 \cdot \lg\left(\frac{I_0}{x \cdot I_0}\right)$ | : 10

$2 = 1 \cdot \lg\left(\frac{I_0}{x \cdot I_0}\right)$ | I_0 kürzen

$2 = \lg\left(\frac{1}{x}\right)$ | logarithmieren

$\lg(2) = \frac{1}{x}$ | umformen

$x = \frac{1}{\lg(2)} = 1{,}41...$

Überprüfen Sie Ihre Kompetenz zu diesem Inhaltsbereich mit einem interaktiven **Safety-Check** in der **TRAUNER-DigiBox.**

Kommentar 4.2:
Vorausgesetzt wird die Kenntnis des Zusammenhangs zwischen Weg, Geschwindigkeit und Beschleunigung. Hier geht es nicht um das Bestimmen der Grenzwerte von Differenzenquotienten.

Kommentar 4.4:
Qualitatives Krümmungsverhalten meint die Bedeutung des Vorzeichens der 2. Ableitung.

Kommentar 4.5:
Eine Größe soll als Integral ihrer Änderungsrate bzw. Ableitung interpretiert werden können („Integrale als Gesamteffekt von Änderungsraten auffassen"). Jedoch wird (mit Ausnahme Geschwindigkeit und Weg) nicht verlangt, dass die Kandidatinnen und Kandidaten die jeweils involvierten physikalischen Größen (z. B. Energie bzw. Arbeit und Leistung) selbstständig benennen können.

4 Analysis

Deskriptor	Formulierung des Deskriptors: Inhalt und Handlung
4.1	Grenzwerte und Stetigkeit von Funktionen auf der Basis eines intuitiven Begriffsverständnisses interpretieren und damit argumentieren
4.2	Differenzen- und Differenzialquotient als mittlere bzw. lokale Änderungsraten interpretieren, damit anwendungsbezogen modellieren, rechnen und argumentieren *(siehe Kommentar)*
4.3	Regeln zum Berechnen von Ableitungsfunktionen von Potenz-, Polynom- und Exponentialfunktionen und Funktionen, die aus diesen zusammengesetzt sind, verstehen und anwenden: Faktorregel, Summenregel, Produktregel, Kettenregel
4.4	Monotonieverhalten, Steigung der Tangente und Steigungswinkel, lokale Extrema, qualitatives Krümmungsverhalten, Wendepunkte von Funktionen am Graphen ablesen, mithilfe der Ableitungen modellieren, berechnen, interpretieren und argumentieren *(siehe Kommentar)*
4.5	den Zusammenhang zwischen Funktion und ihrer Ableitungsfunktion bzw. einer Stammfunktion interpretieren und erklären; bei gegebenem Graphen einer Funktion den Graphen der zugehörigen Ableitungsfunktion skizzieren *(siehe Kommentar)*
4.6	Regeln zum Berechnen von Stammfunktionen von Potenz- und Polynomfunktionen verstehen und anwenden
4.7	das bestimmte Integral auf der Grundlage eines intuitiven Grenzwertbegriffes als Grenzwert einer Produktsumme interpretieren und damit argumentieren
4.8	das bestimmte Integral als orientierten Flächeninhalt verstehen und anwenden

Aufgabenstellungen – Teil A

A 4.01 **Smartphones**

A B D

4.1

Ein Mobilfunkanbieter führt ein neues Smartphone auf dem Markt ein. Die verkaufte Anzahl an Smartphones wächst dabei nicht unbeschränkt exponentiell, sondern hat wegen der begrenzten Ressourcen einen Sättigungswert. Die unten stehende Abbildung zeigt näherungsweise das Wachstum der Absatzmenge mit der Funktion N:

$N(t) = 10\,000 - 9\,500 \cdot e^{-\lambda \cdot t}$ mit $\lambda = 0{,}02$

t Zeit in Tagen

N(t) Anzahl der insgesamt verkauften Smartphones nach t Tagen

$\lambda > 0$

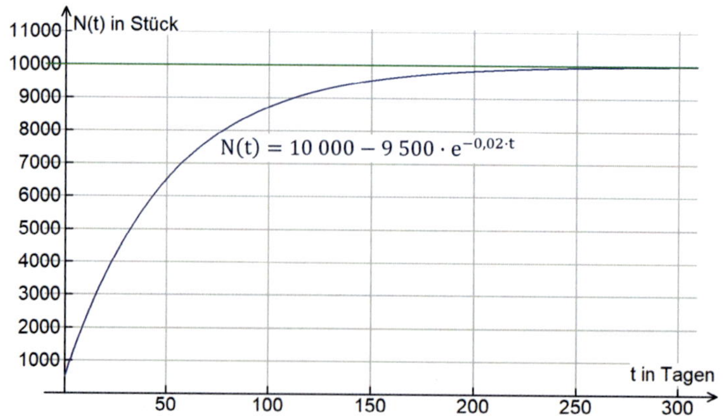

a) Skizzieren Sie in der oben stehenden Abbildung zusätzlich den Verlauf der Kurve mit $\lambda = 0{,}03$.

b) Betrachten Sie den Teilausdruck $e^{-\lambda \cdot t}$ der Funktion N.

b_1) Erklären Sie, welchen Einfluss eine Veränderung von $\lambda = 0{,}02$ auf $\lambda = 0{,}03$ auf den Teilausdruck $e^{-\lambda \cdot t}$ hat.
Beschreiben Sie insbesondere, für welchen Wert der Teilausdruck $e^{-\lambda \cdot t}$ schneller gegen null strebt.

b_2) Erklären Sie, welchen Einfluss die Veränderung des Wertes von λ im Teilausdruck $e^{-\lambda \cdot t}$ auf die gesamte Funktion N hat.

c) Erklären Sie, welchen Einfluss die Vergrößerung der Zeit t auf sehr große Werte im Teilausdruck $e^{-\lambda \cdot t}$ auf die gesamte Funktion N hat.

A 4.02 **Glückliche Hühner**
B
C D
4.2

Glückliche Hühner schlüpfen mit einer Masse von 40 bis 45 g. Durch spezielles Biofutter nimmt die Masse der Hühner sehr rasch zu. Die Tabelle in der Randspalte zeigt die durchschnittliche Masse m von Hühnern in Gramm t Wochen nach dem Schlüpfen.

a) Ermitteln Sie den absoluten Massenzuwachs Δm für die drei Zeitintervalle [0; 2], [2; 4] und [4; 6].

b) Erklären Sie mithilfe des mittleren Massenzuwachs $\frac{\Delta m}{\Delta t}$ (mittlere Änderungsrate), in welchem der drei Beobachtungsintervalle die Masse der Hühner am schnellsten und in welchem der drei Beobachtungsintervalle die Masse der Hühner am langsamsten wächst.

c) Beschreiben Sie, wie Sie aus dem Graphen in der Randspalte auf das Zeitintervall mit dem größten mittleren Massenzuwachs schließen können.

Zu Aufgabe A 4.02:

Zeit t in Wochen	Masse m in Gramm
0	42
2	220
4	925
6	2 178

Zu Aufgabe A 4.02 c)

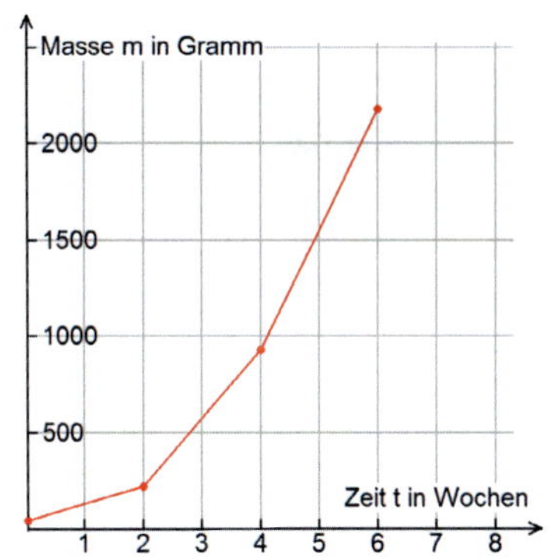

A 4.03 **Photovoltaik**
A B
C
4.2

Elektrische Energie, die bei Sonnenschein von einer PV-Anlage erzeugt wird, kann mittels geeigneter Batterien für Zeiten ohne Sonnenschein gespeichert werden.
Die maximale Speicherkapazität einer solchen Batterie beträgt 10 Kilowattstunden (kWh).
Die Tabelle gibt die gespeicherte Energie in Abhängigkeit von der Uhrzeit an.

Uhrzeit	18:00	22:15	4:30	6:00	7:00	8:45	10:30	11:15
In der Batterie gespeicherte Energie E in kWh	10	7,8	6,1	5,4	5,4	6,4	9,4	9,9

a) Berechnen Sie die mittlere Änderung der gespeicherten Energie der Batterie (Ladung/Entladung) für die fehlenden Zeitintervalle:

Intervall	Zeitdifferenz Δt in Stunden	Energiedifferenz ΔE in kWh	Mittlere Änderung der Energie $\frac{\Delta E}{\Delta t}$ in $\frac{kWh}{h}$ oder kW
[18:00; 22:15]	4,25	–2,2	–0,518
[22:15; 04:30]	6,25	–1,7	–0,272
[04:30; 06:00]	1,5	–0,7	–0,467
[18:00; 06:00]			
[08:45; 10:30]	1,75	3	1,714
[07:00; 11:15]			

b) Erklären Sie, in welchem Zeitintervall die Batterie am stärksten entladen bzw. am stärksten geladen wurde.
Erklären Sie auch den Zusammenhang mit der Steigung der Ladungskurve.

Zu Aufgabe A 4.03:

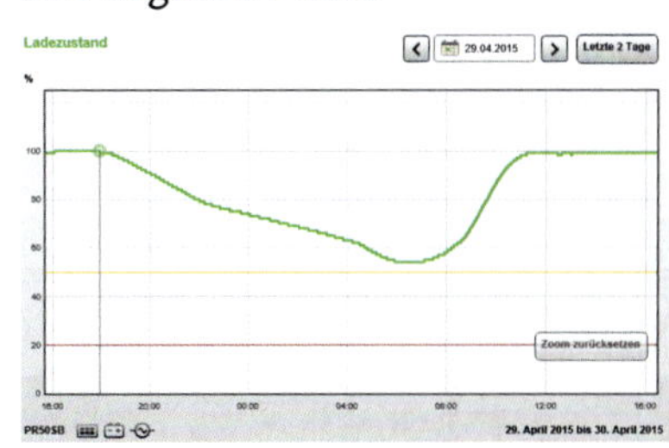

Ladezustand einer Batterie einer PV-Anlage

Die Leistung ist durch die Änderung der Energie pro Zeitintervall definiert und wird in Kilowatt (kW) angegeben.

Durchschnittliche Leistung P:

$$P = \frac{\text{Änderung der Energie}}{\text{Zeitintervall}} = \frac{\Delta E}{\Delta t}$$

Gemessen wird die durchschnittliche Änderung der Energie pro Zeitintervall in $\frac{kWh}{h} = kW$ (Kilowatt)

A 4.04 Tageslänge

B C D 4.2

Für Wien sind für ausgewählte Tage eines Jahres folgende Sonnenaufgangs-/Sonnenuntergangszeiten sowie Tageslängen von Sonnenaufgang bis Sonnenuntergang angegeben (Quelle: www.sunrise-and-sunset.com).

Datum	Tag des Jahres t	Sonnen-aufgang	Sonnen-untergang	Tageslänge in Stunden
01.01.	1	7:45	16:11	8,43
01.02.	32	7:21	16:54	9,55
01.03.	60	6:34	17:39	11,08
01.04.	91	6:31	19:25	12,90
01.05.	121	5:34	20:08	14,57
01.06.	152	4:57	20:47	15,82
01.07.	182	4:58	20:58	15,98
01.08.	213	5:31	20:30	14,98
01.09.	244	6:13	19:35	13,37
01.10.	274	6:54	18:33	11,63
01.11.	305	6:40	16:35	9,90
01.12.	335	7:24	16:02	8,63
01.01.	366	7:45	16:11	8,43

a) Die mittlere Änderungsrate der Tageslänge in Minuten pro Tag für das Zeitintervall von 01. 03. bis zum 01. 04. beträgt 3,52.
Überprüfen Sie diesen Wert und erklären Sie, was dieser Wert im Sachzusammenhang bedeutet.

b) In der Randspalte ist die Tageslänge zu den gegebenen Tagen des Jahres dargestellt und durch Geradenstücke verbunden.
   - b_1) Interpretieren Sie die Steigung der Geradenstücke im Sachzusammenhang.
   - b_2) In welchem Monat ist die Steigung des Geradenstückes am größten? Welche Jahreszeit beginnt in diesem Monat?
   - b_3) In welchem Monat ist das Gefälle des Geradenstückes am größten? Welche Jahreszeit beginnt in diesem Monat?
   - b_4) Erklären Sie, welcher Zusammenhang zwischen den jeweiligen Geradenstücken und der mittleren Änderungsrate besteht.

c) In der Randspalte sind die mittleren Änderungsraten der Tageslänge in Abhängigkeit vom jeweiligen Monat grafisch als Stabdiagramm dargestellt. (1 ≙ Jänner, 2 ≙ Feber usw.)
   - c_1) Lesen Sie ab, in welchen beiden Monaten der Betrag der mittleren Änderungsrate am kleinsten ist. Welche Jahreszeiten beginnen in diesen Monaten?
   - c_2) In welchen beiden Monaten ist der Betrag der mittleren Änderungsrate am größten? Welche Jahreszeiten beginnen in diesen Monaten?

Zu Aufgabe A 4.04:

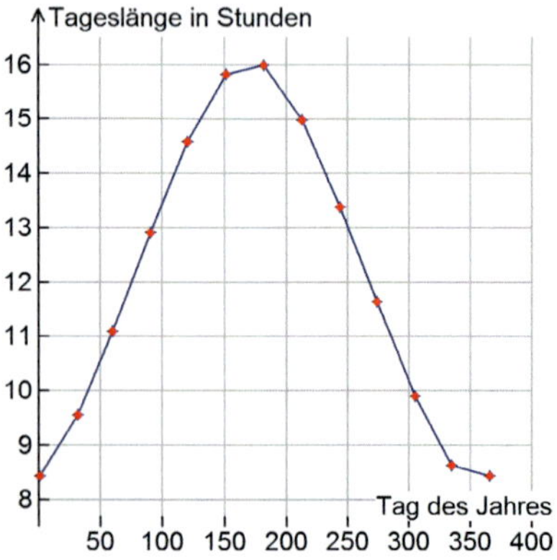

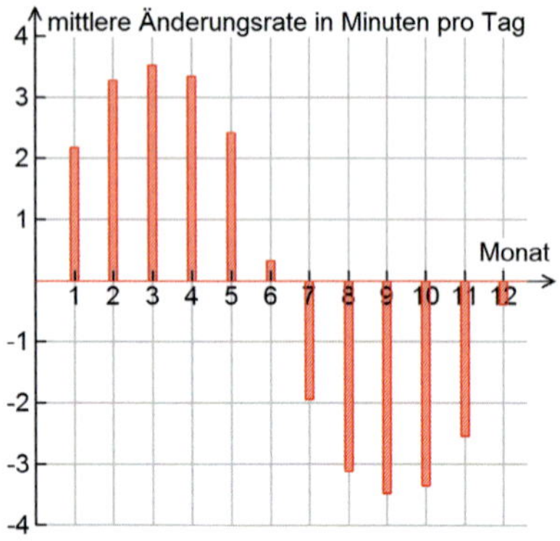

A 4.05 Schachtel

B C D 4.2 4.4

Aus einem quadratischen Karton (a = 10 cm) werden an den Ecken Quadrate abgeschnitten.
Dann wird der Karton zu einer Schachtel gefaltet.
Aus der Volumsformel $V = x \cdot y \cdot z$ ergibt sich durch Einsetzen von $y = z = 10 - 2 \cdot x$ die Funktion V mit

$V(x) = x \cdot (10 - 2 \cdot x)^2$

$V(x) = 4 \cdot x^3 - 40 \cdot x^2 + 100 \cdot x$

x — Höhe der Schachtel in cm

V(x) — Volumen der Schachtel in cm^3

Zu Aufgabe A 4.05:

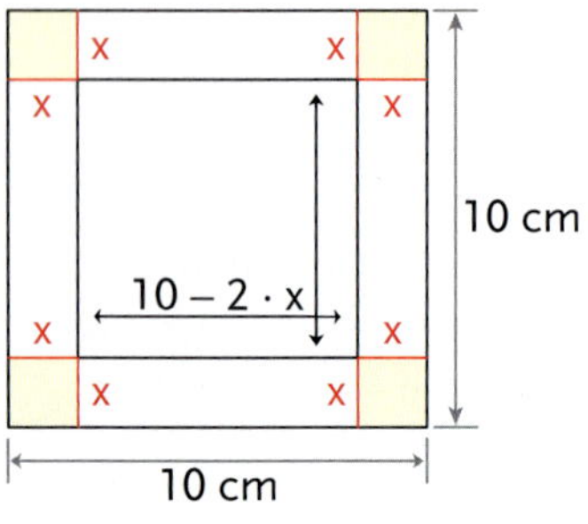

a) Stellen Sie das Volumen V der Schachtel in Abhängigkeit von der Höhe x grafisch dar.

a_1) Ermitteln Sie den Definitionsbereich von V.

a_2) Lesen Sie aus dem gezeichneten Graphen ab:

- die Höhe x, bei der das Volumen der Schachtel maximal wird,
- das maximale Volumen der Schachtel und
- den Bereich von x, für den V streng monoton fallend ist.

b) Berechnen Sie den Wert des Ausdrucks $\frac{V(4) - V(2)}{4 - 2}$.
Erklären Sie im Sachzusammenhang, was dieser Wert aussagt.

c) Kreuzen Sie die Aussage an, die den Ausdruck $\frac{V(4) - V(2)}{4 - 2}$ korrekt interpretiert.

Der Wert des Ausdrucks gibt das Volumen der Schachtel für die Höhe x = 2 cm an.	☐
Der Wert des Ausdrucks gibt an, um wie viel das Volumen der Schachtel steigt/fällt, wenn die Höhe von x = 4 cm um 2 cm vergrößert wird.	☐
Der Wert des Ausdrucks gibt die Steigung der Sekante an den Graphen von V im Intervall [2; 4] an.	☐
Der Wert des Ausdrucks gibt an, um wie viel Prozent das Volumen der Schachtel pro Zentimeter steigt/fällt, wenn die Höhe von x = 2 cm um 1 cm vergrößert wird.	☐
Der Ausdruck gibt die lokale Änderungsrate bei x = 2 an.	☐

d) Berechnen Sie die lokale Änderungsrate an der Stelle x = 2.
Interpretieren Sie den berechneten Wert im Sachzusammenhang.

e) Kreuzen Sie die richtige Aussage an.
Für den Punkt H der Funktion V mit dem größten Funktionswert gilt:

Die Tangentensteigung nimmt zu.	☐
Die Krümmung ist positiv.	☐
Die Tangentensteigung ist negativ.	☐
Die Lösungen der Gleichung V(x) = 0 enthalten den x-Wert des Hochpunktes H.	☐
Die Lösungen der Gleichung V'(x) = 0 enthalten den x-Wert des Hochpunktes H.	☐

A 4.06 **Materialseilbahn**

A B C

Die Bergstation einer Materialseilbahn liegt in 1 525 m Seehöhe.

4.2 Der Höhenverlauf des unbelasteten Seiles der Materialseilbahn lässt sich
4.3 näherungsweise durch die Funktion h beschreiben:
4.4
1.5 $h(x) = \frac{1}{80} \cdot x^2 - 1{,}5 \cdot x + 1\,250$
3.1 x horizontale Entfernung von der Talstation in Metern (m)

h(x) Seehöhe in Metern (m) bei der horizontalen Entfernung x

a) Stellen Sie den Verlauf des Seiles grafisch dar.

b) Ermitteln Sie aus der Grafik die mittlere Steigung des Seiles zwischen Talstation und Bergstation in Prozent.

c) Berechnen Sie die Steigung und den Steigungswinkel des Seils in 1 285 m Seehöhe.

d) Berechnen Sie die Seehöhe des tiefsten Punkts des Seiles.

e) Ermitteln Sie mithilfe des Graphen der ersten Ableitung von h die Stelle mit der größten Steigung des Seiles.

1 Zentner = 100 kg
1 Hektar = 1 ha = 10 000 m²

A 4.07 Ernteertrag

A B C D
4.2
4.4
3.1

Durch den Einsatz von Dünger auf Feldern kann der landwirtschaftliche Ertrag gesteigert werden. Der Ertrag lässt sich aber nicht beliebig steigern, sondern erreicht bei einem bestimmten Düngereinsatz sein Maximum. Ein weiterer Düngereinsatz führt zu einem Ertragsrückgang und schließlich zur Bodenvergiftung. Der Zusammenhang zwischen dem Ernteertrag E und dem Düngereinsatz lässt sich für ein landwirtschaftliches Produkt näherungsweise durch die Funktion E beschreiben:

$$E(x) = -\frac{1}{27} \cdot x^3 + \frac{4}{9} \cdot x^2 + x + 10$$

x Düngereinsatz in kg/ha
$E(x)$ Ernteertrag in Zentnern pro Hektar beim Düngereinsatz x

a) Stellen Sie die Ertragsfunktion grafisch dar. Kontrollieren Sie die Ergebnisse der folgenden Berechnungen mithilfe Ihres Graphen.
b) Lesen Sie aus der Funktionsgleichung ab, wie hoch der Ertrag pro Hektar ist, wenn nicht gedüngt wird.
c) Berechnen Sie jene Düngermenge, bei der der Ertrag maximal ist. Berechnen Sie den maximalen Ertrag.
d) Berechnen Sie, um wie viel Prozent sich der Ertrag, ausgehend vom ungedüngten Feld, durch Düngung steigern lässt.
e) Ermitteln Sie die Düngermenge, bei der der Ertragszuwachs am größten ist.
Wie hoch ist bei dieser Düngermenge der Ertragszuwachs?
f) Erklären Sie den Zusammenhang zwischen dem maximalen Zuwachs des Ernteertrages und dem Wendepunkt der Funktion E.
g) Am Wendepunkt der Ertragsfunktion E gilt $E'(x) = 2{,}78$ Zentner/kg. Interpretieren Sie diesen Wert im Sachzusammenhang.
h) Ermitteln Sie die Düngermenge, die zu einem Nullertrag führt. (Bodenvergiftung)

A 4.08 Radioaktiver Zerfall

C
4.4

Ein radioaktiver Zerfall wird durch eine Exponentialfunktion N beschrieben:
$N(t) = N_0 \cdot e^{\lambda \cdot t}$

t Zeit in Tagen
$N(t)$ Menge der radioaktiven Substanz zum Zeitpunkt t
N_0 Menge der radioaktiven Substanz zum Zeitpunkt $t = 0$; $N_0 > 0$
λ Zerfallskonstante; $\lambda < 0$

Ergänzen Sie die Textlücken im folgenden Satz durch Ankreuzen der jeweils richtigen Satzteile, sodass eine korrekte Antwort entsteht.

Die Funktion N ist ___❶___, weil ___❷___.

①	
konstant	☐
streng monoton fallend	☐
streng monoton steigend	☐

②	
die Ableitung N'(t) für alle t negativ ist	☐
die Ableitung keine Nullstelle hat	☐
sie kein Minimum hat	☐

A 4.09 Vordach

A B C D
4.4
2.8

Das Vordach einer Veranstaltungshalle besteht aus einer Metallplatte.
Die Kurve der Seitenansicht des Vordaches entspricht einer ganzrationalen Funktion f dritten Grades mit $f(x) = a \cdot x^3 + b \cdot x^2 + c \cdot x + d$.
Für die Konstruktion des Vordaches liegen folgende Informationen vor:
(I) Die Metallplatte ist auf einer Seite im Punkt A in der Mauer verankert.
(II) Die Metallplatte ist im Punkt A waagrecht.

(III) Im Punkt B liegt die Platte lose auf einem Stahlträger auf. Die horizontale Entfernung der Punkte A und B beträgt 6 Meter. Aufgrund des hohen Eigengewichtes biegt sich die Metallplatte durch.

(IV) Der maximale Durchhang befindet sich in einer horizontalen Entfernung von 40 dm von der Mauer (Punkt A).

(V) In einer horizontalen Entfernung von 4 Metern vom Punkt A beträgt der maximale Durchhang 1 dm.

Nehmen Sie zur Vereinfachung der Rechnung ein rechtwinkeliges Koordinatensystem mit dem Ursprung im Punkt A an.

a) Zur Berechnung der Koeffizienten a, b, c und d werden folgende Gleichungen aufgestellt. Erklären Sie den Zusammenhang zwischen Information und Gleichung.

Gleichung	Verwendete Information	Zusammenhang
$d = 0$		
$64\,000 \cdot a + 1\,600 \cdot b + 40 \cdot c + d = -1$		
$4\,800 \cdot a + 80 \cdot b + c = 0$		
$c = 0$		

b) Ermitteln Sie die Gleichung der Funktion f.

Zu Aufgabe A 4.09:

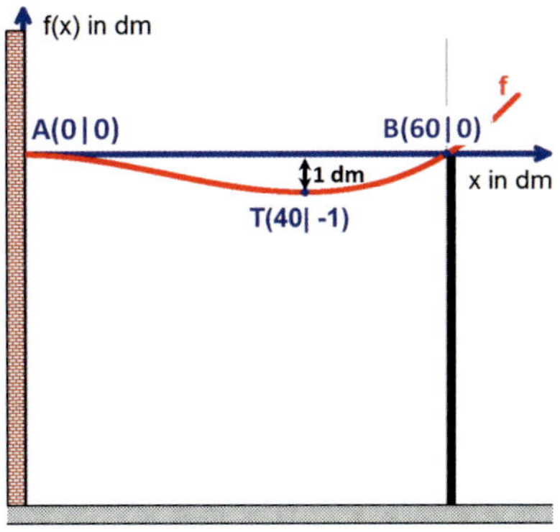

A 4.10 Rutschen

A B D
4.4
2.8
2.12

a) In einem Schwimmbad wird eine neue Wasserrutsche errichtet. Das seitliche Profil der Rutsche wird durch eine Funktion 3. Grades festgelegt und oben und unten durch deren Extrempunkte begrenzt. In der Randspalte ist der Graph der Funktion f im Intervall [0; 4] dargestellt.
- Erstellen Sie mithilfe der beiden Extrempunkte (0|4) und (4|0) ein Gleichungssystem zur Bestimmung der Gleichung von f.
- Berechnen Sie die Gleichung von f.

b) Der TÜV fordert, dass Rutschen an keiner Stelle steiler sein dürfen als 50° gegen die Horizontale.
Überprüfen Sie, ob diese Rutsche der TÜV-Anforderung entspricht.

Zu Aufgabe A 4.10:

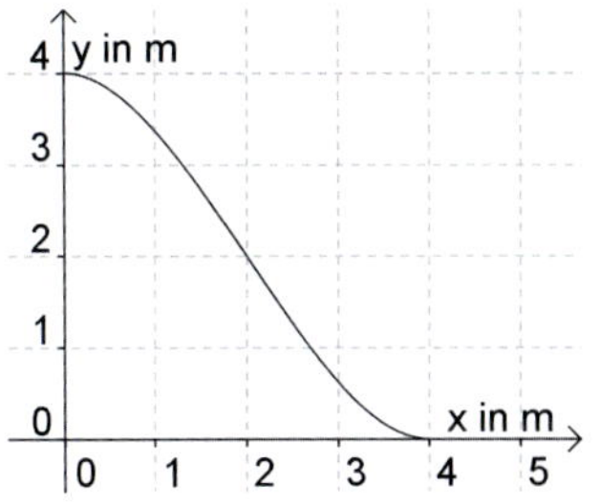

A 4.11 Sonnenblume

A B D
4.2
4.4
2.8

Das Höhenwachstum einer Sonnenblume kann bis zum Erreichen der maximalen Höhe annähernd durch eine kubische Funktion h beschrieben werden: $h(t) = a \cdot t^3 + b \cdot t^2 + c \cdot t + d$

t Zeit in Tagen
h(t) Höhe in cm t Tage nach Beginn der Untersuchung.

Zu Beginn der Untersuchung wird eine Höhe von 10 cm gemessen.
Die momentane Zuwachsrate zu Beginn der Untersuchung beträgt 1 cm pro Tag.
Nach 50 Tagen ist die Sonnenblume 200 cm hoch, die momentane Zuwachsrate beträgt dann 4 cm pro Tag.

a) Ermitteln Sie die Funktionsgleichung.

b) Berechnen Sie, wann die Sonnenblume ihre maximale Höhe erreicht hat und wie groß diese maximale Höhe ist.

c) Berechnen Sie, wann die Sonnenblume die größte Wachstumsgeschwindigkeit hat und wie hoch diese Wachstumsgeschwindigkeit ist.

d) Erklären Sie, warum im Moment der größten Zuwachsrate der Höhe die zweite Ableitung der Wachstumsfunktion den Wert Null hat.

e) Erklären Sie, warum das kubische Wachstumsmodell nur eingeschränkt sinnvoll ist.

Zu Aufgabe A 4.12:

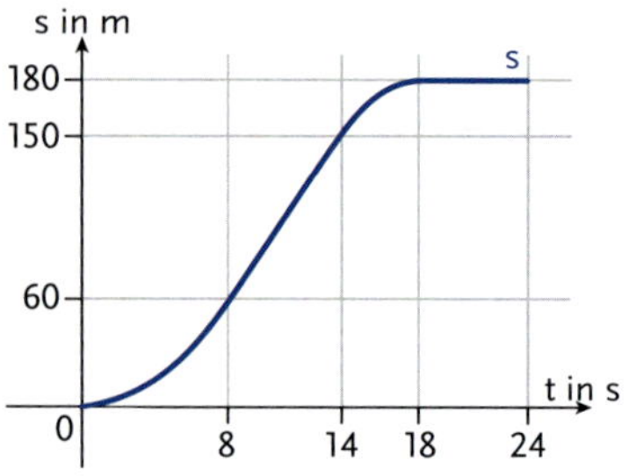

A 4.12 **Stadtverkehr 1**

A B C
4.2
4.5

Das Bild in der Randspalte zeigt das Weg-Zeit-Diagramm (Weg in m, Zeit in s) eines Pkws im Stadtverkehr zwischen zwei Ampeln. Die ungleichförmige Bewegung besteht aus vier Abschnitten:

- [0; 8] Anfahren
- [8; 14] gleichförmige Bewegung
- [14; 18] Bremsen
- [18; 24] Stillstand.

Berechnen Sie die mittlere Geschwindigkeit

a) für das Zeitintervall [0; 18],
b) beim Bremsvorgang und
c) bei der gleichförmigen Bewegung.
d) Kreuzen Sie das dazu passende Geschwindigkeit-Zeit-Diagramm an. Setzen Sie dabei voraus, dass sowohl das Anfahren als auch das Bremsen mit konstanter Beschleunigung erfolgt.

☐ 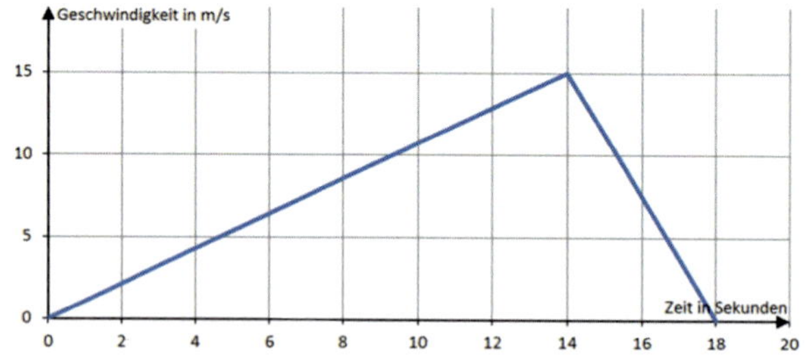

☐ 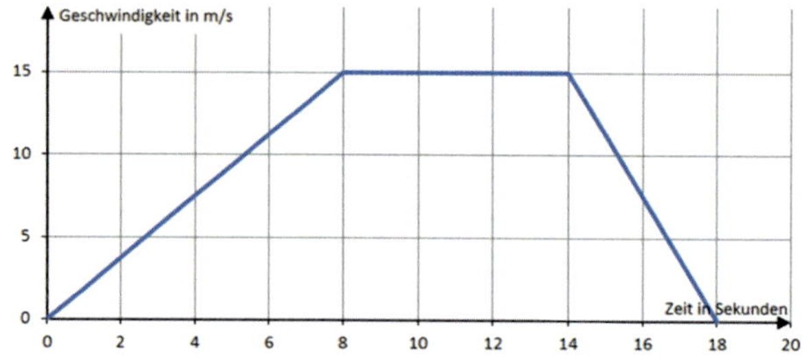

☐ 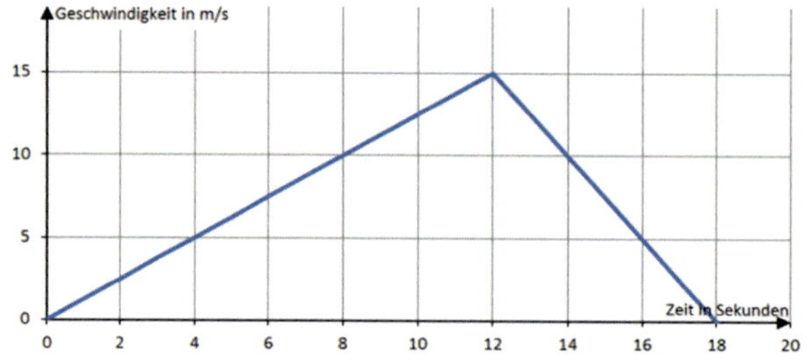

A 4.13 **U-Bahn**

A B C D
4.2
4.5

Die Grafik in der Randspalte zeigt die Weg-Zeit-Funktion s einer U-Bahn zwischen zwei Haltestellen.

a) Zeigen Sie grafisch, dass die momentane Geschwindigkeit der U-Bahn 10 Sekunden nach ihrer Abfahrt ungefähr gleich hoch ist wie jene nach 50 Sekunden Fahrt.
b) Lesen Sie die Geschwindigkeit zum Zeitpunkt 50 Sekunden aus der Grafik ab. Geben Sie die Geschwindigkeit in km/h an.
c) Berechnen Sie die mittlere Geschwindigkeit in km/h für die gesamte Fahrt.

Während der letzten 22 Sekunden ihrer Fahrt bremst die U-Bahn. Der dabei zurückgelegte Weg kann mit der Funktion s beschrieben werden:

$s(t) = 21 \cdot t - 0{,}475 \cdot t^2$

t Zeit des Bremsvorgangs in Sekunden

s(t) nach t Sekunden zurückgelegter Bremsweg in Metern

d) Berechnen Sie die Strecke, die die U-Bahn während des Bremsvorgangs zurücklegt.

e) Erstellen Sie die Gleichung der zugehörigen Geschwindigkeit-Zeit-Funktion.
Berechnen Sie die Geschwindigkeit der U-Bahn in km/h beim Start des Bremsvorgangs.

f) Begründen Sie anhand der Geschwindigkeit-Zeit-Funktion, warum die Bremsbeschleunigung der U-Bahn $-0{,}95\ m/s^2$ beträgt.

Zu Aufgabe A 4.13:

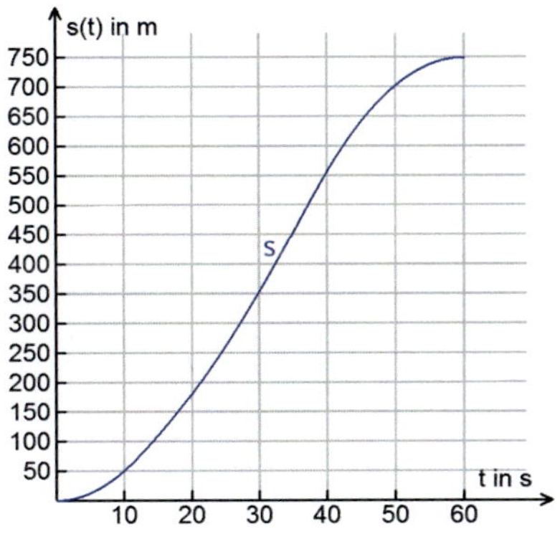

A 4.14 **Kanal 1**
A B C
4.4

Ein Kanal ist 5 m breit. Beim Ufer steigt der Kanal mit 35° an.
Die Querschnittslinie kann näherungsweise durch den Graphen einer quadratischen Funktion f mit $f(x) = a \cdot x^2 + b \cdot x + c$ beschrieben werden. (siehe nachstehende Abbildung).

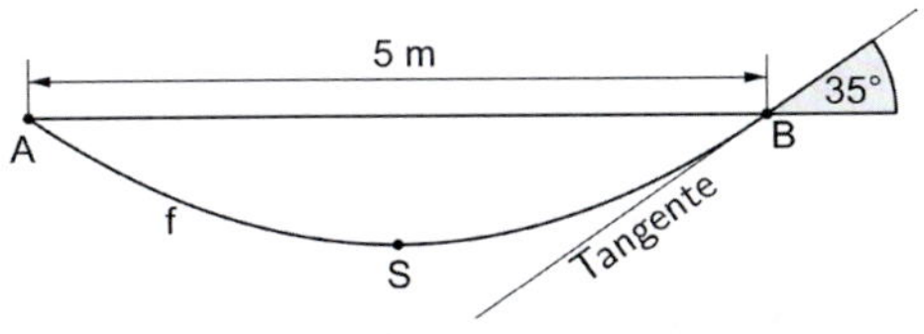

a) Erstellen Sie ein Gleichungssystem zur Berechnung der Koeffizienten der Funktion f. Wählen Sie als Ursprung des Koordinatensystems den Punkt B.

b) Ermitteln Sie die Gleichung von f.

c) Die Funktion f hat den Scheitel S.
Ordnen Sie den jeweiligen Aussagen über den Ursprung des Koordinatensystems die passende Form der Funktionsgleichung von f zu.
($a, b, c \neq 0$)

Der Ursprung des Koordinatensystems liegt im Punkt A.	
Der Ursprung des Koordinatensystems liegt im Punkt S.	

A	$f(x) = a \cdot x^2$
B	$f(x) = a \cdot x^2 + c$
C	$f(x) = a \cdot x^2 + b \cdot x$
D	$f(x) = a \cdot x^2 + b \cdot x + c$

A 4.15 **Kanal 2**
A B
4.6
4.8
2.8
3.9

Ein Kanal hat den in der Skizze dargestellten Querschnitt.

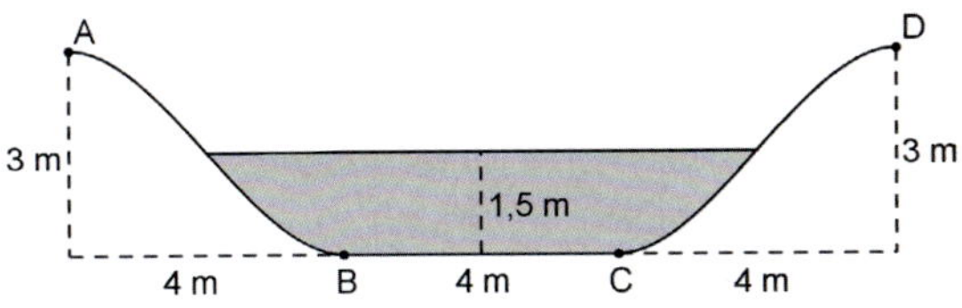

Die Kurve zwischen den Punkten C und D kann durch eine kubische Polynomfunktion f beschrieben werden, deren Graph in den Punkten C und D horizontal ist.

Legen Sie den Koordinatenursprung in den Punkt C.

a) Erstellen Sie die Funktionsgleichung dieser kubischen Funktion.

b) Berechnen Sie die Querschnittsfläche des Wasserdurchflusses beim Wasserstand 1,5 m.

A 4.16 Kanal 3
A B C
4.6
4.8
3.9

Zur Entwässerung eines Feuchtgebietes wird ein 5 km langer und 15 m breiter Kanal ausgehoben.

Der Querschnitt des Kanals ist unten durch eine Randkurve begrenzt, die näherungsweise mithilfe des Graphen einer Funktion f beschrieben werden kann.

$f(x) = \frac{1}{125} \cdot x^3 - \frac{3}{25} \cdot x^2$ für $0 \leqslant x \leqslant 15$

$f(x)$, x Koordinaten in m

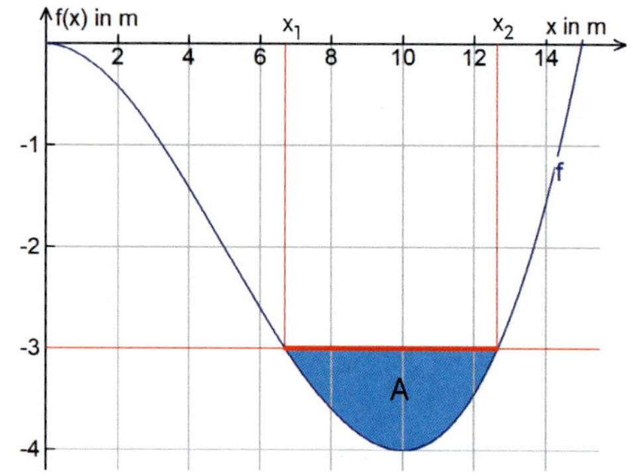

a) Zeichnen Sie in der obigen Grafik denjenigen Punkt $P(x_0|f(x_0))$ ein, für den gilt: $f'(x_0) = 0$ und $f''(x_0) < 0$

b) Zur Eröffnung wird der Kanal über die gesamte Länge bis an die obere Kante mit Wasser gefüllt.

b_1) Berechnen Sie den Flächeninhalt der gesamten Querschnittsfläche, wenn der Kanal voll gefüllt ist.

b_2) Ermitteln Sie das Wasservolumen, das zur Füllung des Kanals benötigt wird.

c) In der Abbildung ist ein Teil der Querschnittsfläche blau hervorgehoben. Erstellen Sie eine Formel, mit der der Inhalt A dieser Fläche im Intervall $[x_1; x_2]$ berechnet werden kann.

d) Berechnen Sie x_1 und x_2 mit Technologie.
Berechnen Sie den Inhalt der Fläche A im Intervall $[x_1; x_2]$ mit Technologie.

Zu Aufgabe A 4.17:

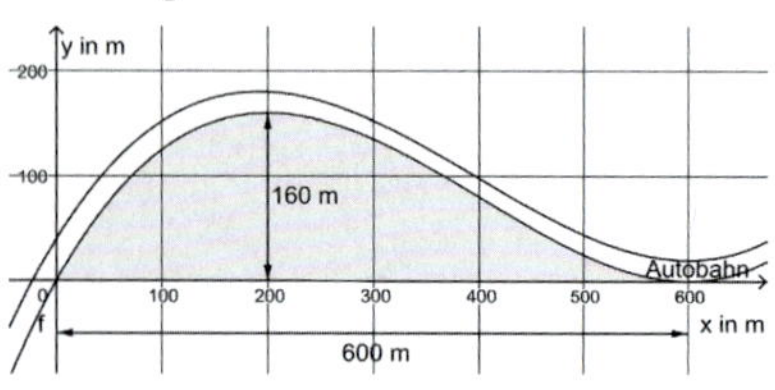

A 4.17 Grundstück
B D
4.8
3.4
3.9

Entlang einer Autobahn will ein Sportverein ein Grundstück erwerben. Die Vermessung ergab eine Länge von 600 m. An der breitesten Stelle misst das Grundstück 160 m (siehe Skizze). Der Verlauf der Grundstücksgrenze kann annähernd durch eine kubische Polynomfunktion f beschrieben werden.

a) Der Verlauf der Grundstücksgrenze kann im angegebenen Koordinatensystem durch die Funktion f mit $f(x) = a \cdot x \cdot (x - 600)^2$ beschrieben werden ($a \in \mathbb{R}$). Ermitteln Sie a.

b) Berechnen Sie die Größe des Grundstücks.

Zu Aufgabe A 4.18:

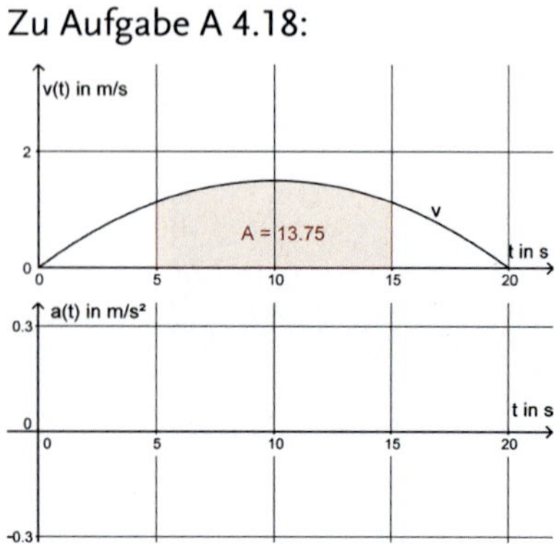

A 4.18 Personenaufzug
B C
4.4
4.5
4.8
3.1

Die Fahrt eines Personenaufzugs lässt sich näherungsweise durch die Geschwindigkeits-Zeit-Funktion v beschreiben: $v(t) = -0{,}015 \cdot t^2 + 0{,}3 \cdot t$

t Zeit in s

v(t) Geschwindigkeit in m/s zum Zeitpunkt t

a) Ermitteln Sie die Fahrtdauer des Personenaufzugs.

b) Berechnen Sie die Beschleunigungsfunktion.
Zeichnen Sie deren Graphen im Diagramm in der Randspalte ein.

c) Ermitteln Sie die maximale Geschwindigkeit des Aufzugs.
Erklären Sie anhand der beiden Grafiken den Zusammenhang zwischen maximaler Geschwindigkeit und Beschleunigung.

d) Ermitteln Sie den Weg, den der Aufzug bei seiner Fahrt zurücklegt.

e) Erstellen Sie die Weg-Zeit-Funktion des Aufzugs.

f) Im v-t-Diagramm ist eine Fläche mit dem Inhalt A = 13,75 markiert. Interpretieren Sie diesen Wert im Sachzusammenhang.

A 4.19 Stadtverkehr 2

B C
4.2
4.4
4.5
4.8
3.1

Die Grafik in der Randspalte zeigt das Geschwindigkeits-Zeit-Diagramm (Geschwindigkeit in m/s, Zeit in s) eines Pkws im Stadtverkehr zwischen zwei Ampeln.

a) Skizzieren Sie im Koordinatensystem in der Randspalte das zugehörige Beschleunigungs-Zeit-Diagramm für die Fahrt zwischen den beiden Ampeln.
Berücksichtigen Sie dabei insbesondere die Punkte H, W und T.

b) Erstellen Sie mithilfe der Funktion v eine Formel für den zurückgelegten Weg s zwischen den beiden Ampeln.

s = ______________________

c) Kreuzen Sie denjenigen Ausdruck an, der die mittlere Geschwindigkeit des Pkws im Zeitintervall von Sekunde 70 bis Sekunde 90 richtig beschreibt.

A	$\frac{a(90) - a(70)}{90 - 70}$	☐
B	$\frac{v(90) - v(70)}{90 - 70}$	☐
C	$\frac{v'(90) - v'(70)}{90 - 70}$	☐
D	$\frac{s(90) - s(70)}{90 - 70}$	☐
E	$\frac{s'(90) - s'(70)}{90 - 70}$	☐

Zu Aufgabe A 4.19:

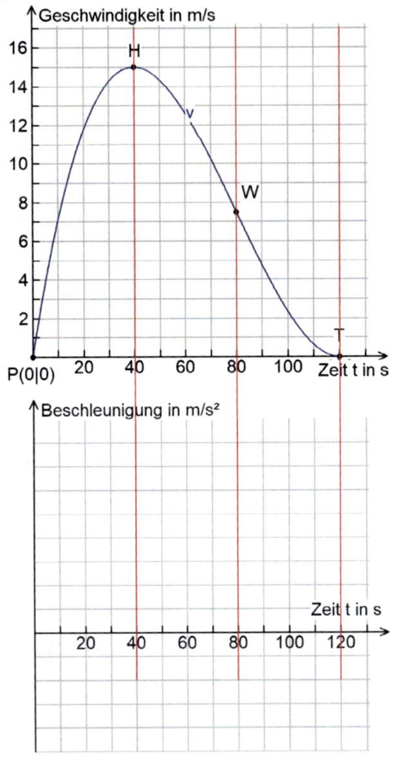

A 4.20 Treibstofftank

A B
C D
4.4
4.8
2.5
3.2

Der Zufluss von Treibstoff in einen Tank wird durch ein Ventil geregelt. In der nachstehenden Abbildung ist die Zuflussrate des Treibstoffs, der während eines Tankvorgangs in den Tank fließt, grafisch dargestellt.

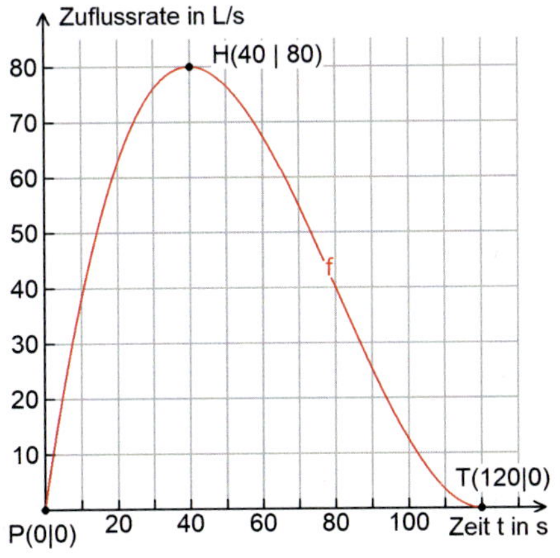

Die dargestellte Kurve der Zuflussrate kann im Zeitintervall [0; 120] in Abhängigkeit von der Zeit näherungsweise durch eine Polynomfunktion 3. Grades f mit $f(t) = a \cdot t^3 + b \cdot t^2 + c \cdot t + d$ modelliert werden.

a) Erstellen Sie mithilfe der Punkte P, H und T ein Gleichungssystem, mit dem die Koeffizienten von f berechnet werden können. (Gleichungssystem nicht ausrechnen)

b) Lesen Sie aus der obigen Grafik den Zeitpunkt ab, zu dem das Volumen des bis dahin zugeflossenen Treibstoffs im Tank am größten ist.

c) Erklären Sie im Sachzusammenhang, was mit $\int_0^{60} f(t)\,dt$ berechnet wird.

Erklären Sie im Sachzusammenhang, was mit $\int_{80}^{100} f(t)\,dt$ berechnet wird.

Volumenstrom:

$Q = \frac{\Delta V}{\Delta t}; \quad [Q] = \frac{m^3}{s}$

Volumen:

$V = \int_{t_1}^{t_2} Q(t)\, dt$

$\text{Dichte} = \frac{\text{Masse}}{\text{Volumen}}$

$\rho = \frac{m}{V}; \quad [\rho] = \frac{kg}{dm^3}$

Zu Aufgabe A 4.21 b)

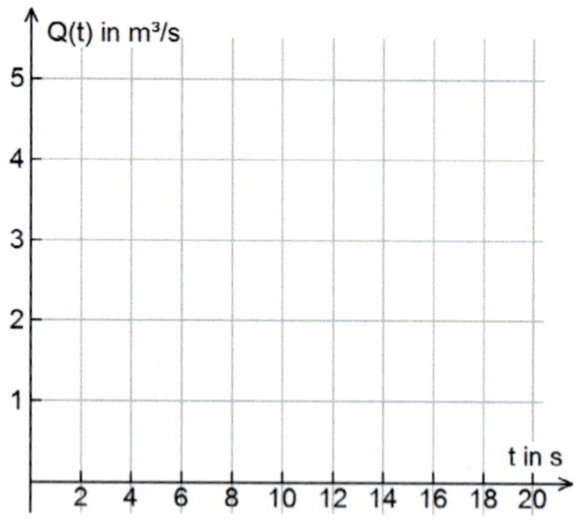

Zu Aufgabe A 4.22

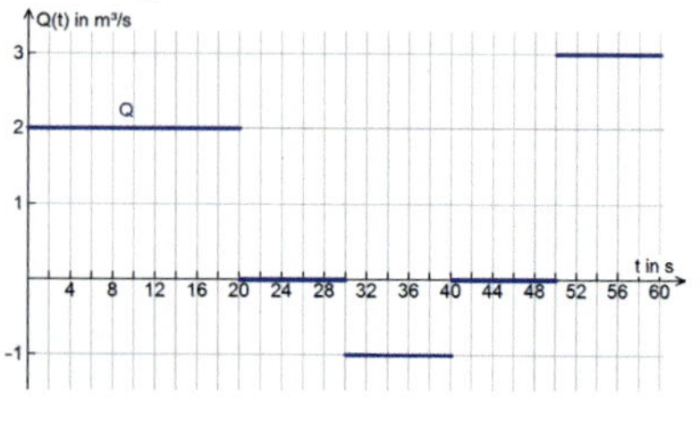

Zu Aufgabe A 4.23

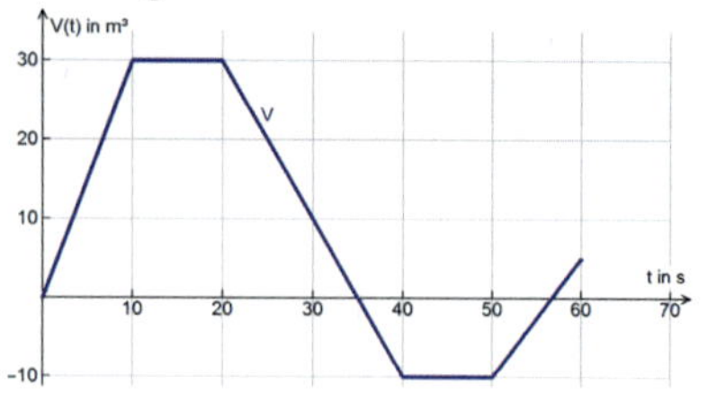

A 4.21 Volumenstrom 1

A B C D
4.2

Der Volumenstrom (Durchflussrate) Q gibt an, wie viel Volumen Wasser pro Zeiteinheit durch einen festgelegten Querschnitt transportiert wird.

a) In einem Wasserkanal beträgt der Volumenstrom konstant 23 m^3/s. Ermitteln Sie das Volumen und die Masse des pro Tag durch den Kanal fließenden Wassers.

b) Ein Ventil regelt den Zufluss von Wasser in den Kanal linear von anfänglich 5 m^3/s auf 1 m^3/s nach 8 Sekunden.
Danach bleibt die Durchflussrate bei konstant 1 m^3/s.

b_1) Stellen Sie die stückweise lineare Funktion des Volumenstroms Q grafisch im Koordinatensystem in der Randspalte dar.

b_2) Ermitteln Sie die Gleichung der linearen Funktion für den Volumenstrom Q in den ersten 8 Sekunden.

b_3) Berechnen Sie das Volumen des Wassers, das in den 8 Sekunden nach Öffnen des Ventils durch das Ventil fließt.

b_4) Erklären Sie im Sachzusammenhang, was mit dem Integral $\int_0^{15} Q(t)\, dt$ berechnet wird.
Veranschaulichen Sie die berechnete Größe in der Grafik von b_1).

A 4.22 Volumenstrom 2

B C
4.8

Der in der Randspalte dargestellte Volumenstrom (Durchflussrate) Q gibt das Volumen Wasser an, das pro Sekunde durch ein Ventil zu- bzw. abfließt.

a) Lesen Sie die Durchflussrate nach 10 Sekunden ab.

b) Lesen Sie die Durchflussrate nach 26 Sekunden ab.

c) Lesen Sie die Durchflussrate nach 36 Sekunden ab.

d) Berechnen Sie das Wasservolumen, das in den ersten 60 Sekunden in Summe durch das Ventil in einen Kanal fließt.

A 4.23 Volumenstrom 3

B C
4.8

Durch einen Regler wird bei einem Kanal das Wasservolumen gemessen, das sich seit Messbeginn (t = 0) in Summe durch den Zu- bzw. Abfluss ergibt. Die Werte der Messung für 60 Sekunden sind in der Grafik in der Randspalte dargestellt.

a) Lesen Sie aus der Grafik ab, wie viel Wasser in den ersten 30 Sekunden seit Messbeginn in Summe durch den Regler geflossen ist.

b) Lesen Sie ab, wie viel Wasser in den ersten 50 Sekunden seit Messbeginn in Summe durch den Regler geflossen ist.

c) Lesen Sie ab, wie viel Wasser in den ersten 60 Sekunden seit Messbeginn in Summe durch den Regler geflossen ist.

d) Lesen Sie ab, zu welchen Zeitpunkten seit Messbeginn (t = 0 s) in Summe die gleiche Wassermenge in den Kanal und aus dem Kanal geflossen sind.

e) Zeichnen Sie für die ersten 60 Sekunden seit Messbeginn den Graphen des Volumenstroms Q, der durch den Regler fließt.

A 4.24 Gezeitenkraftwerk

A B C D
4.5
4.8

Ein Gezeitenkraftwerk wandelt Energie aus dem Tidenhub des Meeres in elektrischen Strom um. Eines der weltweit größten Gezeitenkraftwerke befindet sich an der Mündung des Flusses Rance in Frankreich. Es nutzt den Tidenhub in der Bucht bei St. Malo, der normal 12, manchmal auch 16 Meter beträgt.

Beim Gezeitenkraftwerk der Rance beträgt der Volumenstrom bei Füllung des Speicherbeckens (bei Flut) durchschnittlich ca. 82,7 Millionen m^3 Wasser pro Stunde. Bei Leerung des Beckens (bei Ebbe) beträgt der Volumenstrom durchschnittlich ca. 65,4 Millionen m^3 Wasser pro Stunde. Die zeitliche Abfolge von Füllung und Leerung des Speicherbeckens wiederholt sich mit einer Periode von ca. 12,25 Stunden und folgt näherungsweise einer stückweise konstanten Funktion f.

Im Diagramm ist der Graph von f dargestellt:

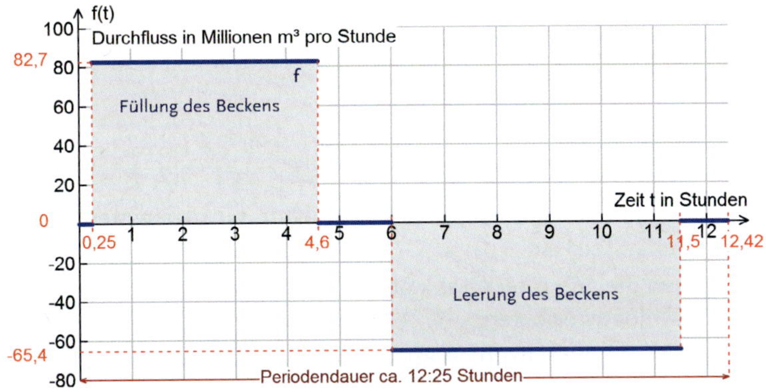

a) Berechnen Sie das Gesamtvolumen des Wassers, das in einer Periode durch die Turbinen des Kraftwerks zu- und abfließt.

b) Erklären Sie im Sachzusammenhang, was in der Zeit zwischen 4,6 Stunden und 6 Stunden passiert.

c) Berechnen Sie die folgenden Integrale und erklären Sie im Sachzusammenhang, was mit diesen Integralen berechnet wird.

c_1) $\int_{0,25}^{4,6} 82{,}7\,dt$

c_2) $\int_{0}^{6} f(t)\,dt$

d) Berechnen Sie bei den folgenden Integralen die gesuchte obere Grenze b und erklären Sie im Sachzusammenhang, was mit diesen Integralen berechnet wird.

d_1) $\int_{6}^{b} |f(t)|\,dt = 300$

d_2) $\int_{3}^{b} f(t)\,dt = 0$

e) Im Diagramm ist der Graph der Funktion F mit $F(t) = \int_{0}^{t} f(z)\,dz$ dargestellt:

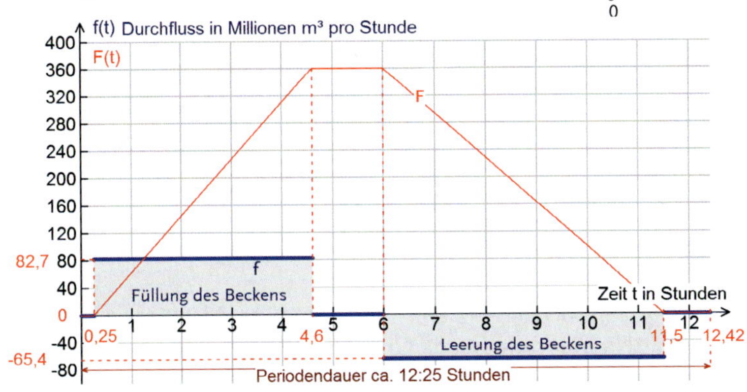

Erklären Sie im Sachzusammenhang, was diese Funktion F beschreibt.

Unter **Tidenhub** versteht man den Höhenunterschied des Meeres bei Flut und bei Ebbe.

Funktionsweise eines Gezeitenkraftwerks:

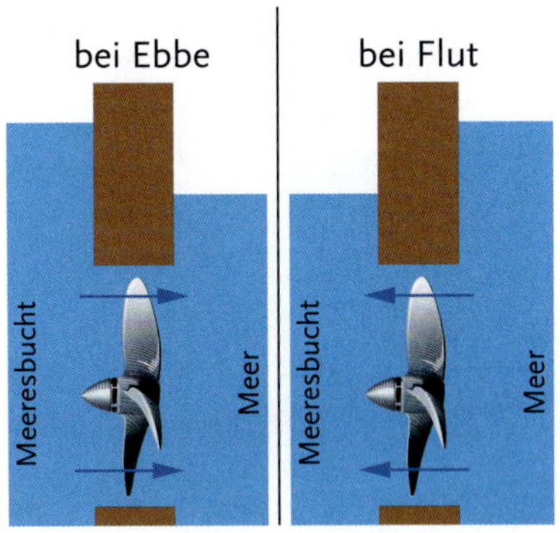

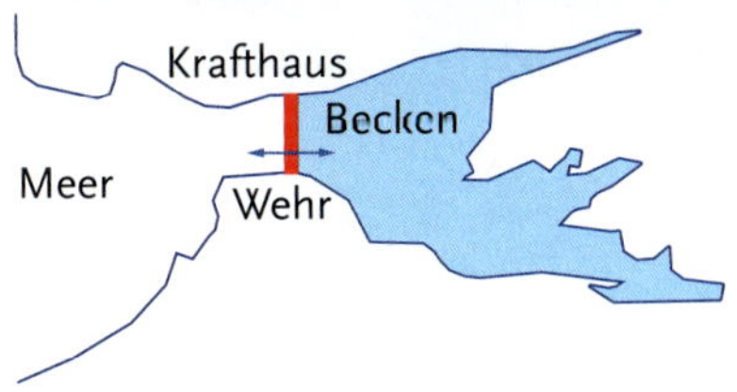

Ein diskretes Modell wird hier durch ein stetiges und damit berechenbares Modell genähert.

A 4.25 **Downloads**

4.8 Der Hobbymusiker Theo stellt einen neuen Song ins Internet.
3.1 Fans laden diesen Song aus dem Internet auf ihr Abspielgerät.
3.4 Die Anzahl der Downloads am Tag t kann näherungsweise durch die Funktion f mit $f(t) = 2{,}6 \cdot t \cdot e^{-0{,}006 \cdot t}$ berechnet werden.

t Zeit in Tagen, seitdem der Song im Netz steht

f(t) Anzahl der Downloads des Songs am Tag t

a)

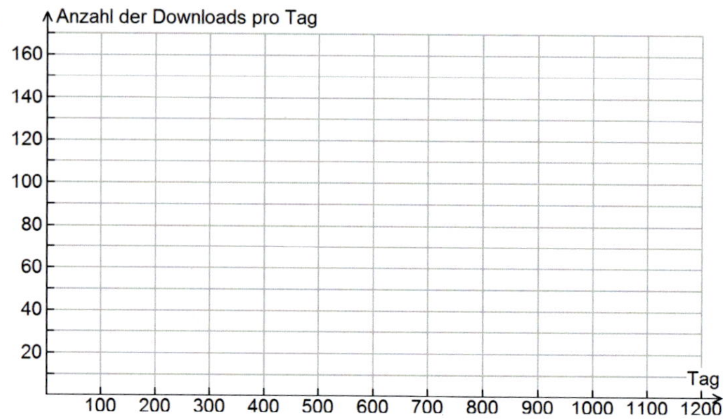

a_1) Zeichnen Sie den Graphen der Funktion f im oben stehenden Koordinatensystem ein.

a_2) Lesen Sie aus Ihrer Grafik ab, an welchem Tag nach Start die meisten Downloads erfolgen.

a_3) Lesen Sie die maximale Anzahl der Downloads pro Tag ab.

b) Erklären Sie im Sachzusammenhang, was mit dem Integral $\int_0^{365} f(t)\,dt \approx 46\,438$ berechnet wird.

c) Zeigen Sie nachweislich mittels Differenzialrechnung, dass die Funktion F mit $F(t) = -\frac{1\,300}{9} \cdot (3 \cdot t + 500) \cdot e^{-0{,}006 \cdot t} + \frac{650\,000}{9}$ eine Stammfunktion der Funktion f ist.

Zeigen Sie rechnerisch, dass $F(0) = 0$ ist.

d) Berechnen Sie, bis zu welchem Tag der Song insgesamt 50 000-mal heruntergeladen wird.

e) Argumentieren Sie, wie oft der Song insgesamt heruntergeladen wird.

Ist P(t) die Leistung zu einem Zeitpunkt $t \in [t_1; t_2]$, dann ist die in diesem Zeitintervall verrichtete Arbeit gleich $W = \int_{t_1}^{t_2} Pt\,dt$.

Die Maßzahl der Fläche unter dem Funktionsgraphen von P entspricht der verrichteten Arbeit W im Zeitintervall $[t_1; t_2]$.

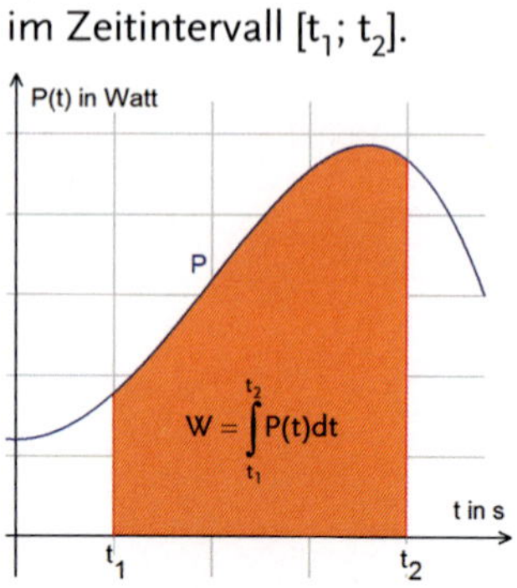

1 Ws = 1 J = 1 Joule = 1 Wattsekunde

1 kWh = 3 600 000 Ws

A 4.26 **Elektroheizung**

4.8 Von einer geregelten Elektroheizung wird in einem bestimmten Zeitintervall Wärmeenergie abgegeben. Diese ist gleich der in diesem Zeitintervall von
1.3 der Heizung verrichteten Arbeit. Die in der Grafik unten dargestellte Funktion P gibt die Leistung P(t) zu einem bestimmten Zeitpunkt t im Zeitintervall [0; 10] an.

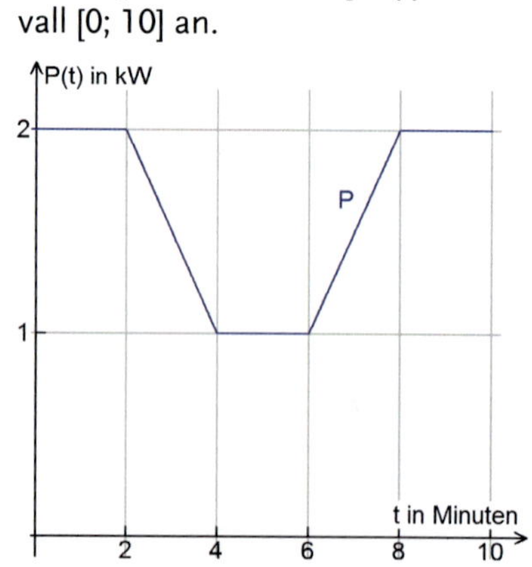

a) Lesen Sie die Leistung der Heizung zum Zeitpunkt t = 0 in Watt (W) ab.

b) Ermitteln Sie mithilfe des Graphen von P die im Zeitintervall [0; 10] abgegebene Wärmeenergie in Joule und in kWh.

A 4.27 Photovoltaikanlage

A B C D
4.8
4.2
4.4
4.5

a) Die Leistungsabgabe einer PV-Anlage wird in Watt gemessen und kann durch die Polynomfunktion P recht gut genähert werden.

$P(t) = a \cdot t^3 - 54 \cdot t^2 + 2\,878 \cdot t - 18\,358 \quad (a \in \mathbb{R})$

t Uhrzeit in Stunden (h)

P(t) Leistung in Watt (W) zum Zeitpunkt t

Die PV-Anlage erreicht an einem bestimmten Tag ihre maximale Leistung um ca. 13:15 Uhr.

Berechnen Sie den Koeffizienten a.

b) An einem anderen Tag gilt für die Leistungsabgabe näherungsweise die Polynomfunktion P mit

$P(t) = -2{,}9 \cdot t^3 - 51 \cdot t^2 + 2\,900 \cdot t - 18\,500.$

b_1) Ermitteln Sie die mittlere Änderungsrate der Leistungsabgabe im Zeitintervall von 10:00 bis 12:00 Uhr.
Interpretieren Sie den berechneten Wert im Sachzusammenhang.

b_2) Die momentane Änderungsrate der Leistungsabgabe zu einem bestimmten Zeitpunkt t_1 des Tages ist –959,2 W/h.
– Interpretieren Sie diesen Wert im Sachzusammenhang.
– Berechnen Sie den Zeitpunkt t_1, zu dem dieser Wert auftritt.

b_3) Erklären Sie im Sachzusammenhang, was mit dem Integral

$$\int_{12}^{15} (-2{,}9 \cdot t^3 - 51 \cdot t^2 + 2\,900 \cdot t - 18\,500)\,dt = 12\,281{,}48$$

berechnet wird.
Schreiben Sie das Ergebnis mit der dazugehörigen Einheit an.

b_4) Berechnen Sie die Gesamtenergie, die die PV-Anlage an diesem Tag liefert.

FILM AB!

Der Lösungsweg dieser Aufgabe wird in einem **Video** erklärt.
www.trauner.at/mam5_video9.aspx

Deskriptor	Formulierung des Deskriptors: Inhalt und Handlung
B_P_4.1	bei anwendungsbezogenen Aufgabenstellungen mithilfe von Polynomfunktionen bis zum Grad 4 modellieren („Umkehraufgaben“)

Aufgabenstellungen – Teil B

B 4.01 Straßenbau

A B C D
P 4.1
P 3.1
2.8
3.2

Die Hafenstadt A und der Zentralbahnhof B im Landesinneren eines Inselstaates sind durch eine nahezu geradlinig verlaufende Straße miteinander verbunden. Am bisher verkehrstechnisch nicht erschlossenen Ort C werden große Rohstoffreserven entdeckt, die in naher Zukunft abgebaut werden sollen. Man benötigt daher eine Straße von C zum Hafen. Man möchte diese Verbindung in die bereits vorhandene Straße einbinden.

Zur Planung wird nebenstehendes Koordinatensystem festgelegt.

Die zu bauende Straße kann näherungsweise durch eine Polynomfunktion f vom Grad 4 mit $f(x) = a \cdot x^4 + b \cdot x^3 + c \cdot x^2 + d \cdot x + e$ beschrieben werden.

Aus geologischen Gründen muss der nördlichste Punkt der Verbindung (= Extrempunkt der Funktion) D sein. Die Straße mündet an der Stelle $x = -2{,}3$ tangential in die bereits bestehende Verbindung von A nach B ein.

a) Lesen Sie die Funktionsgleichung für die bestehende, geradlinige Straße aus der Grafik ab.

b) Erstellen Sie ein Gleichungssystem zur Bestimmung der Koeffizienten von f.

c) Ermitteln Sie die Gleichung von f. Zeichnen Sie den Graphen der Funktion.

Zu Aufgabe B 4.01:

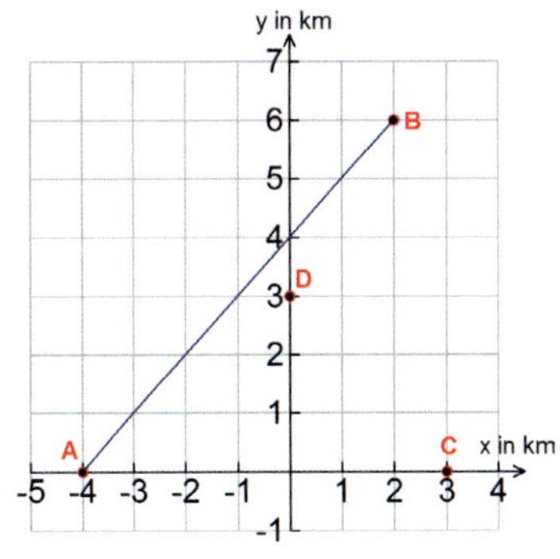

Zu Aufgabe B 4.02:

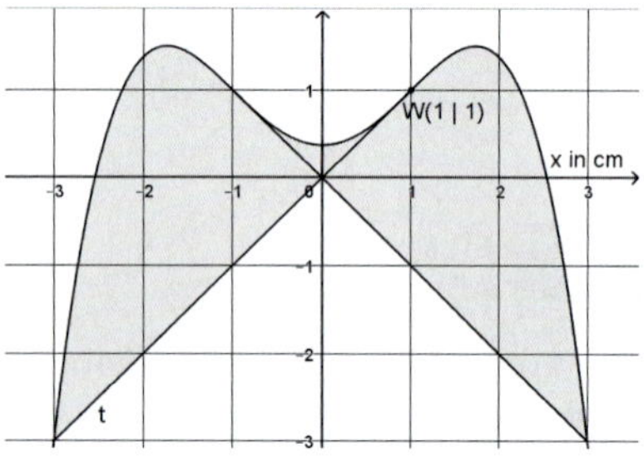

B 4.02 **Zahn**

A B C D
P 4.1
P 3.1
4.4
4.8

Eine Zahnärztin möchte für das Türschild ihrer Praxis ein Logo in der abgebildeten Form eines Zahns. Der Zahn wird durch den Graphen einer symmetrischen Polynomfunktion f vom Grad 4 mit $f(x) = a \cdot x^4 + b \cdot x^2 + c$ beschrieben. Die Funktion hat den Wendepunkt $W(1|1)$. Die Wendetangente t hat die Steigung $k = 1$.

a) Erstellen Sie die Funktionsgleichung von f und von der Tangente t.

b) Berechnen Sie den Inhalt der schraffierten Fläche.

B 4.03 **Fly-over**

A B D
P 4.1
2.8
4.4

Als Fly-over bezeichnet man in Österreich eine transportable Stahlkonstruktion aus Einzelelementen zur Überbrückung von Kurzbaustellen auf Autobahnbrücken.

Ein Fly-over auf der Praterbrücke in Wien hat eine Spannweite von 106 Metern, eine maximale Höhe von 2 Metern und kann mathematisch näherungsweise durch eine symmetrische Polynomfunktion f vom Grad 4 mit $f(x) = a \cdot x^4 + b \cdot x^2 + c$ beschrieben werden.

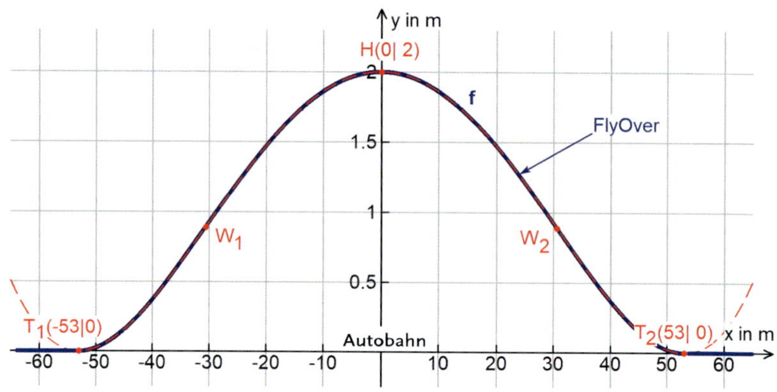

a) Erstellen Sie ein Gleichungssystem, mit dem Sie die Koeffizienten a, b und c berechnen können.

b) Erklären sie die Bedeutung des Wertes von c im Sachzusammenhang.

c) Ermitteln Sie die Gleichung dieser Funktion f mithilfe von Technologie.

d) Ermitteln Sie die Koordinaten der Wendepunkte des Fly-overs mittels Technologie.

B 4.04 **Biegelinie**

A B C D
P 4.1
2.8
4.4

Ein Träger ist an beiden Enden in den Punkten A und B in einer Mauer verankert. In den Punkten A und B ist der Träger waagrecht. Der größte Durchhang ist in der Mitte des Trägers im Punkt T und beträgt 4 cm.

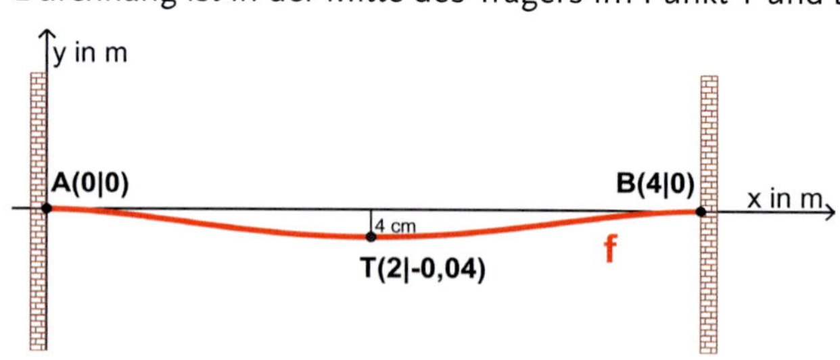

Die Biegelinie des Trägers soll durch eine Polynomfunktion f vom Grad 4 modelliert werden:

$f(x) = a \cdot x^4 + b \cdot x^3 + c \cdot x^2 + d \cdot x + e$ (x, y Koordinaten in m)

a) Erstellen Sie ein Gleichungssystem, mit dem die Koeffizienten von f ermittelt werden können.

b) Ermitteln Sie die Gleichung von f.

c) Zeigen Sie mithilfe der Differenzialrechnung, dass die Punkte A und B die Hochpunkte von f sind.

d) Für eine Stelle x_0 gilt: $f''(x_0) = 0$
Beschreiben Sie, um welche Stelle es sich dabei handelt.

5 Stochastik

Deskriptor	Formulierung des Deskriptors: Inhalt und Handlung
5.1	Daten statistisch aufbereiten, Häufigkeitsverteilungen (absolute und relative Häufigkeiten) bestimmen und interpretieren; Daten in Form von Kreis- und Balken-/Säulendiagrammen sinnstiftend veranschaulichen, diese Darstellungen interpretieren und damit anwendungsbezogen argumentieren
5.2	Lage- und Streuungsmaße empirischer Daten berechnen, interpretieren und damit argumentieren; Boxplots erstellen und interpretieren *(siehe Kommentar)*
5.3	den klassischen Wahrscheinlichkeitsbegriff nach Laplace verstehen und anwenden; den Zusammenhang zwischen Wahrscheinlichkeiten und relativen Häufigkeiten verstehen und anwenden
5.4	mehrstufige Zufallsexperimente („Ziehen mit/ohne Zurücklegen") mit Baumdiagrammen modellieren, Wahrscheinlichkeiten mithilfe von Pfadregeln (Additions- und Multiplikationssatz) berechnen und Baumdiagramme interpretieren und damit argumentieren
5.5	mit der Binomialverteilung modellieren, ihre Anwendung begründen, Wahrscheinlichkeiten und Erwartungswert berechnen und die Ergebnisse kontextbezogen interpretieren
5.6	mit der Wahrscheinlichkeitsdichte und der Verteilungsfunktion der Normalverteilung modellieren, Wahrscheinlichkeiten und Quantile berechnen* und die Ergebnisse kontextbezogen interpretieren, Erwartungswert μ und Standardabweichung σ interpretieren und deren Auswirkungen auf den Graphen der zugehörigen Wahrscheinlichkeitsdichte erklären *(siehe Kommentar)*

Überprüfen Sie Ihre Kompetenz zu diesem Inhaltsbereich mit einem interaktiven **Safety-Check** in der **TRAUNER-DigiBox.**

Kommentar 5.2:
Folgende Lage- und Streuungsmaße sind gemeint: Median, arithmetisches Mittel und Standardabweichung, Quartil, Spannweite, (Inter)quartilsabstand.

Varianz einer Datenliste

$$s^2 = \frac{1}{n} \cdot \sum_{i=1}^{n} (x_i - \bar{x})^2$$

Varianz einer Stichprobe vom Umfang n als Schätzung der Varianz einer Grundgesamtheit

$$s_{n-1}^2 = \frac{1}{n-1} \cdot \sum_{i=1}^{n} (x_i - \bar{x})^2$$

In vielen Fällen wird in Lehrbüchern nicht klar zwischen den verschiedenen Formeln unterschieden, daher gilt für die Reife- und Diplomprüfung für den Teil A folgende Festsetzung: Beide Formeln für s^2 und s_{n-1}^2 gelten als richtig.

Aufgabenstellungen – Teil A

A 5.01 Smartphone

A B C
5.1
5.2

10 Kinder einer Schulklasse wurden befragt, wie viele Stunden sie am Wochenende ihr Smartphone benützt haben.
Ihre Antworten sind in der folgenden Tabelle dargestellt.

Kind	1	2	3	4	5	6	7	8	9	10
Anzahl der Stunden	5	4	3	6	2	8	2	5	4	7

a) Erstellen Sie eine Häufigkeitstabelle für das Merkmal „Anzahl der Stunden".

b) Erstellen Sie für das Merkmal „Anzahl der Stunden" ein Säulendiagramm für die relativen Häufigkeiten.

c) Die Daten der Tabelle sind im nachstehenden Boxplot dargestellt:

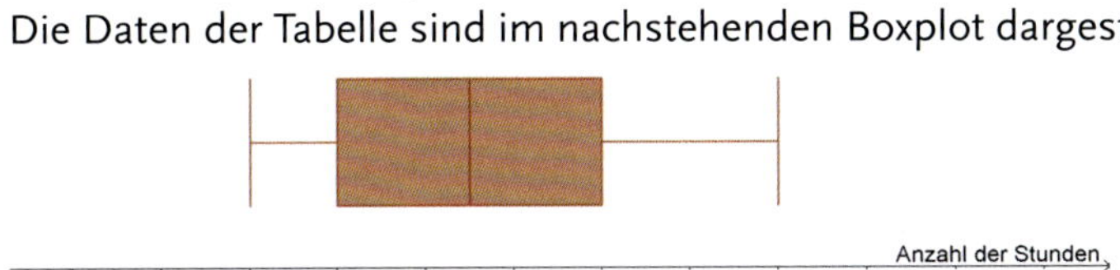

Lesen Sie aus dem Boxplot den Interquartilsabstand ab.

A 5.01 d) Kreuzen Sie die zutreffende Antwort an.

Das arithmetische Mittel ist kleiner als der Median.	☐
Der Median würde sich vergrößern, wenn das Kind mit der Nummer 6 statt 8 Stunden 10 Stunden das Smartphone benützt hätte.	☐
Das arithmetische Mittel würde sich vergrößern, wenn das Kind mit der Nummer 6 statt 8 Stunden 10 Stunden das Smartphone benützt hätte.	☐
Die Spannweite der Nutzungsdauer beträgt 8.	☐
Das dritte Quartil beträgt 7.	☐

A 5.02 **Bruttogehälter**

A B C
5.1
5.2

Eine Firma zahlt ihren 10 Angestellten folgende Bruttogehälter:
€ 1.450, € 1.550, € 1.600, € 1.650, € 1.650, € 1.800, € 2.000, € 2.050, € 2.450, € 2.750

a) Berechnen Sie das arithmetische Mittel, den Median und die Standardabweichung der Bruttogehälter.

b) Die beiden Angestellten mit den niedrigsten Bruttogehältern erhalten eine Gehaltserhöhung auf ein Mindestgehalt von 1.600 Euro.
Kreuzen Sie jene statistische Kennzahl an, die sich in Bezug auf die Bruttogehälter aller Angestellten der Firma durch die Gehaltserhöhung nicht ändert.

Arithmetisches Mittel	☐	Spannweite	☐
Median	☐	Standardabweichung	☐
Modus	☐		

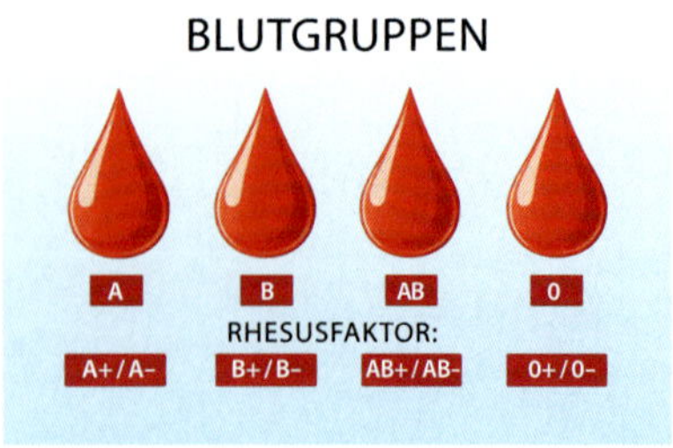

A 5.03 **Blutgruppen**

A B C D
5.1
5.2

Die nachstehende Tabelle zeigt die relativen Häufigkeiten der Blutgruppen für Österreich und Deutschland.

Blutgruppe	0	A	B	AB
Österreich	37 %	41 %	15 %	7 %
Deutschland	41 %	43 %	11 %	5 %

a) Jemand behauptet anhand der gegebenen Tabelle, dass die Blutgruppe 0 in Österreich und Deutschland zusammen einer relativen Häufigkeit von $\frac{37\,\% + 41\,\%}{2} = 39\,\%$ entspricht.
Argumentieren Sie, ob diese Aussage richtig ist.

b) Erstellen Sie ein Säulendiagramm für die relativen Häufigkeiten der Blutgruppen in Österreich mit exakter Beschriftung der Achsen.

c) Erstellen Sie ein Kreisdiagramm für die relativen Häufigkeiten der Blutgruppen in Deutschland.

A 5.04 **Fußballtore**

A B C
5.1
5.2

In der österreichischen Bundesliga werden die Ergebnisse aller Spiele ausgewertet. Über einen gewissen Zeitraum wird erfasst, in wie vielen Spielen eine gewisse Anzahl an Toren erzielt wurde.
Die folgende Grafik zeigt das Ergebnis dieser Auswertung.

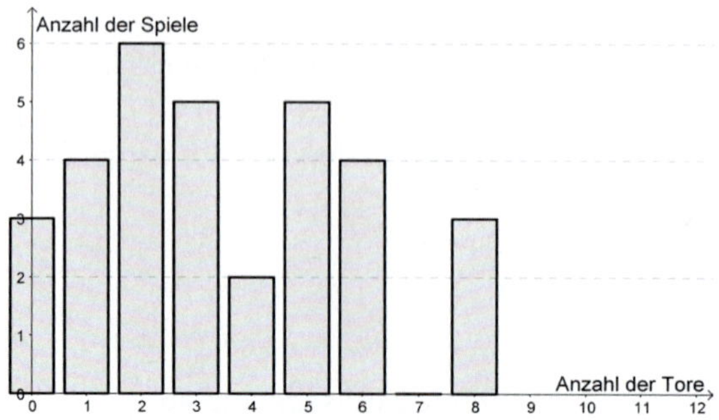

a) Ermitteln Sie das arithmetische Mittel und die Standardabweichung aus den Daten der Grafik.

b) Erstellen Sie das Boxplot-Diagramm für diesen Sachverhalt. Berechnen Sie den Interquartilsabstand.

A 5.05 **Eignungstest**

B C D
5.1
5.2

Bei einem Eignungstest konnten 100 Punkte erreicht werden.
60 Bewerberinnen haben an diesem Test teilgenommen.
Nach dem Eignungstest wurde das Ergebnis im nachstehenden Boxplot-Diagramm dargestellt.

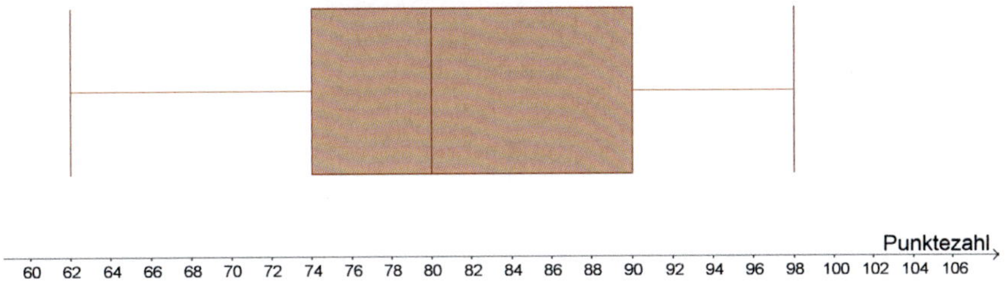

a) Lesen Sie den Median, die Spannweite und den Interquartilsabstand aus dem Boxplot-Diagramm ab.

b) Ordnen Sie den beiden Zahlenwerten jeweils den passenden Buchstaben zu.

15	
80	

A	Größe des Interquartilsabstands
B	Punkteanzahl, die von der Hälfte der Bewerberinnen erreicht wird.
C	Prozentanteil der Bewerberinnen, die die Hälfte der Punkte erreicht haben.
D	Anzahl der Bewerberinnen, die höchstens 74 Punkte erreicht haben.

c) Ergänzen Sie die Textlücken im folgenden Satz durch Ankreuzen der jeweils richtigen Satzteile, sodass eine korrekte Antwort entsteht.

____➊____ der Bewerberinnen haben ____➋____ erreicht.

①	
Mindestens 25 %	☐
Mehr als 25 %	☐
Genau 25 %	☐

②	
genau 90 Punkte	☐
mindestens 90 Punkte	☐
mehr als 90 Punkte	☐

A 5.06 **Schulweg**

A B C D
5.1
5.2

In einer Schule wurde erhoben, welches Verkehrsmittel die Schülerinnen für ihren Schulweg benutzen.

Verkehrsmittel	Zu Fuß	Bus	Privat-Pkw	Zug
Anzahl der Schülerinnen	115	225	70	130

a) Die Schulsprecherin behauptet: „Mehr als 40 Prozent unserer Schülerinnen kommen mit dem Bus zur Schule".
Überprüfen Sie diese Behauptung.

b) Stellen Sie die erhobenen Daten in einem Säulendiagramm dar.

c) Stellen Sie die relativen Häufigkeiten der benutzten Verkehrsmittel in einem Kreisdiagramm dar.

A 5.07 Kundenzufriedenheit
B C
5.3

Der Betreiber einer Kantine erhebt die Zufriedenheit seiner Kunden.
In nachstehender Tabelle ist das Ergebnis der Befragung zusammengefasst.

Zufriedenheit	Vegetarier	Kein Vegetarier	Summe
Sehr zufrieden	15	147	162
Wenig zufrieden	13	74	87
Nicht zufrieden	6	29	35
Summe	**34**	**250**	**284**

a) Berechnen Sie die Wahrscheinlichkeit, dass eine zufällig befragte Person mit der Kantine sehr zufrieden ist.

b) Berechnen Sie die Wahrscheinlichkeit, dass eine zufällig befragte Person Vegetarier ist und mit der Kantine nicht zufrieden ist.

A 5.08 Schwarzfahrer
B C
5.4

Martin kontrolliert für ein Verkehrsunternehmen die Tickets der Fahrgäste. Er behauptet, bereits am Verhalten eines Fahrgastes erkennen zu können, ob es sich um einen Schwarzfahrer handelt. Allerdings unterlaufen ihm dabei auch Fehler.

Im nachstehenden Baumdiagramm ist die Situation mit entsprechenden Wahrscheinlichkeiten dargestellt.

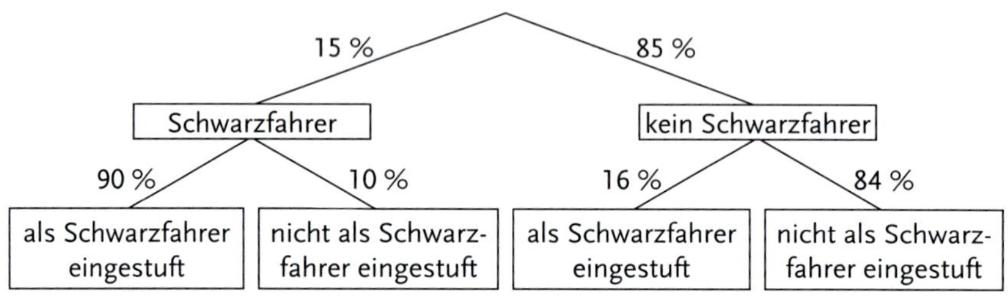

a) Berechnen Sie die Wahrscheinlichkeit, dass ein Schwarzfahrer von Martin als Schwarzfahrer eingestuft wird.

b) Martin steigt in einen Bus mit 45 Fahrgästen ein. Er nimmt an, dass der oben dargestellte Ereignisbaum Gültigkeit hat und rechnet:
$0{,}15 \cdot 0{,}9 \cdot 45 + 0{,}85 \cdot 0{,}16 \cdot 45 \approx 12$
Beschreiben Sie, was Martin berechnet.

A 5.09 Faschingskrapfen
A B
5.4

Irene hat für eine Kindergeburtstagsfeier 20 Faschingskrapfen gebacken. 16 Stück sind mit Vanillecreme und 4 Stück sind mit Marillenmarmelade gefüllt.

Drei Kinder nehmen zufällig hintereinander jeweils einen Krapfen.

a) Erstellen Sie ein vollständiges Baumdiagramm mit den zugehörigen Wahrscheinlichkeiten für die Füllung der drei gezogenen Krapfen.

Es soll die Wahrscheinlichkeit berechnet werden, dass unter den drei gezogenen Krapfen genau ein mit Marillenmarmelade gefüllter Krapfen ist.

b) Markieren Sie in Ihrem Baumdiagramm alle Äste, die man zur Berechnung der Wahrscheinlichkeit dieses Ereignisses benötigt.

c) Berechnen Sie die Wahrscheinlichkeit für dieses Ereignis.

A 5.10 Kantine
B C
5.4

Eine große Firma bietet ihren Angestellten in der firmeneigenen Kantine Mittagsmenüs an. Die Angestellten können zwischen drei Menüs A, B und C und zwei Nachspeisen, Kuchen und Obst, wählen.

Das nachfolgende Baumdiagramm zeigt, wie sich die Angestellten erfahrungsgemäß entscheiden.

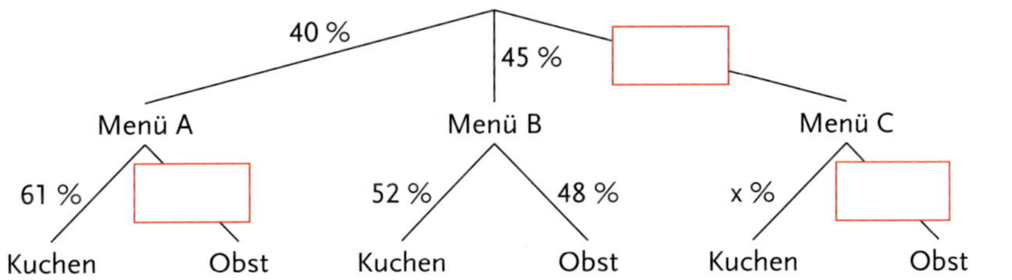

a) Ergänzen Sie mithilfe der Pfadregeln die im Diagramm fehlenden Wahrscheinlichkeiten.

b) Insgesamt wählen 52,3 % aller Angestellten Kuchen als Nachspeise. Berechnen Sie x.

c) Berechnen Sie die Wahrscheinlichkeit, dass ein zufällig ausgewählter Angestellter sich für Menü A oder Menü B entscheidet und dann den Kunden wählt.

A 5.11 **Menü**
A C
5.4

15 % aller Kantinenbesucher essen vegetarisch.

An einem Tag ist eine Zutat des vegetarischen Menüs verdorben. Der Verzehr dieses Menüs führt bei 80 % aller Personen, die das Menü essen, zu einer Magenverstimmung.

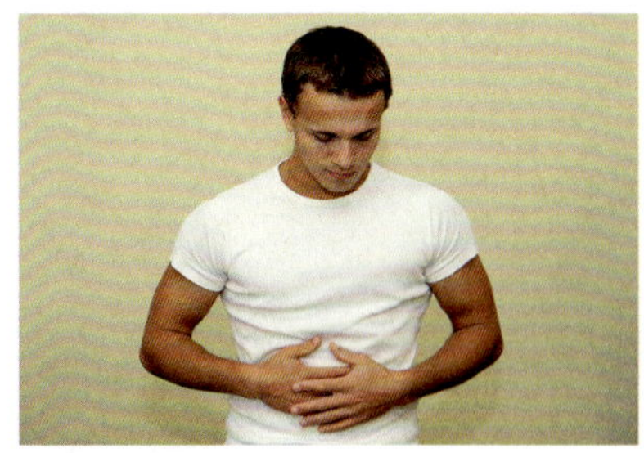

a) Berechnen Sie die Wahrscheinlichkeit, dass ein beliebig gewählter Angestellter das vegetarische Menü wählt und sich eine Magenverstimmung zuzieht.

b) Eine Gruppe von 3 Angestellten isst in der Kantine.
Berechnen Sie die Wahrscheinlichkeit, dass mindestens einer der drei an einer Magenverstimmung erkrankt.

c) In den unten stehenden Baumdiagrammen sind Pfade rot markiert.
Ordnen Sie den Baumdiagrammen jeweils das entsprechende Ereignis A, B, C oder D zu.

M Magenverstimmung

$\overline{M}$ keine Magenverstimmung

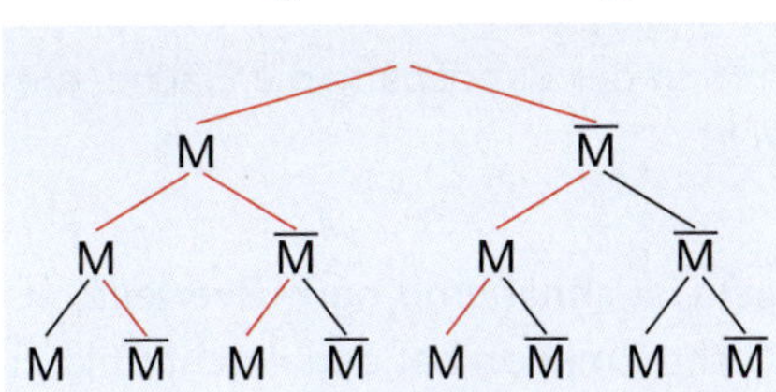

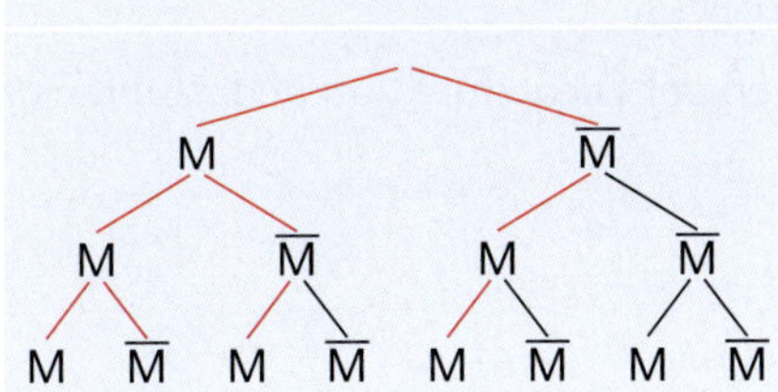

A	Mehr als zwei Angestellte erkranken.
B	Mindestens zwei Angestellte erkranken.
C	Höchstens zwei Angestellte erkranken.
D	Genau zwei Angestellte erkranken.

A 5.12 **Kirschkompott**
B C
5.5

Ein Hersteller von Kirschkompott weiß aus Erfahrung, dass 3 % der abgefüllten Gläser Kirschkerne enthalten.

a) Zur Kontrolle der Produktion werden in regelmäßigen Abständen 200 Stück der abgefüllten Gläser entnommen und überprüft. Enthalten mehr als 10 Gläser Kerne, wird die Produktion gestoppt und die Maschine zum Entkernen der Kirschen neu eingestellt.
Berechnen Sie die Wahrscheinlichkeit, mit der dies der Fall ist.

b) Ein Wirt kauft 20 Gläser Kirschkompott.
Beschreiben Sie ein Ereignis E, dessen Wahrscheinlichkeit mit dem folgenden Ausdruck berechnet wird.

$$P(E) = 1 - \binom{20}{0} \cdot 0{,}03^0 \cdot 0{,}97^{20} - \binom{20}{1} \cdot 0{,}03^1 \cdot 0{,}97^{19}$$

Stochastik

A 5.13 Vegetarisches Menü

B C D 5.5

Aus Erfahrung weiß man, dass 15 % der Besucher eines Restaurants ein vegetarisches Menü wählen. An einem Tag kommen 150 Personen zum Mittagessen. Es wurden 30 vegetarische Menüs vorbereitet.

a) An diesem Tag werden mehr vegetarische Menüs nachgefragt als vorbereitet sind.

Der Restaurantbetreiber überlegt: „$150 \cdot 0{,}15 = 22{,}5$. Ich habe sogar 30 Menüs vorbereitet. Eigentlich müsste damit die Nachfrage vollständig gedeckt sein."

Erklären Sie, warum die Überlegung des Kantinenbetreibers nicht stimmt.

b) Berechnen Sie die Wahrscheinlichkeit, dass die vorbereiteten 30 vegetarischen Menüs ausreichen.

Das Restaurant hat 240 Tage im Jahr geöffnet.

Erklären Sie, an wie vielen Tagen die 30 vorbereiteten vegetarischen Menüs erwartungsgemäß nicht ausreichend sind.

c) Beschreiben Sie jenes Ereignis, dessen Wahrscheinlichkeit mit folgendem Ausdruck berechnet wird.

$$P(E) = 1 - \sum_{k=0}^{29} \binom{150}{k} \cdot 0{,}15^k \cdot 0{,}85^{150-k}$$

Zu Aufgabe A 5.14 b)

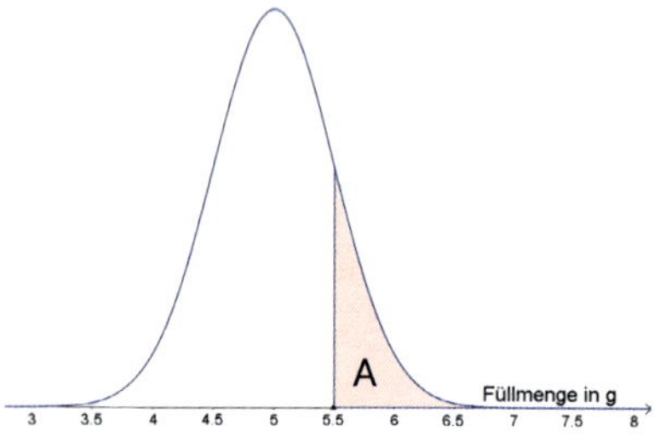

A 5.14 Marmeladefüllung

B C D 5.6

Die Füllmenge an Marmelade in maschinell hergestellten Faschingskrapfen ist annähernd normalverteilt mit dem Erwartungswert $\mu = 5$ g und der Standardabweichung $\sigma = 0{,}5$ g.

Im Diagramm in der Randspalte ist der Graph der zugehörigen Dichtefunktion dargestellt.

a) Beschreiben Sie jenes Ereignis, dessen Wahrscheinlichkeit im Graphen durch den Inhalt der Fläche A markiert wurde.

b) Berechnen Sie die Wahrscheinlichkeit dieses Ereignisses.

c) Beschreiben Sie jenes Ereignis, dessen Wahrscheinlichkeit mit dem Ausdruck $(0{,}5 - A) \cdot 2$ berechnet wird.

d) Markieren Sie im Diagramm in der Randspalte die Fläche, die dem Ausdruck $(0{,}5 - A) \cdot 2$ entspricht.

A 5.15 Zahnpasta

A C D 5.6

Die Abfüllmenge von Zahnpasta ist annähernd normalverteilt.

Der Graph der zugehörigen Dichtefunktion hat den Hochpunkt H (77|0,2) und einen Wendepunkt W (75|0,12).

a) Skizzieren Sie den Graphen der Dichtefunktion in das untenstehende Koordinatensystem.

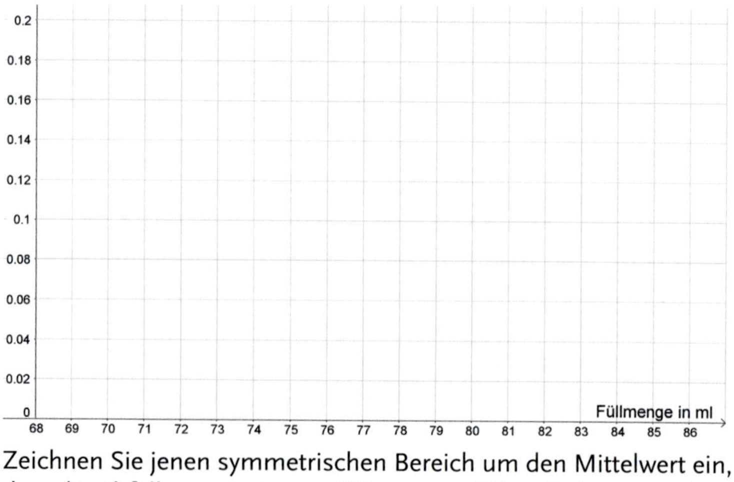

b) Zeichnen Sie jenen symmetrischen Bereich um den Mittelwert ein, in dem die Abfüllmenge einer zufällig ausgewählten Zahnpastatube mit ca. 95,5 % Wahrscheinlichkeit liegt.

Schraffieren Sie die zugehörige Fläche.

c) Im Diagramm in der Randspalte ist der Graph der zugehörigen Verteilungsfunktion F dargestellt.
Markieren Sie im Diagramm die Wahrscheinlichkeit, dass eine zufällig ausgewählte Tube mindestens 78 ml Füllmenge aufweist.

d) Die Einstellung der Abfüllanlage wird geändert. Dadurch verringern sich der Erwartungswert und die Standardabweichung.
Erklären Sie, wie sich dadurch der Graph der Dichtefunktion verändert.

Zu Aufgabe A 5.15 c)

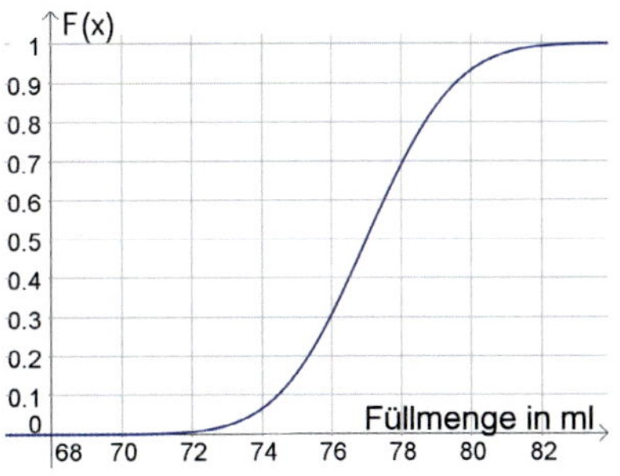

A 5.16 **Beamerlampen**
B C D 5.6

Die Brenndauer von Beamerlampen ist annähernd normalverteilt mit dem Erwartungswert 1 500 Stunden und einer Standardabweichung von 100 Stunden.

a) Berechnen Sie die Wahrscheinlichkeit, dass die Brenndauer einer Beamerlampe unter 1 350 Stunden beträgt.

b) Erklären Sie anhand einer Skizze des Graphen der zugehörigen Dichtefunktion, warum $P(X \leqslant 1\,350) = P(X \geqslant 1\,650)$ ist.

c) Berechnen Sie ein symmetrisches Intervall um den Erwartungswert, in dem die Brenndauer einer Lampe mit einer 95%igen Wahrscheinlichkeit liegt.

d) Die Firma garantiert eine Mindestbrenndauer der Beamerlampen von b Stunden. Beamerlampen mit einer Brenndauer unter b Stunden werden von der Firma kostenlos ersetzt. Die Firma legt die Mindestbrenndauer b so fest, dass maximal 5 % der Produktion betroffen sind.
Berechnen Sie b.

A 5.17 **Flüssigseife**
C D 5.6

Der Seifenhersteller Nevia füllt Flüssigseifen in Seifenspender und in Nachfüllpackungen ab. Die Abfüllmenge in ml ist jeweils näherungsweise normalverteilt.

Im Diagramm in der Randspalte ist der Graph der Dichtefunktion für die Füllmenge der Seifenspender dargestellt.

Zu Aufgabe A 5.17:

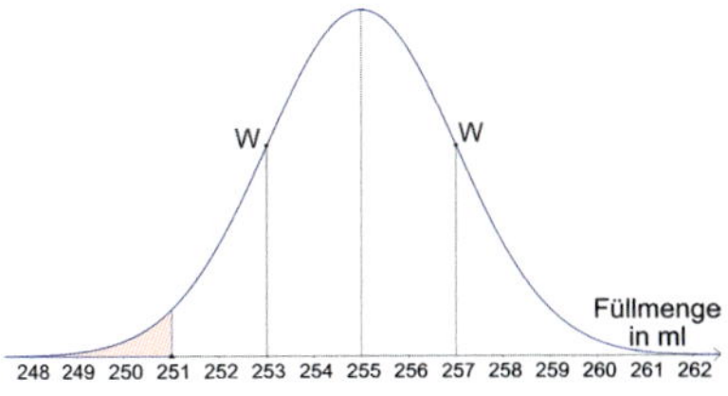

a) Lesen Sie aus dem Graphen den Erwartungswert μ und die Standardabweichung σ der Füllmenge der Seifenspender ab.

b) Beschreiben Sie das Ereignis, dessen Wahrscheinlichkeit durch die markierte Fläche dargestellt wird.

c) Erklären Sie mithilfe der 2σ-Umgebung von μ, warum die eingezeichnete Wahrscheinlichkeit ca. 2,25 % beträgt.

d) Im nachstehenden Diagramm ist der Graph der zugehörigen Verteilungsfunktion dargestellt.

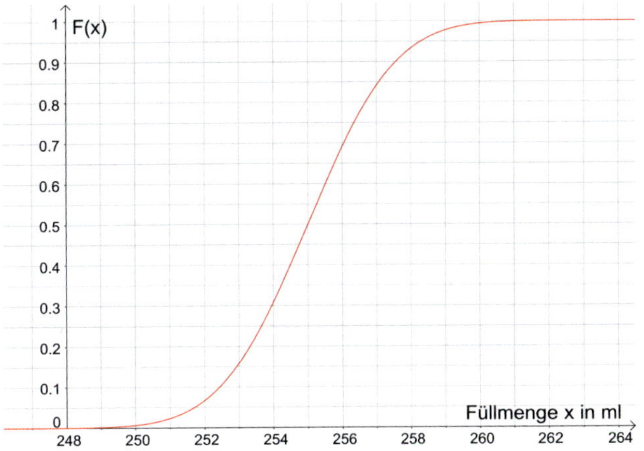

Markieren Sie in dieser Grafik die Wahrscheinlichkeit, dass die Füllmenge eines zufällig gewählten Seifenspenders mindestens 258 ml beträgt. Lesen Sie diese Wahrscheinlichkeit ab.

Stochastik

Zu Aufgabe A 5.18 b)

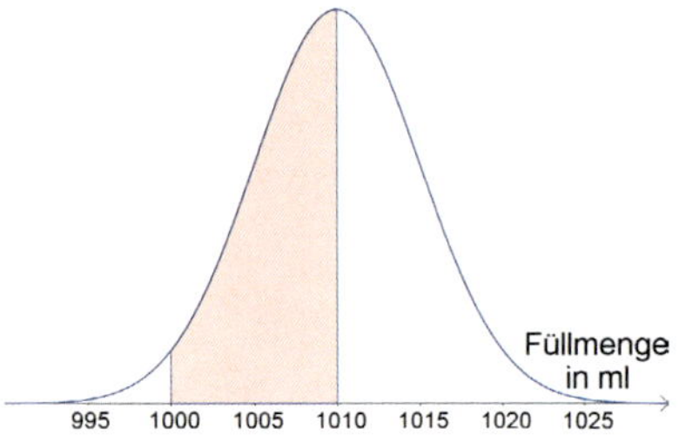

A 5.18 Nachfüllpackungen

B C
5.6

Die Füllmengen von Nachfüllpackungen sind annähernd normalverteilt mit dem Erwartungswert $\mu = 1\,010$ ml und der Standardabweichung $\sigma = 5$ ml.

a) Berechnen Sie jenen symmetrischen Bereich um den Erwartungswert μ, in dem die Füllmenge von 95 % aller Nachfüllpackungen liegt.

b) Im Graphen der Dichtefunktion in der Randspalte ist die Wahrscheinlichkeit eines Ereignisses markiert.
Kreuzen Sie jene Berechnung an, die nicht der markierten Wahrscheinlichkeit entspricht.

$P(1\,000 \leqslant X \leqslant 1\,010)$	☐
$0{,}5 - P(X \leqslant 1\,000)$	☐
$0{,}5 - P(X \geqslant 1\,020)$	☐
$0{,}5 \cdot P(1\,000 \leqslant X \leqslant 1\,020)$	☐
$1 - 0{,}5 \cdot P(1\,000 \leqslant X \leqslant 1\,020)$	☐

c) Ergänzen Sie die Textlücken im folgenden Satz durch Ankreuzen der jeweils richtigen Satzteile, sodass eine korrekte Antwort entsteht.
Der Graph der Dichtefunktion einer normalverteilten Zufallsvariable wird bei ___❶___ Maximalwert breiter, wenn sich ___❷___.

①	
gleichbleibendem	☐
erhöhtem	☐
verringertem	☐

②	
μ erhöht	☐
σ erhöht	☐
σ verringert	☐

A 5.19 Bolzen

A D
5.6

Eine Firma stellt Bolzen her. Die Länge der Bolzen kann als annähernd normalverteilt angenommen werden.
Im Laufe der Produktion vergrößert sich bei gleichbleibendem σ der ursprüngliche Erwartungswert μ.
In der untenstehenden Abbildung ist der Graph der Dichtefunktion für den ursprünglichen Erwartungswert dargestellt.

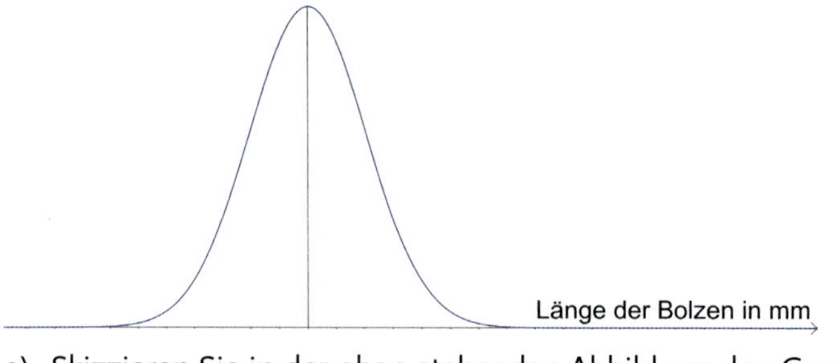

a) Skizzieren Sie in der oben stehenden Abbildung den Graphen der Dichtefunktion mit dem geänderten Erwartungswert bei unveränderter Standardabweichung.

b) Beschreiben Sie, wie sich der Prozentanteil der zu langen Bolzen durch die Vergrößerung des Erwartungswerts ändert, wenn weiterhin die ursprünglichen Grenzen für den Ausschuss nicht überschritten werden dürfen.

Deskriptor	Formulierung des Deskriptors: Inhalt und Handlung
B_P_5.1	bei anwendungsbezogenen Aufgabenstellungen mithilfe von Ausgleichsfunktionen/Regressionsfunktionen (Polynomfunktionen bis Grad 4, Exponentialfunktionen, Logarithmusfunktionen) mittels Technologieeinsatz modellieren, im Sachzusammenhang interpretieren und damit argumentieren; den Korrelationskoeffizienten nach Pearson bestimmen und im Sachzusammenhang interpretieren
B_P_5.2	den Begriff der Zufallsvariablen verstehen und anwenden; Verteilungsfunktion und Kenngrößen (Erwartungswert und Varianz) einer diskreten Zufallsvariablen bestimmen, interpretieren und damit argumentieren

Begriffe:
Punktwolke
Trendlinie, Trendgerade, Regressionsgerade
Zufallsgröße

Aufgabenstellungen – Teil B

B 5.01 **Kinderunfälle**

A B C D
P 5.1

Statistik Austria erfasst seit vielen Jahren das Unfallgeschehen mit Kindern (0 bis 14 Jahre).
Die nachstehende Tabelle zeigt die Entwicklung der Unfälle mit Kindern von 1995 bis 2015 in Österreich.

Jahr	1995	2000	2005	2010	2015
Kinderunfälle	4 069	3 886	3 273	2 669	2 387

Quelle: Statistik Austria

a) Stellen Sie die gegebenen Daten in einem Streudiagramm dar.
b) Erstellen Sie eine lineare Regressionsfunktion für die Unfälle mit Kindern in Abhängigkeit von der Zeit in Jahren ab 1995.
(Wählen Sie dabei für das Jahr 1995 den Zeitpunkt $t = 0$.)
c) Ermitteln Sie mithilfe dieser Regressionsfunktion eine Prognose für die Anzahl der Kinderunfälle im Jahr 2020.
d) Interpretieren Sie den Wert der Steigung der Regressionsgeraden im gegebenen Sachzusammenhang.
e) Ermitteln Sie den Korrelationskoeffizienten.
Erklären Sie die Bedeutung des Vorzeichens des Korrelationskoeffizienten.

B 5.02 **Liegekonstruktion**

A B C D
P 5.1

Die Form einer Liege ist mit 6 Punkten vorgegeben, die für die Konstruktion als Richtwert dienen.
Die Koordinaten der Punkte sind: A(–7|2), B(–5|1,8), C(–3|0,8), D(0|0), E(1|0,5), F(3|3,5)

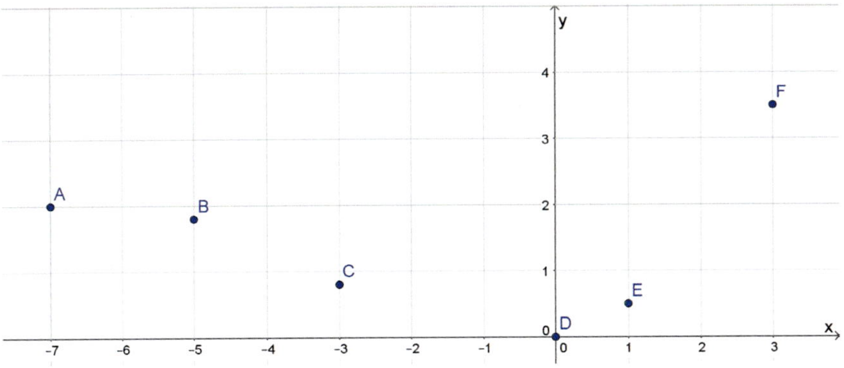

Für die Konstruktion sollen diese 6 Punkte durch eine Funktion angenähert werden.

a) Nähern Sie die 6 Punkte durch eine Funktion dritten Grades an.
Stellen Sie die Funktion im vorgegebenen Koordinatensystem grafisch dar.
b) Begründen Sie, warum eine Funktion dritten Grades sinnvoll ist.

Stochastik

Ein Spiel mit dem Erwartungswert $E(X) = 0$ heißt faires Spiel.

Im 17. Jahrhundert gelangte die holländische Lotterie in den deutschsprachigen Raum.

Aus dem niederländischen Begriff „niet" für nichts für ein Los ohne Gewinn wurde das deutsche Wort „Niete".

Zu Aufgabe B 5.06

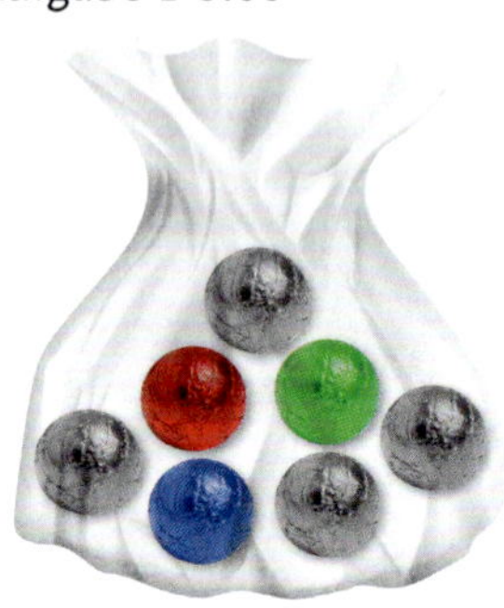

B 5.03 Staatsausgaben

A B D
P 5.1

Die folgende Tabelle zeigt die Staatsausgaben Österreichs in den Jahren 2015 bis 2018. (Quelle: Statistik Austria)

Jahr	2015	2016	2017	2018
Staatsausgaben in Mrd. Euro	176,07	179,094	181,897	187,648

a) Erstellen Sie eine lineare Regressionsfunktion f mit $f(t) = a \cdot t + b$ für die Staatsausgaben in Abhängigkeit von der Zeit in Jahren ab 2015. (Wählen Sie $t = 0$ für das Jahr 2015).

b) Interpretieren Sie den Wert des Koeffizienten a der Regressionsfunktion im Sachzusammenhang.

c) Ermitteln und interpretieren Sie den Korrelationskoeffizienten zwischen den Jahren und den Staatsausgaben.

B 5.04 Tombola

A B D
P 5.2

Bei einer Tombola werden 1 800 Lose verkauft (je 600 Stück in drei Farben). Die Lose einer Farbe sind Nieten und gewinnen nichts. Jedes Los der zweiten Farbe gewinnt einen Sachpreis im Wert von 6 Euro. Von den Losen der dritten Farbe gewinnen fünf einen Hauptpreis im Wert von je 200 Euro, die anderen sind Nieten.

a) Berechnen Sie die Wahrscheinlichkeit für einen Hauptpreis, einen Sachpreis oder eine Niete.

b) Berechnen Sie den Erwartungswert für den Wert eines Loses in Euro.

B 5.05 Verlosung

A B D
P 5.2

Ein Trachtenverein verkauft 1 000 Lose für eine Tombola zum Stückpreis von 2 Euro.

Es gibt genau ein Los mit einem Hauptgewinn im Wert von 200 Euro.
10 Lose gewinnen je einen Gutschein im Wert von 50 Euro. Die restlichen Lose sind Nieten und gewinnen nichts.

a) Erstellen Sie eine Tabelle für die Zufallsvariable X = Höhe des Gewinns mit den zugehörigen Wahrscheinlichkeiten.

b) Ermitteln Sie den erwarteten Gewinn für ein Los.

c) Argumentieren Sie, wie hoch der Lospreis sein muss, damit die Tombola fair ist.

B 5.06 Schokobonbons

A B D
P 5.2

Ein Beutel mit Schokobonbons enthält 4 silberne Bonbons sowie je 1 rotes, 1 blaues und 1 grünes Bonbon.

Es wird ein Bonbon nach dem anderen zufällig aus dem Beutel genommen und nicht zurückgelegt. Dieser Vorgang wird so lange wiederholt, bis ein silbernes Schokobonbon gezogen wird.

Die Zufallsvariable X beschreibt die Anzahl der benötigten Züge, bis ein silbernes Bonbon gezogen wird.

a) Erstellen Sie eine Tabelle mit den möglichen Werten dieser Zufallsvariablen X und den zugehörigen Wahrscheinlichkeiten.

b) Berechnen Sie den Erwartungswert von X.

c) Interpretieren Sie die Bedeutung des Erwartungswertes im gegebenen Sachzusammenhang.

B 5.07 **Kartenspiel**
A B C
P 5.2

Auf dem Tisch liegen verdeckt 5 Spielkarten: 3 Buben und 2 Damen
Anna zieht so lange ohne Zurücklegen Karten, bis sie eine Dame gezogen hat.
Die Zufallsvariable X beschreibt die Anzahl der benötigten Züge, bis eine Dame gezogen wird.

a) Stellen Sie alle möglichen Spielzüge in einem Baumdiagramm dar.
b) Erstellen Sie eine Tabelle mit den Werten der Zufallsvariablen X und den zugehörigen Wahrscheinlichkeiten.
c) Berechnen Sie den Erwartungswert von X.
d) Interpretieren Sie die Bedeutung des Erwartungswertes im gegebenen Sachzusammenhang.

B 5.08 **Bogenschütze**
A B
P 5.2

Ein Bogenschütze trifft sein Ziel mit einer Wahrscheinlichkeit von 80 %.
Er schießt zweimal auf sein Ziel.

a) Zeichnen Sie ein Baumdiagramm mit allen möglichen Treffervarianten.
b) Berechnen Sie den Erwartungswert, die Varianz und die Standardabweichung für die Zufallsvariable.

X = Anzahl der Treffer

B 5.09 **Lotto „6 aus 45"**
B D
P 5.2

Beim Lotto „6 aus 45" werden aus 45 nummerierten Kugeln zufällig 6 Kugeln gezogen.
Die Wahrscheinlichkeitsverteilung für die Zufallsvariable X = Anzahl der Richtigen pro Tipp beim Lotto 6 aus 45 ist in folgender Tabelle (gerundet) gegeben.

x_i	$P(X = x_i)$	$x_i \cdot P(X = x_i)$
0		
1	0,4241	
2	0,1515	
3	0,0224	
4	0,0014	
5	$2{,}9 \cdot 10^{-5}$	
6	$1{,}2 \cdot 10^{-7}$	
Σ	1	

a) Ergänzen Sie die fehlenden Einträge in der Tabelle.
Berechnen Sie den Erwartungswert für die Anzahl der Richtigen.
b) Interpretieren Sie das Ergebnis im Sachzusammenhang.

Zu Aufgabe B 5.10

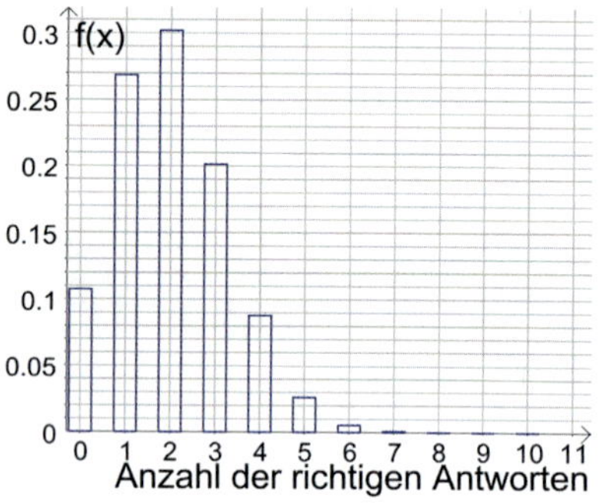

B 5.10 **Multiple-Choice-Test**

B C D P 5.2

Ein Multiple-Choice-Test besteht aus 10 Fragen mit jeweils a Antwortmöglichkeiten, von denen jeweils nur eine Antwort richtig ist.

Jasmin kreuzt die Antworten zufällig an. Die Anzahl X der richtig beantworteten Fragen ist eine Zufallsvariable.

Im Diagramm in der Randspalte ist der Graph der zugehörigen Wahrscheinlichkeitsfunktion dargestellt.

a) Lesen Sie die Wahrscheinlichkeit ab, dass Jasmin keine Frage richtig beantwortet.

b) Markieren Sie im Diagramm die Wahrscheinlichkeit, dass Jasmin mehr als eine, aber weniger als vier der Fragen richtig beantwortet.

Jasmin hat mehr als die Hälfte der Aufgaben falsch beantwortet.

c) Kreuzen Sie jenen Ausdruck an, mit dem die Wahrscheinlichkeit für dieses Ereignis berechnet werden kann.

$P(X > 5)$	
$P(X \leqslant 5)$	
$1 - P(X \geqslant 5)$	
$1 - P(X > 5)$	
$1 - P(X \leqslant 5)$	

d) Lesen Sie die Wahrscheinlichkeit für dieses Ereignis aus dem Diagramm ab.

Der Erwartungswert von X liegt bei 2 richtigen Antworten.

e) Ermitteln Sie die Anzahl a der pro Aufgabe gegebenen Antwortmöglichkeiten.

1 Zahlen und Maße

A 1.01 a) $\frac{150 \text{ Liter}}{0{,}75 \text{ Liter}} = 200$

Es können 200 Flaschen abgefüllt werden.

b) Mit dem Ausdruck wird berechnet, dass 14 Fässer für 2 800 Flaschen Traubensaft benötigt werden.

A 1.02 Die Zahl 925 gibt an, dass die Kette 925 Promille reines Silber enthält.

A 1.03 a) 0,000 003 m

b) 28 000 000 B

c) 50 L

A 1.04 a) $3{,}25 \cdot 10^5$

b) $1{,}7 \cdot 10^{-6}$

c) $1{,}101 \cdot 10^6$

d) $1{,}417 \cdot 10^{-5}$

A 1.05 $1\ t = 1 \cdot 10^6\ g$; $10^6\ g \cdot 3{,}328 \cdot 10^{-7} = 3{,}328 \cdot 10^{-1}\ g = 0{,}3328\ g$; Es sind 0,3328 g Radium enthalten.

A 1.06 a) $\frac{1\,800\,000}{12} = 150\,000$; 150 000 Rohre

b) $150\,000 \cdot 24 \cdot 1\,000\ kg = 3{,}6 \cdot 10^9\ kg$

c) $\frac{55 \cdot 10^9}{2\,200} = 25 \cdot 10^6$; 25 Millionen Haushalte

A 1.07 a) $c = 3 \cdot 10^5\ km/s$

b) $300\,000 \cdot 60 \cdot 60 = 1\,080\,000\,000$

$c = 1{,}08 \cdot 10^9\ km/h$

c) $t = \frac{778 \cdot 10^6\ km}{300\,000\ km/s} \approx 2\,593\ s \approx 43{,}2\ min$

Ja, das Licht von der Sonne erreicht den Jupiter in ca. 43 Minuten.

A 1.08 a) 290,762 Mrd. Euro = $2{,}90762 \cdot 10^{11}$ Euro

8,63 Mio. = $8{,}63 \cdot 10^6$

b) 290,762 Mrd. – 11,843 Mrd. = 278,919 Mrd.

$278{,}919 \cdot i = 11{,}843$

$i = \frac{11{,}843}{278{,}919} \approx 4{,}25\ \%$

2015 betrug der Anstieg der Staatsverschuldung ca. 4,25 Prozent.

c) 1,0058 ist der Zuwachsfaktor.

2015 betrug die Bevölkerungszunahme 0,58 Prozent.

d) gerundet: $\frac{300 \text{ Mrd.}}{9 \text{ Mio.}} \approx 33$ Tausend

A 1.09 Peter hat ein wenig abgenommen. Die Reduktion des Gewichts um 10 % erfolgt von einem höheren Grundwert als die anschließende Zunahme.

Berechnung: $x \cdot 0{,}9 \cdot 1{,}1 = x \cdot 0{,}99$. Das entspricht einer Reduktion von 1 % des ursprünglichen Gewichts.

A 1.10 Der neue Wert der Aktie bleibt gleich.

Berechnung: $x \cdot 0{,}97 \cdot 1{,}05 = x \cdot 1{,}05 \cdot 0{,}97$

A 1.11

Ein Autohändler kalkuliert bei einem Verkaufsgespräch für Gebrauchtwagen immer 20 % Preisnachlass ein. Verteuert er den Gebrauchtwagen vorher um 25 %, macht er keinen Verlust.	☒

Berechnung: $p = 1{,}25 \cdot (1 - 0{,}2) = p \cdot 1{,}25 \cdot 0{,}8 = p$

A 1.12 a) $G_{neu} = G \cdot 1{,}02$; $M_{neu} = M \cdot 1{,}05$

b) Die Vermutung ist falsch. $M = 0{,}3 \cdot G$

$G_{neu} = G \cdot 1{,}02$; $G = \frac{G_{neu}}{1{,}02}$

$M_{neu} = M \cdot 1{,}05 = (0{,}3 \cdot G) \cdot 1{,}05 = 0{,}3 \cdot \frac{G_{neu}}{1{,}02} \cdot 1{,}05 \approx 0{,}3088 \cdot G_{neu}$

Die neue Miete beträgt 30,88 % des neuen Gehalts.

A 1.13 a) Ca. 5 Promille bedeuten 1.300 Euro.

Die Versicherungsprämie wird etwas geringer als 1.300 Euro sein.

b) $260\,000 \cdot 4{,}75\ ‰ = 1\,235$

Der Betrag von 1.200 Euro ist nicht ausreichend.

c) Berechnet wird der Promillesatz der Versicherungssumme für 1.200 Euro Prämie.

B 1.01 a) Die Menge aller Kunden, die sowohl Bücher als auch Schuhe, aber keine Elektro- und Elektronikgeräte online bestellen.

$M = (B \cap S) \setminus E$

b)

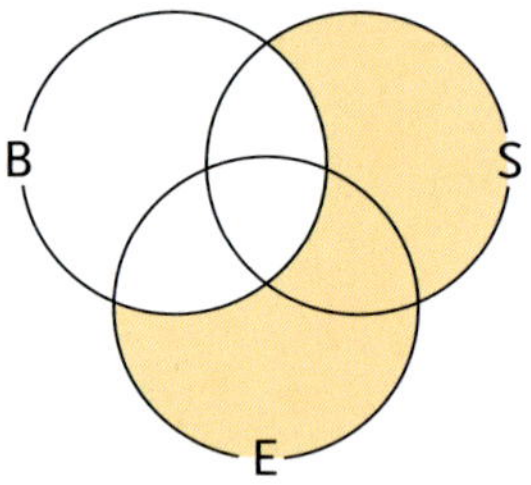

B 1.02 a)

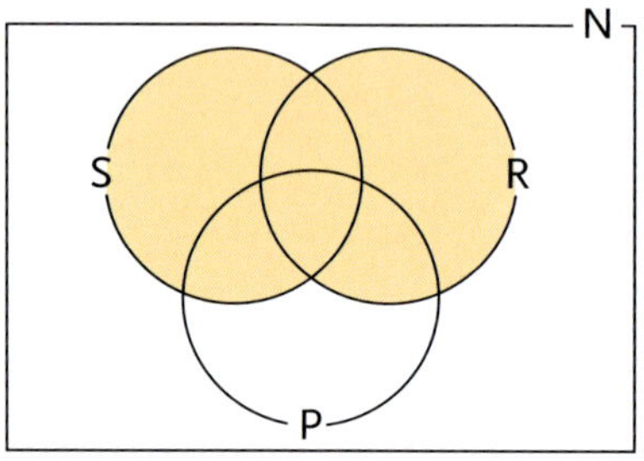

b) $R \cap P$ bezeichnet die Menge jener Landwirte, die sowohl Rinder als auch Pferde züchten.

c) $N \setminus (S \cup R \cup P)$

B 1.03 a)

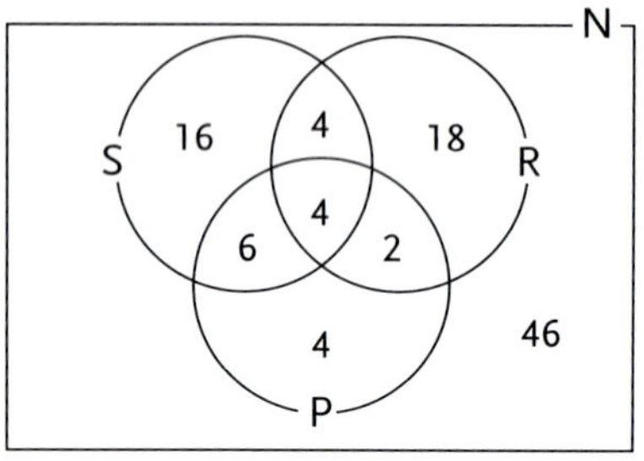

b) 16 Viehzüchter züchten nur Schafe.

$16 + 4 + 18 = 38$ 38 Viehzüchter züchten nur eine der angeführten Tierarten.

$100 - 54 = 46$ 46 Viehzüchter züchten keine der angeführten Tierarten.

B 1.04 a)

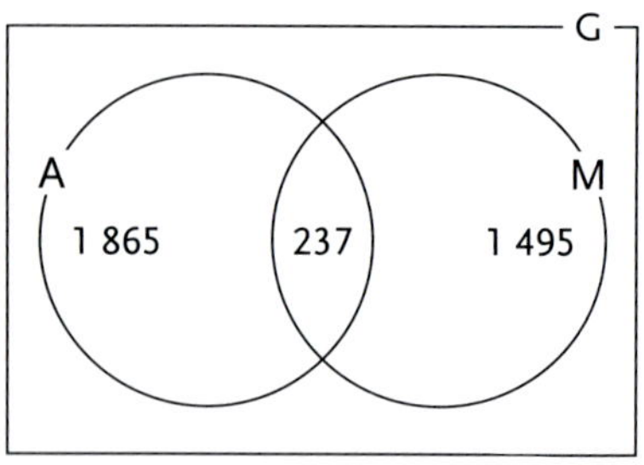

b) 1 865 c) 1 495 d) $4\,130 - (1\,865 + 237 + 1\,495) = 533$

B 1.05 a) Menge der Kinder, die sowohl Legasthenie als auch Dyskalkulie haben

b) Menge der Kinder, die Legasthenie oder Dyskalkulie oder beides haben

c) Menge der Kinder, die Legasthenie, aber nicht Dyskalkulie haben

B 1.06 a)

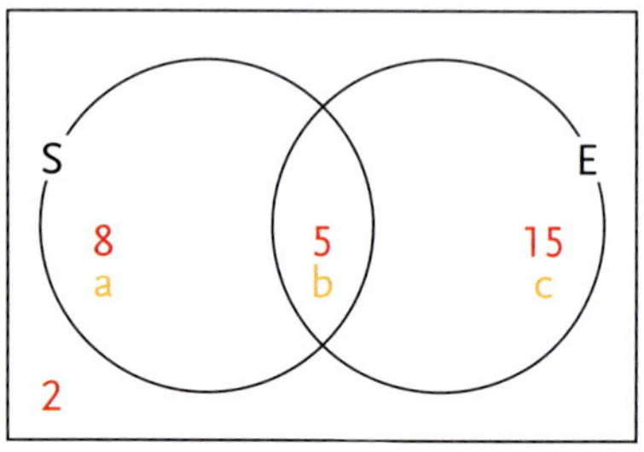

Lösungsansatz mit Gleichungen:

$a + b + c = 28$ $(28 = 30 - 2)$

$a + b = 13$ $13 + c = 28 \Leftrightarrow c = 15$

$b + c = 20$ $a + 20 = 28 \Leftrightarrow a = 8$

$b = 28 - 8 - 15 = 5$

b) $i = \frac{5}{30} \approx 0{,}1667 \approx 16{,}7\,\%$

Ca. 16,7 % der Bewerber/innen sprechen beide Sprachen.

2 Algebra und Geometrie

A 2.01 a) Durch den Term werden die Kosten für den Belag von drei Pizzen beschrieben.
b) Der Term gibt die Kosten für Schinken und Käse für eine Pizza an.
c) Der Term gibt die Kosten für den Belag einer Pizza an.

A 2.02 a) Gewinn: $G = 4 \cdot x - 6 \cdot (300 - x) = 10 \cdot x - 1\,800$
b) Der maximale Gesamtgewinn ist 1.200 Euro. Alle Plätze werden verkauft ($x = 300$).
Der maximale Verlust ist 1.800 Euro. Kein Platz wird verkauft ($x = 0$).

A 2.03 a) $s = v \cdot \frac{t}{60}$, b) $s = v \cdot \frac{t}{60} \cdot 1\,000 = v \cdot \frac{50 \cdot t}{3}$

A 2.04 a) $kg/dm^3 = 1\,000\ g/1\,000\ cm^3 = g/cm^3$
b) $m = (137{,}5^2 - 135^2) \cdot \pi \cdot 1\,200 \cdot 7{,}9 \approx 2{,}029 \cdot 10^7$, die Masse beträgt ca. $2 \cdot 10^7$ g.
Dies entspricht ca. 20 t, d. h., die Behauptung ist richtig.

A 2.05 a) $P = K \cdot \left(1 + \frac{g}{100}\right) \cdot 1{,}2$
b) Die Gewinnspanne beträgt 80 %.
c) $15{,}37 \cdot 1{,}6 \cdot 1{,}2 \cdot x = 28{,}92$; $x \approx 0{,}98$, d. h. 2 % Skonto

A 2.06 a) $\sqrt{\frac{L}{g}} = \left(\frac{L}{g}\right)^{\frac{1}{2}}$

b)

①	
verdoppelt	☒
halbiert	☐
vervierfacht	☐

②	
verdoppelt	☐
halbiert	☐
vervierfacht	☒

c) $L = \left(\frac{T}{2 \cdot \pi}\right)^2 \cdot g$

d) $T_{neu} = 3 \cdot T$

$L_{neu} = \left(\frac{T_{neu}}{2 \cdot \pi}\right)^2 \cdot g = \left(\frac{3 \cdot T}{2 \cdot \pi}\right)^2 \cdot g = 9 \cdot \left(\frac{T}{2 \cdot \pi}\right)^2 \cdot g = 9 \cdot L$

Die Länge des Pendels muss verneunfacht werden, Faktor = 9.

e) $T(1) = 2 \cdot \pi \cdot \sqrt{\frac{1}{9{,}81}} \approx 2$

f)

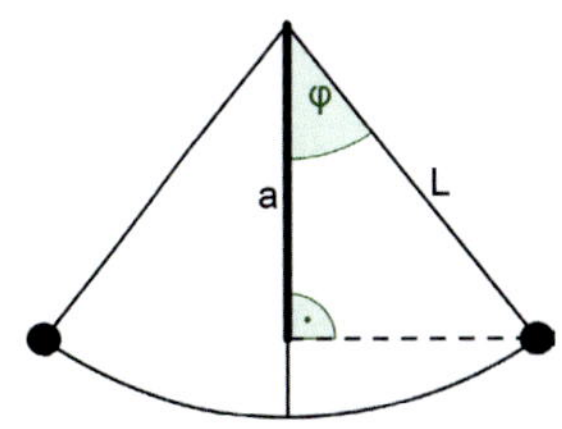

A 2.07 a) $3{,}7 = \log_{10}\left(\frac{x \cdot A_0}{A_0}\right)$; $x = 10^{3,7} \approx 5\,000$
Der maximale Amplitudenausschlag ist das ca. 5 000-fache von A0.

b) $M + 1 = \log_{10}\left(\frac{A_{max}}{A_0}\right) + 1 = \log_{10}\left(\frac{A_{max}}{A_0}\right) + \log_{10}(10) = \log_{10}\left(\frac{10 \cdot A_{max}}{A_0}\right)$

c) $M = \frac{\ln(A_{max}) - \ln(A_0)}{\ln(10)} = \frac{\ln(A_{max})}{\ln(10)} - \frac{\ln(A_0)}{\ln(10)} = \lg(A_{max}) - \lg(A_0) = \lg\left(\frac{A_{max}}{A_0}\right)$

d) $M - 2 = \log_{10}\left(\frac{A_{max}}{A_0}\right) - 2 = \log_{10}\left(\frac{A_{max}}{A_0}\right) - \log_{10}(10^2) = \log_{10}\left(\frac{A_{max}}{A_0}\right) - \log_{10}(100) = \log_{10}\left(\frac{A_{max}}{100 \cdot A_0}\right)$

Der maximale Ausschlag des Nachbebens beträgt ein Hundertstel des maximalen Ausschlags des ursprünglichen Bebens.

A 2.08 $0{,}1 \cdot G + \frac{G}{4} + 500 + 800 = G$
Ihr Gehalt beträgt 2.000,00 Euro.

A 2.09 $t_P = t_S - 15$; $v_P = 1{,}5 \cdot v_S$
$v_P \cdot t_P = v_S \cdot t_S \Leftrightarrow 1{,}5 \cdot v_S \cdot (t_S - 15) = v_S \cdot t_S \Leftrightarrow 1{,}5 \cdot (t_S - 15) = t_S \Leftrightarrow t_S = 45$
Sandra braucht 45 Minuten.

A 2.10 a) Es sind drei Mal so viel rote wie blaue Bausteine in der Box.
b) $r = g + 5$

A 2.11 $s = 2 \cdot b$

A 2.12 a) $3\,000 = x \cdot 1{,}2$ oder $3\,000 = x + 0{,}2 \cdot x$
b) $G \cdot 0{,}97 = 2\,500$

A 2.13 $1\,500 \cdot 1{,}02 \cdot 0{,}99 = K$

A 2.14

D	$3 \cdot t + 8 \cdot (t - 0{,}5) = 16$	☒

A 2.15 a) Oberfläche der Erde: $O \approx 4 \cdot 6\,370^2 \cdot \pi \approx 5{,}1 \cdot 10^8$; $O \approx 5{,}1 \cdot 10^8\ km^2$
Anteil der Wasserfläche: $\frac{3{,}6 \cdot 10^8}{5{,}1 \cdot 10^8} \approx 0{,}7$, ca. 70 % der Erdoberfläche sind mit Wasser bedeckt.
b) $r = \sqrt[3]{\frac{1{,}4 \cdot 10^9 \cdot 3}{4 \cdot \pi}} \approx 694$, der Radius der Wasserkugel beträgt ca. 694 km.
c) Da das Volumen der Kugel mit der dritten Potenz des Radius zunimmt,
wächst das Volumen um den Faktor $9^3 = 729$.

A 2.16 a) $A_{Halbkreis} = \frac{1}{2} \cdot r^2 \cdot \pi$

$A_{Kreis} = \left(\frac{d}{2}\right)^2 \cdot \pi$

$A = A_{Halbkreis} - A_{Kreis} = \frac{1}{2} \cdot r^2 \cdot \pi - \left(\frac{d}{2}\right)^2 \cdot \pi$

b) $A_{Halbkreis} = \frac{1}{2} \cdot r^2 \cdot \pi$

$d_{Kreis} = r_{Halbkreis} - 5 = r - 5$

$A_{Kreis} = \left(\frac{r-5}{2}\right)^2 \cdot \pi$

$A = A_{Halbkreis} - A_{Kreis} = \frac{1}{2} \cdot r^2 \cdot \pi - \left(\frac{r-5}{2}\right)^2 \cdot \pi = \frac{1}{2} \cdot r^2 \cdot \pi - \frac{1}{4} \cdot r^2 \cdot \pi + \frac{10}{4} \cdot r \cdot \pi - \frac{25}{4} \cdot \pi = \frac{1}{4} \cdot r^2 \cdot \pi + \frac{10}{4} \cdot r \cdot \pi - \frac{25}{4} \cdot \pi = \frac{1}{4} \cdot \pi \cdot (r^2 + 10 \cdot r - 25)$

c) $d_{neu} = d_{alt} \cdot 0{,}7$

$A_{neuKreis} = \left(\frac{d_{neu}}{2}\right)^2 \cdot \pi = \left(\frac{d_{alt} \cdot 0{,}7}{2}\right)^2 \cdot \pi = \left(\frac{d_{alt}}{2}\right)^2 \cdot \pi \cdot 0{,}7^2 = A_{altKreis} \cdot 0{,}7^2$

$A_{neuKreis} = A_{altKreis} \cdot 0{,}49 = A_{altKreis} \cdot (1 - 0{,}51)$

Die neue Kreisfläche ist um 51 % kleiner als die alte Kreisfläche.

A 2.17 a) $V_{Kugel} = \frac{4}{3} \cdot r^3 \cdot \pi \quad \text{mit } r = \frac{d}{2}$

$V_{Kugel} = \frac{4}{3} \cdot \left(\frac{d}{2}\right)^3 \cdot \pi = \frac{4}{3} \cdot \frac{d^3}{8} \cdot \pi = \frac{1}{6} \cdot d^3 \cdot \pi$

$\rho = \frac{m}{V} = \frac{m}{\frac{1}{6} \cdot d^3 \cdot \pi} = \frac{6 \cdot m}{d^3 \cdot \pi}$

b) $d = 40\text{ mm} = 4\text{ cm}$

$\rho = \frac{6 \cdot m}{d^3 \cdot \pi} = \frac{6 \cdot 101}{4^3 \cdot \pi} \approx 3{,}01\ \frac{g}{cm^3}$

c) E) $3{,}2\ \frac{kg}{dm^3}$

d_1) kleine Kugel: $d_{klein} = d;\ V_{kleine\ Kugel} = \frac{1}{6} \cdot d^3 \cdot \pi$

große Kugel: $d_{groß} = 2 \cdot d$

$V_{große\ Kugel} = \frac{1}{6} \cdot {d_{groß}}^3 \cdot \pi = \frac{1}{6} \cdot (2 \cdot d)^3 \cdot \pi = \frac{1}{6} \cdot 8 \cdot d^3 \cdot \pi$

$V_{große\ Kugel} = 8 \cdot \frac{1}{6} \cdot d^3 \cdot \pi = 8 \cdot V_{kleine\ Kugel}$

Die Aussage von Daniel ist falsch. Die größere Kugel hat das 8-fache Volumen der kleineren Kugel.

d_2) $V_{kleine\ Kugel} \cdot (1 + i) = V_{große\ Kugel}$

$V_{kleine\ Kugel} \cdot (1 + i) = 8 \cdot V_{kleine\ Kugel} \quad \Leftrightarrow \quad 1 + i = 8 \quad \Leftrightarrow \quad i = 7$

Das Volumen der größeren Kugel ist um 700 % größer als jenes der kleinen Kugel.

A 2.18 a) Alkoholanteil $= V \cdot e \cdot \rho = 500\text{ ml} \cdot 0{,}049 \cdot 0{,}8\text{ g/ml} = 19{,}6\text{ g}$

Eine 0,5-Literflasche Bier enthält 19,6 g reinen Alkohol.

b) $c = \frac{V \cdot e \cdot \rho}{m \cdot r}$

$V = \frac{c \cdot m \cdot r}{e \cdot \rho} = \frac{0{,}5 \cdot 90 \cdot 0{,}68}{0{,}049 \cdot 0{,}8} = 780{,}61\text{ ml}$

Der Mann darf maximal ca. 0,78 Liter Bier trinken.

A 2.18 c) Für das maximale zu trinkende Volumen gilt:

$V = \frac{c \cdot m \cdot r}{e \cdot \rho}$

- Die Körpermasse m von Frauen ist üblicherweise geringer als die von Männern.
- Der Reduktionsfaktor r ist für Frauen kleiner als der von Männern.

Beide Werte m und r stehen im Zähler des Bruches und somit ist das maximal zu trinkende Volumen an Bier für Frauen kleiner als jenes für Männer.

Beispiel: Das maximale Volumen an Bier einer Frau mit $m = 90$ kg ist $V = \frac{c \cdot m \cdot r}{e \cdot \rho} = \frac{0{,}5 \cdot 90 \cdot 0{,}55}{0{,}049 \cdot 0{,}8} = 631{,}38$ ml.

Die Frau darf maximal ca. 0,63 Liter Bier trinken (vergleiche Aufgabe b).

A 2.19 a) x Menge 20%iger Alkohol in ml

y Menge 45%iger Alkohol in ml

$$\begin{aligned} x + y &= 800 \\ 0{,}2 \cdot x + 0{,}45 \cdot y &= 0{,}35 \cdot 800 \end{aligned}$$

$x = 320;\ y = 480;$

Es werden 320 ml 20%iger Alkohol und 480 ml 45%iger Alkohol benötigt.

b) x Menge 80%iger Alkohol in ml

y Menge 0%iger Alkohol in ml (reines Wasser)

$$\begin{aligned} x + y &= 800 \\ 0{,}8 \cdot x + 0 \cdot y &= 0{,}35 \cdot 800 \end{aligned}$$

$x = 350$; Es werden 350 ml 80%iger Alkohol benötigt.

A 2.20 a) x Gewinn in €/t für Normalbenzin

y Gewinn in €/t für Superbenzin

$$\begin{aligned} 50\,000 \cdot x + 40\,000 \cdot y &= 40\,000\,000 \\ 40\,000 \cdot x + 36\,000 \cdot y &= 34\,000\,000 \end{aligned}$$

b) mit Technologie: $x = 400,\ y = 500$

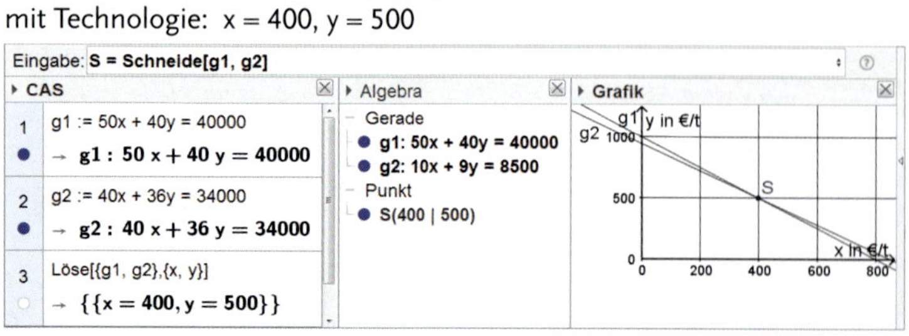

c) Für die Superbenzinmenge 32 000 t ist das Gleichungssystem nicht lösbar:

$$\begin{aligned} 50 \cdot x + 40 \cdot y &= 40\,000 \quad | \cdot 4 \\ 40 \cdot x + b \cdot y &= 34\,000 \quad | \cdot 5 \\ 200 \cdot x + 160 \cdot y &= 160\,000 \\ 200 \cdot x + 5 \cdot b \cdot y &= 170\,000 \end{aligned}$$

$160 = 5 \cdot b$, d. h. $b = 32$ (Tausend t)

Den beiden Gleichungen entsprechen zwei Geraden g_1 und g_2. Die beiden Geraden sind zueinander parallel.

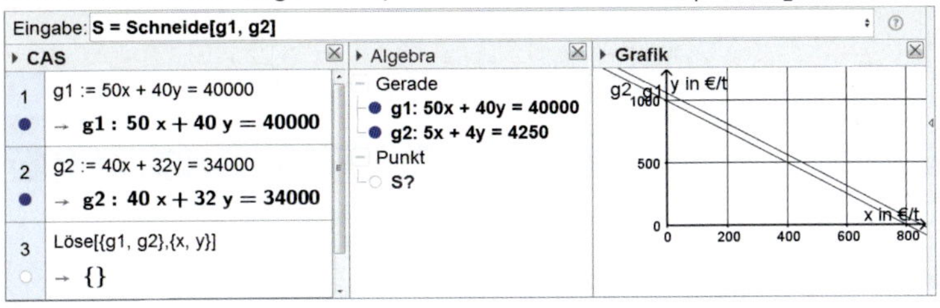

d) Die Gleichungen eines Gleichungssystems beschreiben zwei Geraden.

eindeutige Lösung: Die beiden Geraden schneiden einander in einem Punkt.	**keine Lösung:** Die beiden Geraden sind parallel.	**unendlich viele Lösungen:** Die Geraden sind identisch.
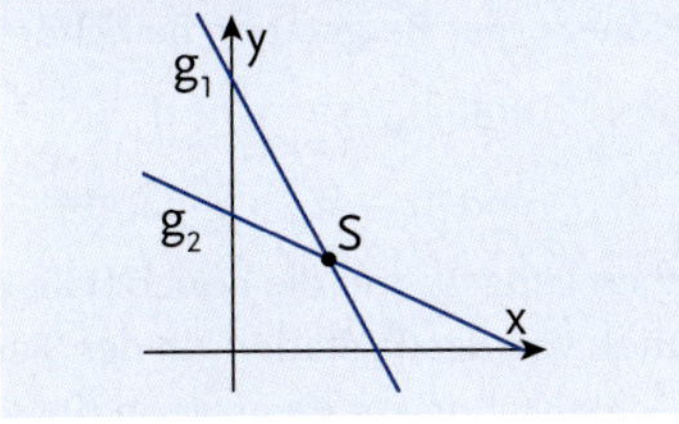	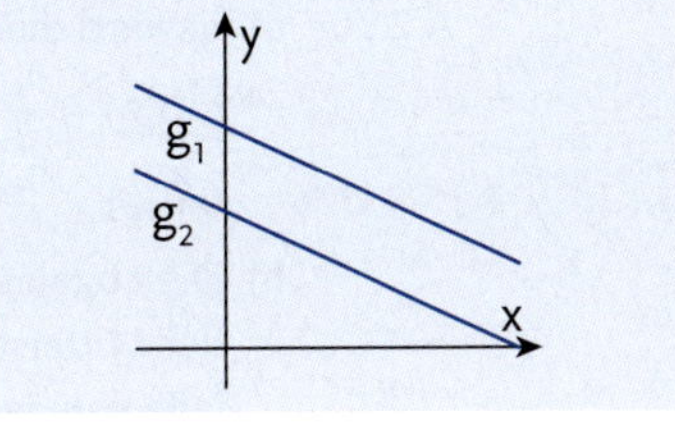	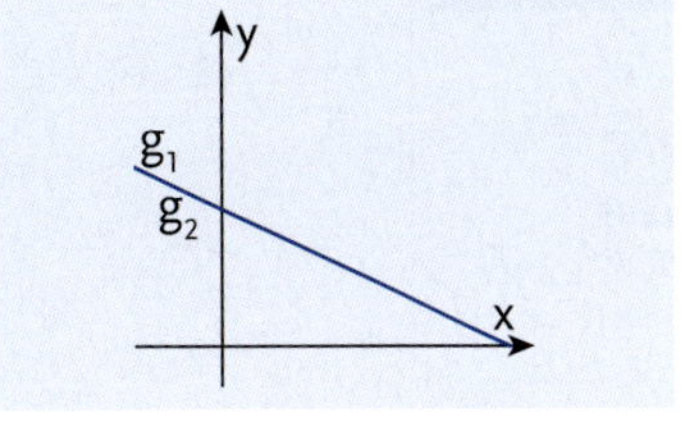

A 2.21 Betrag in Sparbuch 1: € 12.000,00
Betrag in Sparbuch 2: € 15.000,00

A 2.22 a) Fahrzeit Railjet: t_1; Fahrzeit Personenzug: t_2

$$\begin{array}{l} 108 \cdot t_1 + 60 \cdot t_2 = 75 \\ t_1 - 0{,}5 = t_2 \end{array}$$

b) Die Züge treffen einander um ca. 14:03 Uhr, 7,5 km von Innsbruck entfernt.

A 2.23 a) x_i Gewicht des i-ten Sacks in Pfund für i = 1, 2, 3, 4, 5

$$\begin{array}{l} x_1 + x_2 = 12 \\ x_2 + x_3 = 13{,}5 \\ x_3 + x_4 = 11{,}5 \\ x_4 + x_5 = 8 \\ x_1 + x_3 + x_5 = 16 \end{array}$$

b) Lösung mit GTR: mit Matrizen

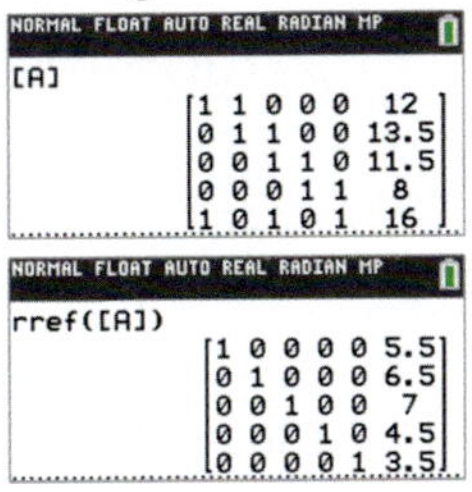

Sack 1 wiegt 5,5 Pfund, Sack 2 wiegt 6,5 Pfund, Sack 3 wiegt 7 Pfund, Sack 4 wiegt 4,5 Pfund und Sack 5 wiegt 3,5 Pfund.

Lösung mit GeoGebra:

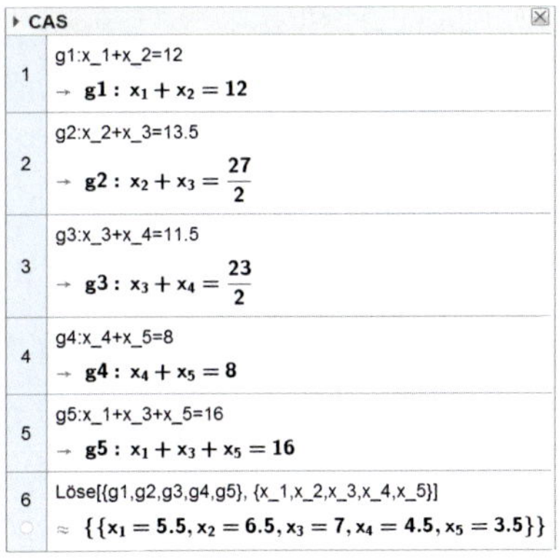

A 2.24 a) $s = \frac{3}{10} \cdot v + \left(\frac{v}{10}\right)^2$

b) $s(50) = 40$; $s(30) = 18 < \frac{40}{2}$; d. h., die Behauptung ist richtig.

c) $100 = \frac{3}{10} \cdot v + \left(\frac{v}{10}\right)^2$; $v^2 + 30 \cdot v - 10\,000 = 0$; $v_{1,2} = -15 \pm \sqrt{10\,225}$; $v_1 \approx 86{,}12$ $(v_2 \approx -116{,}12)$

Bei einer Geschwindigkeit von ca. 86 km/h beträgt der Anhalteweg 100 m.

Mit GeoGebra:

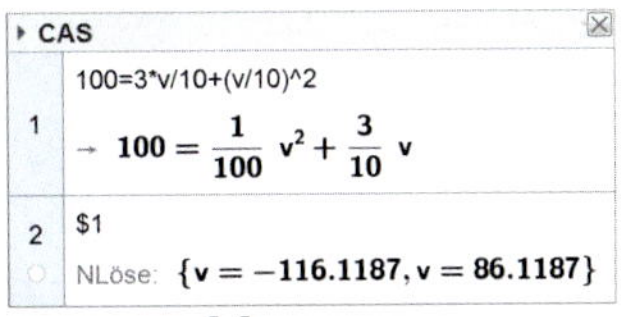

d) A: $s_{Rneu} = \frac{1{,}1 \cdot v_{alt}}{3{,}6} = 1{,}1 \cdot s_{Ralt}$

D: $v_{neu} = 2 \cdot v_{alt}$; $s_{Bneu} = \frac{{v_{neu}}^2}{3{,}6^2 \cdot 10} = \frac{(2 \cdot v_{alt})^2}{3{,}6^2 \cdot 10} = 4 \cdot \frac{{v_{alt}}^2}{3{,}6^2 \cdot 10} = 4 \cdot s_{Balt}$

D. h., der Weg hat um 300 % zugenommen.

A 2.25

B	$k = \frac{\ln(p) - \ln(p_0)}{h}$	☒

$p = p_0 \cdot e^{k \cdot h} \Leftrightarrow \ln(p) = \ln(p_0) + k \cdot h \Leftrightarrow \ln(p) - \ln(p_0) = k \cdot h \Leftrightarrow k = \frac{\ln(p) - \ln(p_0)}{h}$

A 2.26 a) 56,39 °C; 42,07 °C; 22,99 °C

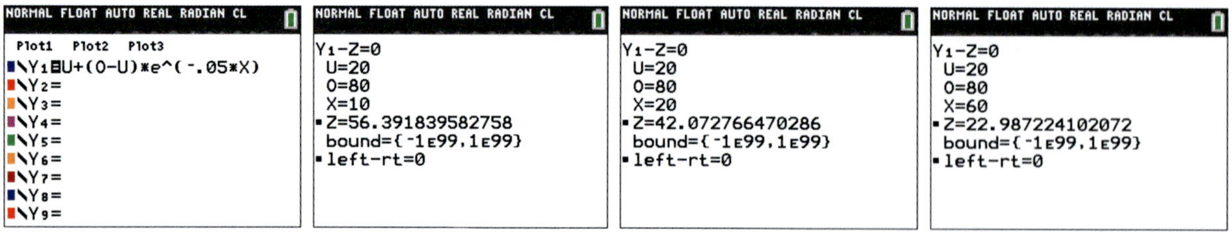

b) Nach ca. 22 Minuten hat der Tee eine Temperatur von 40 °C

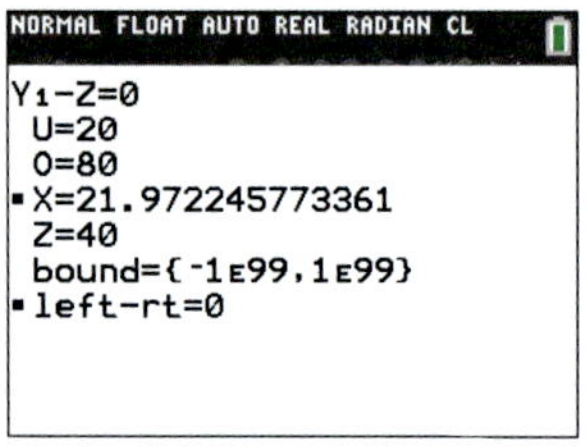

A 2.27 a) Skizze:

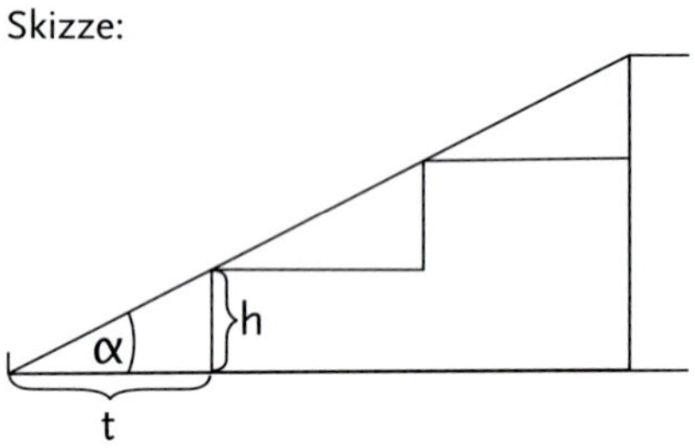

$\alpha = \tan^{-1}\left(\frac{h}{t}\right)$

b) ca. 2,24 Meter

c) ca. 4,2 Meter

A 2.28 a)

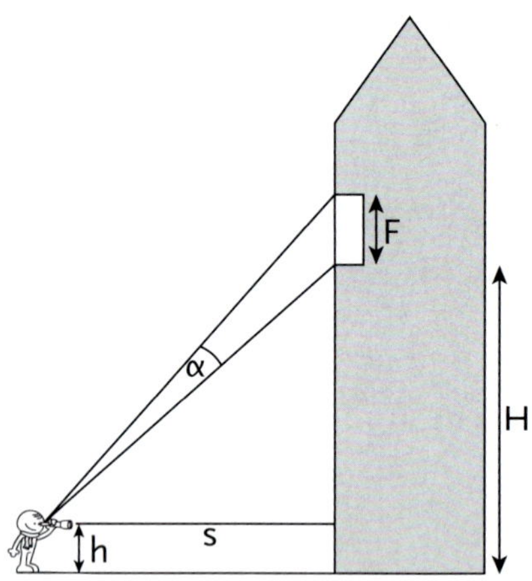

b) $\tan(\beta) = \frac{F + y}{s}$, also $F = s \cdot \tan(\beta) - y$

A 2.29 a)

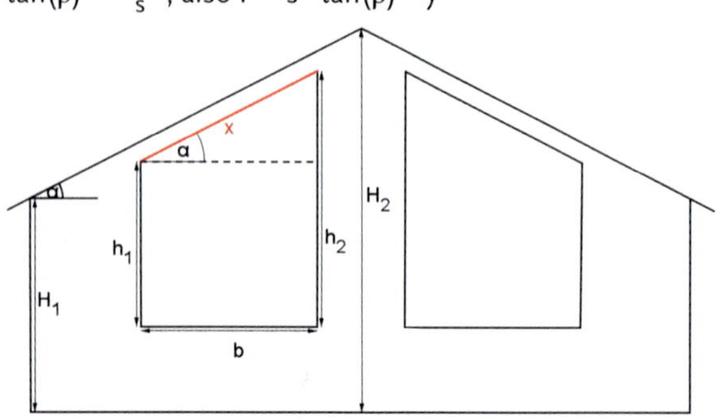

b) $\tan(\alpha) = \frac{h_2 - h_1}{b}$, $h_2 = h_1 + b \cdot \tan(\alpha)$

c) $\sin(\alpha) = \frac{1{,}8 - 1}{1{,}8 - 0{,}1} = \frac{0{,}8}{1{,}7}$; $\alpha \approx 28°$

A 2.30 a) Es wird die Höhe h_B der Bergstation berechnet.

$\tan(\alpha) = \frac{h_M}{a}$ und $h_M = a \cdot \tan(\alpha)$

$\tan(\beta) = \frac{h_B - h_M}{b}$ und $h_B - h_M = b \cdot \tan(\beta)$

b) Die abgelesenen Längen sind die horizontale Entfernung der Mittelstation von der Talstation (in der Skizze a) und jene von der Mittelstation zur Bergstation (in der Skizze b).

c) $x + y = \frac{h_M}{\sin(\alpha)} + \frac{h_B - h_M}{\sin(\beta)}$

Zur Berechnung ohne Winkelfunktionen müssten die Höhen h_M und h_B, sowie die Horizontalabstände a und b bekannt sein.

Es gilt dann der Satz des Pythagoras:

$\sqrt{a^2 + h_M^2} + \sqrt{b^2 + (h_B - h_M)^2}$

d) Die von Peter verwendeten Dreiecke sind nicht ähnlich. Die Berechnung ist daher falsch.

A 2.31 a) Der Winkel α ist der Höhenwinkel, unter dem man die Mittelstation von der Talstation aus sieht. Dieser Winkel ist aber nicht gleich dem Höhenwinkel, unter dem man die Bergstation von der Talstation sieht.

b_1)

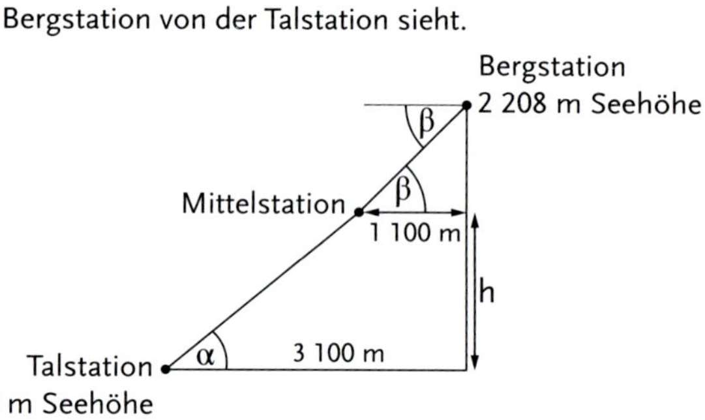

b_2) $\tan(\beta) = \frac{2\,208 - 780 - h}{1\,100}$;

$h = 2\,208 - 780 - 1\,100 \cdot \tan(\beta) \approx 868$

Die Mittelstation liegt auf 780 m + 868 m = 1 648 m Seehöhe.

c_1) $\frac{2\,000}{\cos(23{,}46°)} \approx 2\,180$

Gesamtstrecke: 2 180 m + 1 230 m = 3 410 m

c_2) $v = \frac{s}{t} = \frac{3{,}41 \text{ km}}{\frac{8}{60} \text{ h}} \approx 25{,}6$ km/h

d)

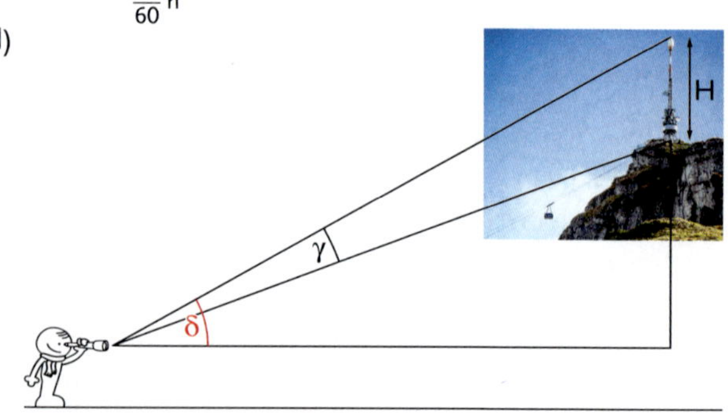

A 2.32 a)

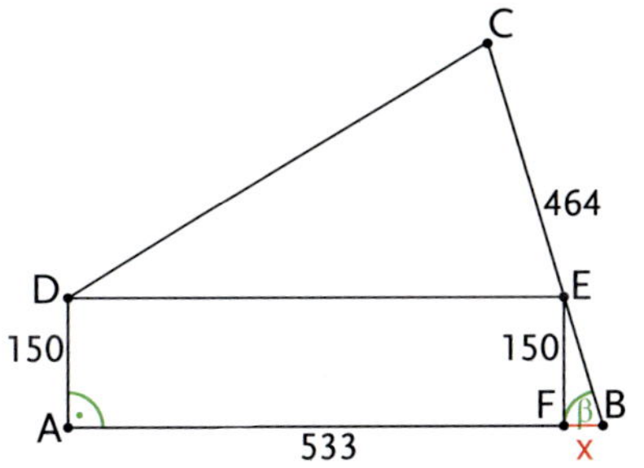

b) $\sin(\beta) = \frac{150}{BE}$; $BE = \frac{150}{\sin(76°)} = 154{,}59$;

$EC = 464 - BE = 309{,}41$

$EC : BE = 309{,}41 : 154{,}59 \approx 2 : 1$

c) $x = \frac{150}{\tan(76°)} \approx 37{,}4$; $A_{Dreieck} = \frac{150 \cdot x}{2} = 2\,804{,}94$

$A = 150 \cdot (533 - x) + 2\,804{,}94 \approx 77\,145$

A 2.33 a_1) Sandro unterteilt das Becken vertikal in ein Prisma mit trapezförmiger Grundfläche mit der Höhe b und einen Quader (Beckenbereich mit der Tiefe t).

Marina unterteilt das Becken horizontal in ein Prisma mit dreieckiger Grundfläche und der Höhe b und einem darauf liegenden Quader mit der Länge L, Breite b und der Höhe t.

a_2) Sandro: $V = \frac{(t+T) \cdot \ell}{2} \cdot b + b \cdot t \cdot (L - \ell) =$

$= b \cdot \left(\frac{t \cdot \ell}{2} + \frac{T \cdot \ell}{2} + t \cdot L - t \cdot \ell\right) = b \cdot \left(\frac{T \cdot \ell}{2} + t \cdot L - \frac{t \cdot \ell}{2}\right)$

Marina: $V = \frac{(T-t) \cdot \ell \cdot b}{2} + L \cdot b \cdot t = b \cdot \left(\frac{T \cdot \ell}{2} - \frac{t \cdot \ell}{2} + t \cdot L\right)$

b_1) $\alpha = \arctan\left(\frac{T-t}{\ell}\right)$

b_2) $\frac{3 - 0{,}9}{17} = 0{,}123... \approx 12\,\%$

c) $2 \cdot L \cdot t + b \cdot t + b \cdot T + 2 \cdot \frac{(T-t) \cdot \ell}{2} = 129{,}45$

Es muss für ca. 130 m² Farbe gekauft werden.

B 2.01 a) $\overrightarrow{BA} = \begin{pmatrix} -1 \\ 3 \end{pmatrix}$

b) L(–1|0,5)

$|\vec{a}| = \sqrt{4 + 2{,}25} = 2{,}5...$

Das entspricht 1 250 m.

c) Einheitsvektor: $\vec{e} = \frac{1}{\sqrt{5}} \cdot \begin{pmatrix} 1 \\ 2 \end{pmatrix}$

1 000 m entspricht 2 Einheiten.

$\vec{b} = 2 \cdot \frac{1}{\sqrt{5}} \cdot \begin{pmatrix} 1 \\ 2 \end{pmatrix} \approx \begin{pmatrix} 0{,}89 \\ 1{,}79 \end{pmatrix}$

$\overrightarrow{OJ} = \begin{pmatrix} 1 \\ -1 \end{pmatrix} + \begin{pmatrix} 0{,}89 \\ 1{,}79 \end{pmatrix} = \begin{pmatrix} 1{,}89 \\ 0{,}79 \end{pmatrix}$

Koordinaten der Jausenstation: (1,89|0,79)

A 2.33 d) $t = 0{,}9 - 0{,}1 = 0{,}8$ m und $T = 3 - 0{,}1 = 2{,}9$ m

$V \approx 473{,}13$ m³

Fülldauer: $\frac{473{,}13}{10} = 47{,}313$; Es dauert ca. 47,3 Stunden.

A 2.34 a) Die Seitenflächen sind gleichschenklige Dreiecke.

b) $\beta = 2 \cdot (90° - 42°) = 96°$

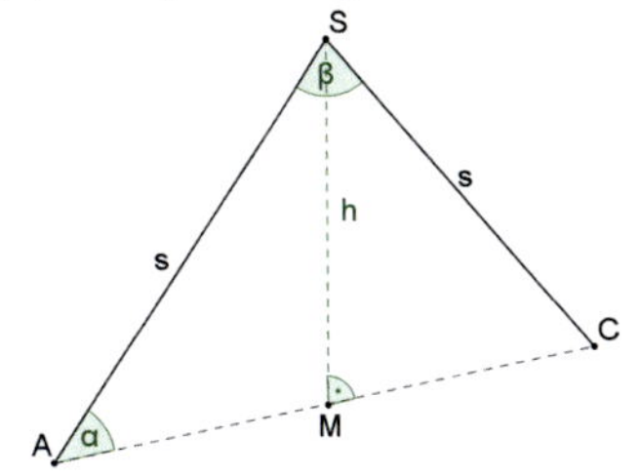

c) $\overline{AM} = \frac{1}{2} \cdot \sqrt{2 \cdot a^2} = \frac{a}{2} \cdot \sqrt{2} \approx 163$

$\tan(42°) = \frac{h}{\overline{AM}}$; $h \approx 146{,}6$ m

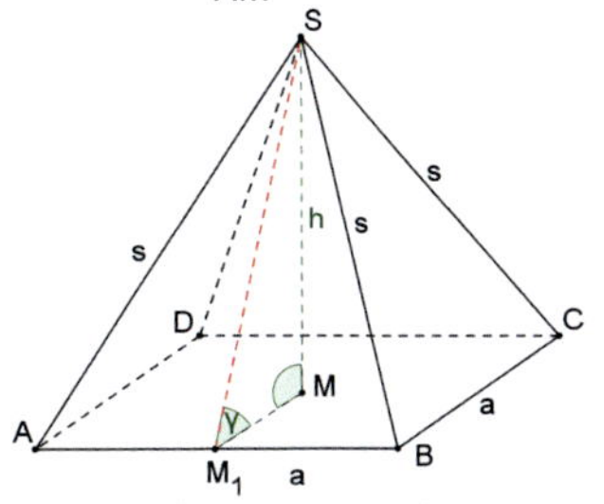

d) $\tan(\gamma) = \frac{h}{\frac{a}{2}}$; $\gamma = \tan^{-1}\left(\frac{h}{\frac{a}{2}}\right) \approx 51{,}85°$

e) In dem rechtwinkeligen Dreieck AM_1S ist die Seitenkante s die Hypotenuse und h_a eine Kathete. Deshalb ist die Seitenhöhe h_a kürzer als die Seitenkante s.

A 2.35 a) $\sin(26°) \cdot 723 \approx 317$ m

b) $\cos(26°) \cdot 723 \approx 650$ m oder $\sqrt{723^2 - 316{,}94^2}$

c) $s = \frac{t}{\tan(\alpha)}$

B 2.02 a) B(–7|0), I(–4|–0,5), S(–1|1), L(1,5|2,5), K(1,5|–2), G(4|–1), SP(4,5|2), W(5,5|2), E(5,5|1)

b) $\overrightarrow{SB} = \begin{pmatrix} -6 \\ -1 \end{pmatrix}$, $\overrightarrow{SI} = \begin{pmatrix} -3 \\ -1{,}5 \end{pmatrix}$, $\overrightarrow{SL} = \begin{pmatrix} 2{,}5 \\ 1{,}5 \end{pmatrix}$, $\overrightarrow{SK} = \begin{pmatrix} 2{,}5 \\ -3 \end{pmatrix}$, $\overrightarrow{SG} = \begin{pmatrix} 5 \\ -2 \end{pmatrix}$, $\overrightarrow{S\,SP} = \begin{pmatrix} 5{,}5 \\ 1 \end{pmatrix}$, $\overrightarrow{SW} = \begin{pmatrix} 6{,}5 \\ 1 \end{pmatrix}$, $\overrightarrow{SE} = \begin{pmatrix} 6{,}5 \\ 0 \end{pmatrix}$

c) $\overrightarrow{WG} = \begin{pmatrix} -1{,}5 \\ -3 \end{pmatrix}$, $\overrightarrow{GI} = \begin{pmatrix} -8 \\ 0{,}5 \end{pmatrix}$

$\overrightarrow{WG} + \overrightarrow{GI} = \begin{pmatrix} -1{,}5 \\ -3 \end{pmatrix} + \begin{pmatrix} -8 \\ 0{,}5 \end{pmatrix} = \begin{pmatrix} -9{,}5 \\ -2{,}5 \end{pmatrix}$

ca. 93 km Umweg

d)

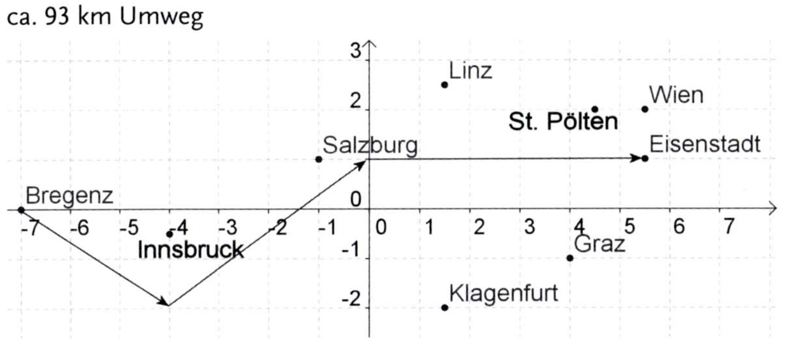

d) Der Hubschrauber landet in Eisenstadt.

$\begin{pmatrix} -7 \\ 0 \end{pmatrix} + \begin{pmatrix} 3 \\ -2 \end{pmatrix} + \begin{pmatrix} 4 \\ 3 \end{pmatrix} + \begin{pmatrix} 5{,}5 \\ 0 \end{pmatrix} = \begin{pmatrix} 5{,}5 \\ 1 \end{pmatrix}$

e) $\overrightarrow{GK} = \begin{pmatrix} -2{,}5 \\ -1 \end{pmatrix}$

$|\overrightarrow{GK}| = \sqrt{2{,}5^2 + 1^2} = 2{,}69...$

Entfernung Graz-Klagenfurt ≈ 2,7 · 60 ≈ 162 km

Entfernung St. Pölten – Innsbruck ≈ 532 km

B 2.03 a)

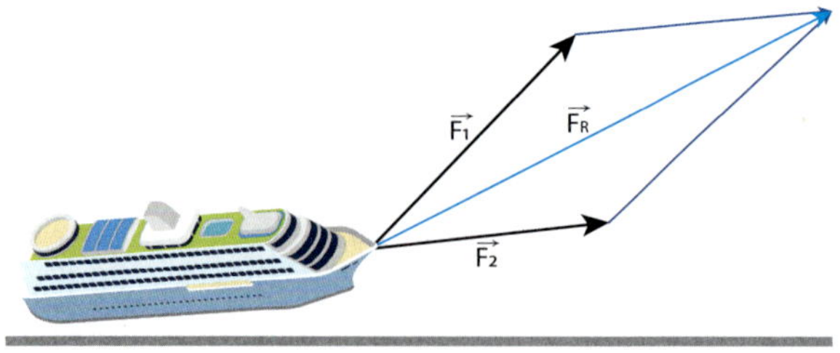

x- und y-Koordinaten von $\vec{F_1}$: rechtwinkeliges Dreieck

$\cos(40°) = \frac{x}{700}$; $x = 700 \cdot \cos(40°) = 536{,}23... \approx 536$ kN

$\sin(40°) = \frac{y}{700}$; $y = 700 \cdot \sin(40°) = 449{,}95... \approx 450$ kN

$\vec{F_1} = \begin{pmatrix} 536 \text{ kN} \\ 450 \text{ kN} \end{pmatrix}$

$\vec{F_R} = \vec{F_1} + \vec{F_2} = \begin{pmatrix} 536 \text{ kN} \\ 450 \text{ kN} \end{pmatrix} + \begin{pmatrix} 380 \text{ kN} \\ 270 \text{ kN} \end{pmatrix} = \begin{pmatrix} 916 \text{ kN} \\ 720 \text{ kN} \end{pmatrix}$

b) $\tan(\alpha) = \frac{680}{960}$; $\alpha = 35{,}31...° \approx 35°$

c) Je kleiner der Winkel zwischen den Kräften ist, umso größer ist die resultierende Kraft.

B 2.04 a) $\vec{AB} = \begin{pmatrix} 1{,}5 \\ -1 \end{pmatrix}$

b)

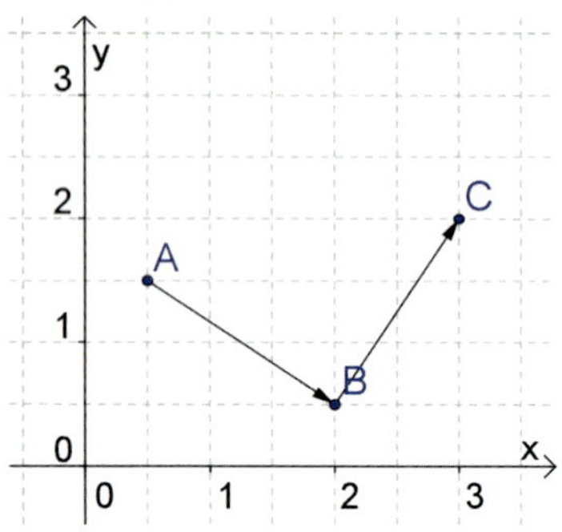

c) $\vec{AB} \cdot \vec{BC} = 0$, die Vektoren stehen aufeinander normal.

B 2.05 a)

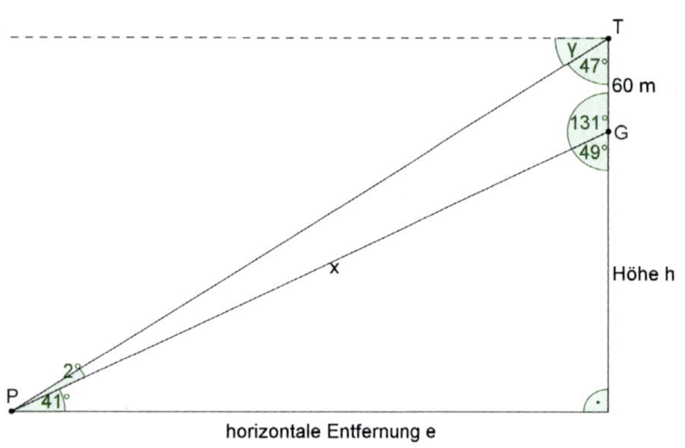

b) $\frac{60}{\sin(2°)} = \frac{x}{\sin(47°)}$; $x = 1\,257{,}36$

$\sin(41°) = \frac{h}{1\,257{,}36}$; $h = 824{,}902$

Höhenunterschied ca. 825 m

c) $\tan(41°) = \frac{h}{e}$; $h = e \cdot \tan(41°)$

B 2.06 Lösung mit Sinussatz:

$\frac{a}{\sin(\alpha)} = \frac{b}{\sin(\beta)}$

$\sin(\beta) = \frac{b \cdot \sin(\alpha)}{a} = \frac{15 \cdot \sin(33{,}75°)}{10} \approx 0{,}83336$; $\beta \approx 56{,}44°$

$\gamma = 180° - \alpha - \beta \approx 89{,}81$; $\gamma \approx 89{,}91°$

$\frac{a}{\sin(\alpha)} = \frac{c}{\sin(\beta)}$

$c = \frac{a \cdot \sin(\gamma)}{\sin(\alpha)} \approx 18$; $c \approx 18$ m

Lösung mit rechtwinkeligen Dreiecken:

$\sin(\alpha) = \frac{h}{b}$; $h = b \cdot \sin(\alpha)$; $h \approx 8{,}3336$ m

$\cos(\alpha) = \frac{c_1}{b}$; $c_1 = b \cdot \cos(\alpha)$; $c_1 \approx 12{,}472$ m

$\sin(\beta) = \frac{h}{a}$; $\beta = \sin^{-1}\left(\frac{h}{a}\right)$; $\beta \approx 56{,}44°$

$a^2 = h^2 + c_2^2$; $c_2 = \sqrt{a^2 - h^2}$; $c_2 \approx 5{,}5274$ m

$c = c_1 + c_2$; $c \approx 18$ m

B 2.07 a) $f = \sqrt{78^2 + 50^2 - 2 \cdot 78 \cdot 50 \cdot \cos(87°)} = 90{,}42...$; ca. 90,4 m

b) $A_1 = \frac{1}{2} \cdot 78 \cdot 50 \cdot \sin(87°) = 1\,947{,}32...$; ca. 1 947,3 m^2

c) $\gamma = \arccos\left(\frac{b^2 + c^2 - f^2}{2 \cdot b \cdot c}\right)$

3 Funktionale Zusammenhänge

A 3.01 Alle Zeitangaben in Mitteleuropäischer Zeit (Winterzeit).

a) $f(8) \approx 550$; Um 8:00 Uhr ist die Bestrahlungsstärke ca. 550 W/m^2.

b) $f(x) = 800$, $x \approx$ 10:10 Uhr und $x \approx$ 13:50 Uhr
Um etwa 10:10 Uhr und um ca. 13:50 Uhr ist die Bestrahlungsstärke 800 W/m^2.

c) Der Maximalwert der Bestrahlungsstärke beträgt um 12:00 Uhr ca. 870 W/m^2.

d) $f(15) \approx 670$; Wie hoch ist die Bestrahlungsstärke um 15:00 Uhr?
Um 15:00 Uhr ist die Bestrahlungsstärke ca. 670 W/m^2.

e) $f(x) = 300$, $x \approx$ 6:20 und $x \approx$ 17:30; Wann ist die Bestrahlungsstärke 300 W/m^2?
Um ca. 6:20 Uhr und um ca. 17:30 Uhr ist die Bestrahlungsstärke 300 W/m^2.

f) $f(x) = 100$, $x \approx$ 4:55 und $x \approx$ 19:05; Wann ist die Bestrahlungsstärke 100 W/m^2?
Um ca. 4:55 Uhr und um ca. 19:05 Uhr ist die Bestrahlungsstärke 100 W/m^2.

g) $f(x) = 0$, $x \approx$ 3:45 und $x \approx$ 20:15; Wann wird es hell und wann wird es dunkel?
Um ca. 3:45 Uhr wird es hell und um ca. 20:15 Uhr wird es dunkel.

h) D = [3:40; 20:20]

i) W = [0; 870]

A 3.02 a_1) $r_{neu} = 2 \cdot r$

$V_{neu} = (r_{neu})^2 \cdot \pi \cdot h = (2 \cdot r)^2 \cdot \pi \cdot h = 2^2 \cdot r^2 \cdot \pi \cdot h = 4 \cdot r^2 \cdot \pi \cdot h$

Das neue Volumen $V_{neu} = 4 \cdot V$.

Durch die Verdopplung des Radius hat sich das Volumen vervierfacht.

a_2) Durch eine Vergrößerung des Radius um den Faktor n vergrößert sich das Volumen um den Faktor n^2.

a_3)

Volumen V des Zylinders in Abhängigkeit vom Radius r. (Höhe h ist konstant.)	B
Volumen V des Zylinders in Abhängigkeit von der Höhe h. (Radius r ist konstant.)	D

b_1) $r_{neu} = \frac{1}{2} \cdot r$

$V_{neu} = \frac{4}{3} \cdot (r_{neu})^3 \cdot \pi = \frac{4}{3} \cdot \left(\frac{1}{2} \cdot r\right)^3 \cdot \pi = \frac{4}{3} \cdot \frac{1}{2^3} \cdot r^3 \cdot \pi = \frac{1}{8} \cdot \frac{4}{3} \cdot r^3 \cdot \pi$

Das neue Volumen V_{neu} ist $\frac{1}{8} \cdot V$.

Durch die Halbierung des Radius hat sich das Volumen geachtelt.

b_2) $r_{neu} = \frac{1}{n} \cdot r$

$V_{neu} = \frac{4}{3} \cdot (r_{neu})^3 \cdot \pi = \frac{4}{3} \cdot \left(\frac{1}{n} \cdot r\right)^3 \cdot \pi = \frac{4}{3} \cdot \frac{1}{n^3} \cdot r^3 \cdot \pi = \frac{1}{n^3} \cdot \frac{4}{3} \cdot r^3 \cdot \pi$

Das neue Volumen V_{neu} ist $\frac{1}{n^3} \cdot V$.

Durch die Verringerung des Radius auf $\frac{1}{n} \cdot r$ hat sich das Volumen der Kugel auf $\frac{1}{n^3}$ des ursprünglichen Volumens verringert.

A 3.03 a) $c(r) = \frac{V \cdot e \cdot \rho}{m \cdot r}$

Da in der gegebenen Formel alle anderen Werte ident sind, hängt – bei gleicher Masse m – die Alkoholkonzentration c nur vom Reduktionsfaktor r ab.

Da $r_{Männer} = 0{,}68 > r_{Frauen} = 0{,}55$ ist, muss – bei gleicher Körpermasse – die Alkoholkonzentration im Blut von Männern kleiner sein als die Alkoholkonzentration im Blut von Frauen.

Somit gilt:

- Kurve A stellt die Alkoholkonzentration für Männer dar.
- Kurve B stellt die Alkoholkonzentration für Frauen dar.

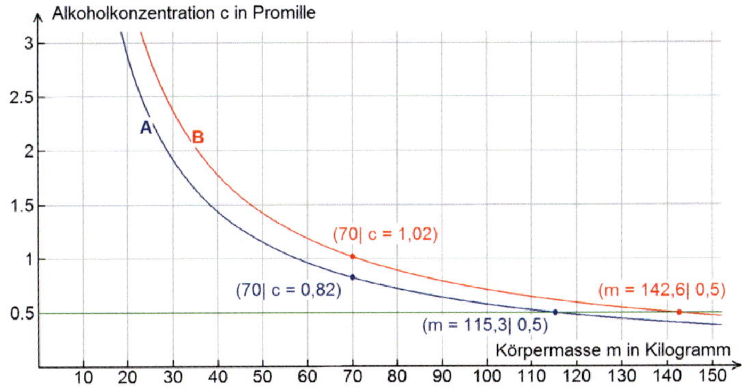

b) Frau: $c \approx 1$ ‰
Mann: $c \approx 0{,}8$ ‰

c) Frau: $m \approx 143$ kg
Mann: $m \approx 115$ kg

A 3.03 d) $c(V) = \frac{V \cdot e \cdot \rho}{m \cdot r} = \frac{0{,}135 \cdot 0{,}8}{58 \cdot 0{,}55} \cdot V \approx 0{,}0032 \cdot V$

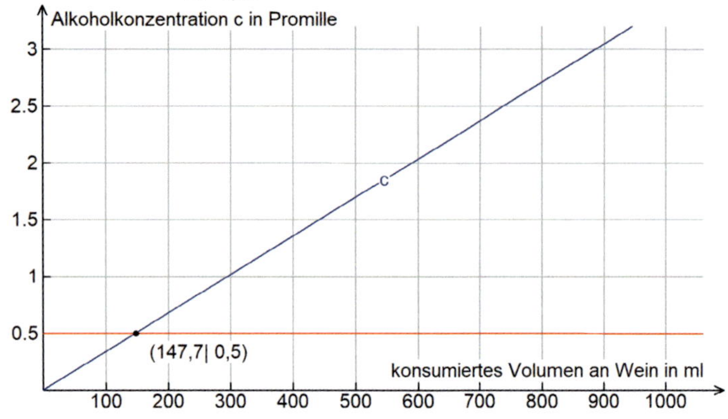

Dora darf maximal ca. 147 ml oder 0,147 Liter Wein trinken.

A 3.04 Abb. 1: E Abb. 2: G Abb. 3: F Abb. 4: C

A 3.05 a) $V(t) = 6\,000 - 12 \cdot t$

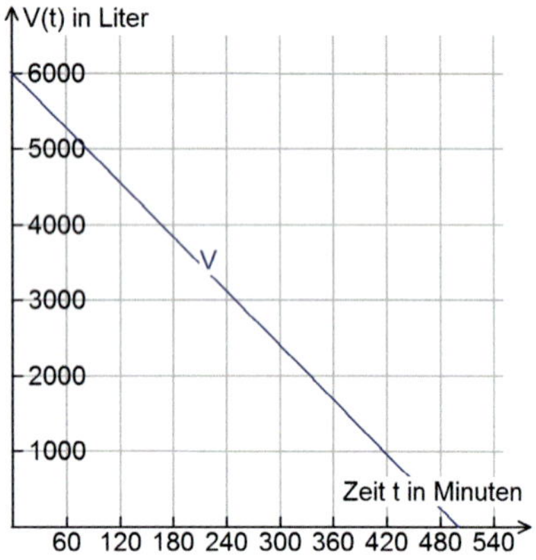

b) $0 = 6\,000 - 12 \cdot t \Leftrightarrow t = 500$ Minuten

c_1) Das Wasservolumen im Tank am Beginn des Bewässerungsvorganges war 15 000 Liter.

Die Steigung der Geraden ist $k = \frac{-3\,000}{120} = -25$.

Pro Minute werden 25 Liter Wasser abgepumpt.

Die Zeit bis zur vollständigen Entleerung des Tanks ist 600 Minuten.

c_2) $V(t) = 15\,000 - 25 \cdot t$

A 3.06 a) $\frac{-6}{1\,000} = -0{,}006$ °C/m

b_1) $T(h) = -0{,}006 \cdot h + 25$

b_2) $T(2\,200) = 11{,}8$ °C

A 3.07 a) $H(x) = -25 \cdot x + 15\,500$ x in Stunden, H(x) Vorrat in Litern

$k = -25$: Pro Stunde nimmt der Heizölvorrat um 25 Liter ab.

$d = 15\,500$ Anfangsvorrat in Litern

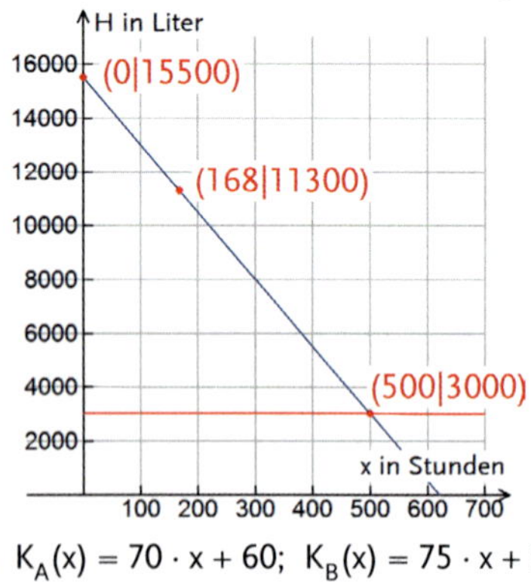

b) $H(168) = 11\,300$

Nach einer Woche ist der Vorrat ca. 11 300 Liter.

c) $3\,000 = -25 \cdot x + 15\,500 \Leftrightarrow x = 500$

Nach 500 Stunden (am 21. Tag) muss nachbestellt werden.

A 3.08 a) $K_A(x) = 70 \cdot x + 60$; $K_B(x) = 75 \cdot x + 30$

b)

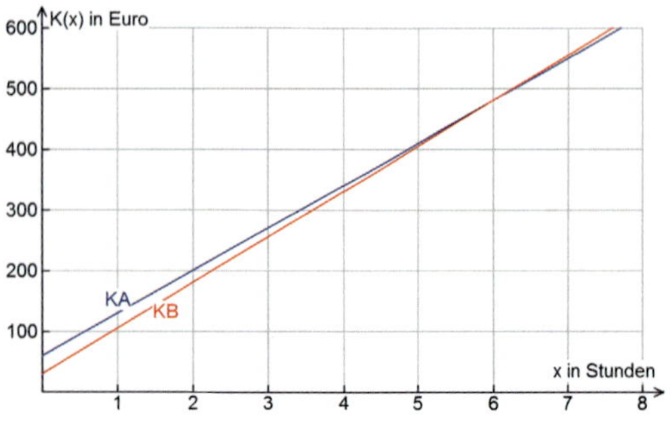

c) Löst man die Gleichung $K_A(x) = K_B(x)$, erhält man $x = 6$.

D. h. für 6 Arbeitsstunden sind beide Firmen gleich teuer.

Für mehr als 6 Arbeitsstunden ist Firma A günstiger.

A 3.09 a) Funktionsgleichung: $V(T) = 0{,}03663 \cdot T + 10$

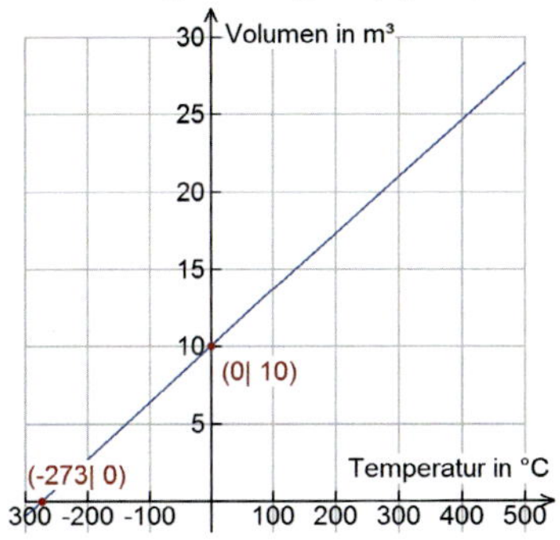

b) $0 = 0{,}03663 \cdot T + 10 \Leftrightarrow T = -273$

Bei einer Temperatur von –273 °C ist das Volumen des Gases im Wetterballon auf 0 m3 geschrumpft.
Aus der Physik ist bekannt, dass –273,15 °C der absolute Nullpunkt ist. Dies ist die tiefste Temperatur, die entsprechend der Gasgesetze nicht unterschritten werden kann.

A 3.10 a) Tarif B ist der Flatrate-Tarif.
Bis zu 600 Minuten können monatlich ohne Zusatzkosten telefoniert werden.

b) 600 Minuten sind inkludiert.

c) Für $0 \leqslant x < 200$ Minuten ist Tarif A günstiger.
Für $200 < x < 800$ Minuten ist Tarif B günstiger.
Für $x > 800$ Minuten ist wieder Tarif A günstiger.

d) Zu berechnen ist die Steigung der Gerade durch die Punkte A(600|10) und B(800|40).

$k = \frac{\Delta T}{\Delta x} = \frac{40 - 10}{800 - 600} = \frac{30}{200} = 0{,}15$

Telefoniert man mehr als 600 Minuten pro Monat, kostet jede weitere Telefonminute € 0,15.

e) $k = 40/800 = 0{,}05$; Die Kosten pro Minute betragen 0,05 Euro.

f)

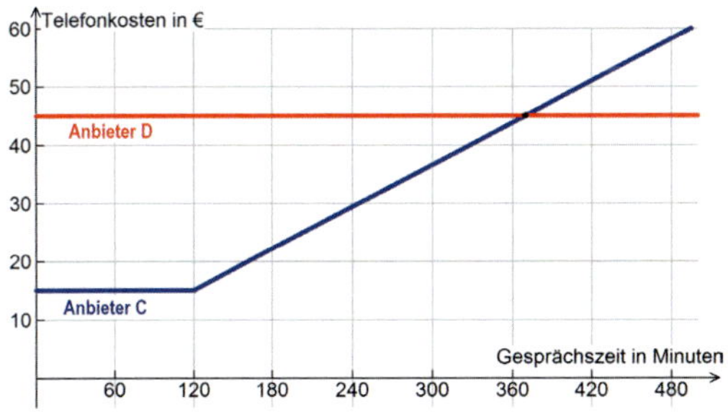

Geradengleichung $K(x) = k \cdot x + d$

Bekannt ist $k = 0{,}12$ und ein Punkt mit (120|15).

Durch Einsetzen der Koordinaten des Punktes in die Geradengleichung erhält man den y-Achsenabschnitt d.

$15 = 0{,}12 \cdot 120 + d \Leftrightarrow d = 0{,}6$

Somit gilt: $K(x) = 0{,}12 \cdot x + 0{,}6$ für $x \geqslant 120$

A 3.11 a) Tarif A: $K_A(t) = \begin{cases} 15, & 0 \leqslant t \leqslant 150 \\ 0{,}12 \cdot t - 3, & t > 150 \end{cases}$

Tarif B: $K_B(t) = 0{,}12 \cdot t$

Tarif C: $K_C(t) = 45$

b)

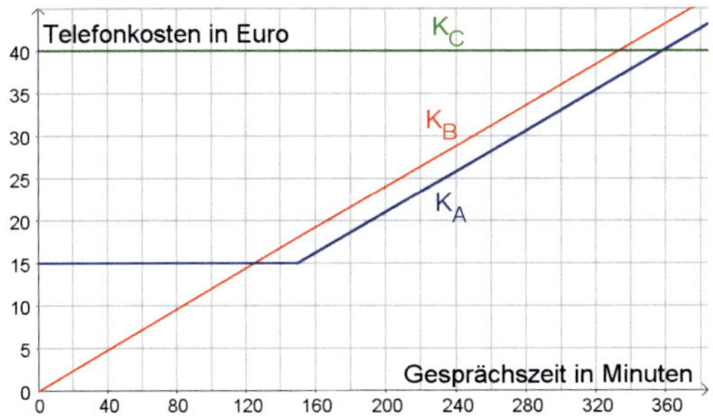

c_1) Tarif B

c_2) Tarif A

A 3.12 t ist die Zeit in Stunden ab 7:00 Uhr (Abfahrt von Anna)

a) $s_A(t) = 80 \cdot t$

b) $s_M(t) = 125 \cdot (t - 1)$

Maximilian fährt 1 Stunde kürzer als Anna.

c) $s_H(t) = 230 - 100 \cdot t$

Helene startet gleichzeitig mit Anna, ist aber zum Zeitpunkt $t = 0$ in Linz, also 230 km von Eisenstadt entfernt.
Helene fährt in die andere Richtung als Anna. Die Entfernung zum Ziel in Eisenstadt verringert sich.
Daher ist das Vorzeichen negativ.

A 3.13 a) t Zeit in Minuten nach Abfahrt von Beata

s(t) Entfernung von Linz in km

Beata: $v = 120/60$ km/min $= 2$ km/min

$s_B(t) = -2 \cdot t + 230$

Roberto: $v = 90/60$ km/min $= 1{,}5$ km/min

$s_R(t) = 1{,}5 \cdot (t - 30)$

Roberto fährt 30 Minuten kürzer bis zum Treffpunkt.

b) $s_B(t) = s_R(t)$

$-2 \cdot t + 230 = 1{,}5 \cdot (t - 30) \Leftrightarrow t \approx 78{,}57$

Die beiden Fahrzeuge treffen einander ca. 78,6 Minuten nach der Abfahrt von Beata, also um ca. 10:19 Uhr.
Die Entfernung des Treffpunktes von Linz beträgt ca. 72,9 km.

c) Beata: $s_B(t) = 0$

Die Entfernung von Linz soll gleich 0 sein.

$-2 \cdot t + 230 = 0 \Leftrightarrow t = 115$

Nach 115 Minuten (10:55 Uhr) ist Beata in Linz.

Roberto: $s_R(t) = 230$

Die Entfernung von Linz soll gleich 230 km sein.

$1{,}5 \cdot (t - 30) = 230 \Leftrightarrow t \approx 183{,}33$

Nach ca. 183 Minuten (ca. 12:03 Uhr) ist Roberto in Eisenstadt.

d)

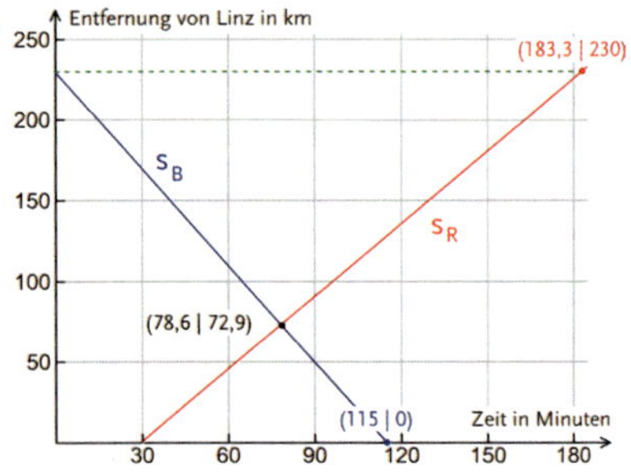

A 3.14 a) Clara fährt sofort ab und legt die ersten 15 km in 30 Minuten zurück; $v = \frac{15\text{ km}}{0{,}5\text{ h}} = 30$ km/h.

Nach 30 Minuten steigert Clara die Geschwindigkeit und legt die verbleibenden 35 km in 50 Minuten zurück;

$v = \frac{35\text{ km}}{\frac{50}{60}\text{ h}} = 42$ km/h

Nach 80 Minuten erreicht Clara die Hauptstadt und bleibt dann dort; $v = 0$ km/h.

David fährt 15 Minuten nach Clara ab und erreicht die Hauptstadt 30 Minuten nach seiner Abfahrt.

$v = \frac{50\text{ km}}{0{,}5\text{ h}} = 100$ km/h

Ca. 6 Minuten nach seiner Abfahrt überholt David Clara.

David bleibt zunächst in der Hauptstadt ($v = 0$ km/h) und wartet auf Clara, die ja erst 80 Minuten nach ihrer Abfahrt hier eintrifft.
90 Minuten nach der Abfahrt von Clara fährt David wieder zurück Richtung Heimatort und kommt hier 130 Minuten nach der Abfahrt von Clara an; $v = \frac{-50\text{ km}}{\frac{40}{60}\text{ h}} = -75$ km/h.

b) Clara:

$sC_1(t) = 0{,}5 \cdot t$ für $t \leqslant 30$

$sC_2(t) = 0{,}7 \cdot t - 6$ für $30 < t \leqslant 80$

$sC_3(t) = 50$ für $t > 80$

David:

$sD_1(t) = \frac{5}{3} \cdot t - 25$ für $15 \leqslant t \leqslant 45$

$sD_2(t) = 50$ für $45 < t \leqslant 90$

$sD_3(t) = -1{,}25 \cdot t + 162{,}5$ für $90 < t \leqslant 130$

c) Ablesen:

David überholt Clara etwa 22 Minuten nach dem Start von Clara.

Die Entfernung vom Heimatort ist ca. 11 km.

Berechnung: $0{,}5 \cdot t = \frac{5}{3} \cdot t - 25$

$t \approx 21{,}43$ Minuten; $s(21{,}43) = 10{,}71$ km

A 3.15 a) Grafik C ist richtig.

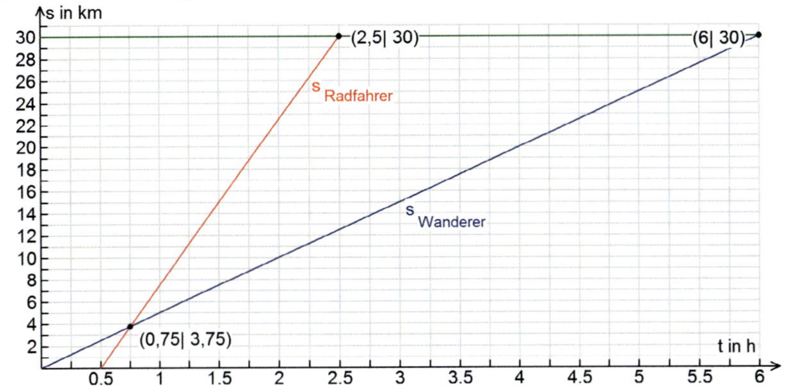

Wanderer und Radfahrer starten in Wiener Neustadt und fahren in dieselbe Richtung – somit können A und B nicht zutreffen. Der Radfahrer startet nach dem Wanderer, somit kann auch D nicht zutreffen.

b) Wanderer: $s_W(t) = 5 \cdot t$ t in Stunden ab Start des Wanderers
Radfahrer: $s_R(t) = 15 \cdot (t - \frac{1}{2})$ Entfernung vom Startpunkt in km nach t Stunden
Treffpunkt: $s_W(t) = s_R(t)$

$$5 \cdot t = 15 \cdot (t - \tfrac{1}{2}) \quad | -5 \cdot t + \tfrac{15}{2}$$
$$\tfrac{15}{2} = 10 \cdot t \quad | : 10$$
$$\tfrac{15}{20} = t$$
$$t = 0{,}75$$

Der Radfahrer überholt den Wanderer nach ca. 0,75 h (45 Minuten) um ca. 8:45 Uhr.
Die beiden sind dann $s_W(0{,}75) = s_R(0{,}75) = 3{,}75$ km vom Startpunkt entfernt.

c) $s_W(t) = 5 \cdot t = 30$
$t = 6$
Der Wanderer erreicht Eisenstadt nach 6 h um ca. 14:00 Uhr.
Der Radfahrer erreicht Eisenstadt 2,5 h nach dem Start des Wanderers (2 h Fahrzeit) um ca. 10:30 Uhr.

A 3.16 a_1) Break-even-Point: $x = 40$ ME

a_2) Am Break-even-Point ist der Gewinn gleich null. Somit ist die Nullstelle der Funktion G der Break-even-Point.

a_3) $G(x) = 25 \Leftrightarrow x = 90$ ME

a_4) $G(x) = E(x) - K(x)$
Für $x = 0$ gilt: $E(0) = 0$ und $K(0) = F \Leftrightarrow G(0) = -F$
Für die Fixkosten gilt somit $F = 20$ GE.
Der Betrag des y-Achsenabschnittes der Geraden G entspricht den Fixkosten.

b)

Sie setzen $G(x) = -15$ und berechnen daraus x.	☒

c) $G(x) = k \cdot x - 20$
Punkt (40|0) einsetzen und k berechnen:
$0 = k \cdot 40 - 20 \Leftrightarrow k = 0{,}5$

c) Gewinnfunktion: $G(x) = 0{,}5 \cdot x - 20$
Erlösfunktion: $E(x) = 2{,}5 \cdot x$
Aus $G(x) = E(x) - K(x)$ folgt $K(x) = E(x) - G(x)$.
Kostenfunktion: $K(x) = 2 \cdot x + 20$

d)

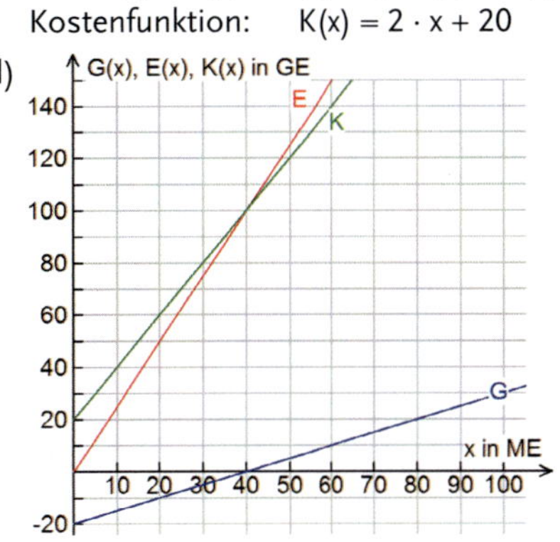

A 3.17 a) F(r): richtig ist D
F(v): richtig ist A

b) Neuer Radius $r_{neu} = \frac{1}{2} \cdot r$

$$F_{neu} = \frac{m \cdot v^2}{r_{neu}} = \frac{m \cdot v^2}{\frac{1}{2} \cdot r} = 2 \cdot \frac{m \cdot v^2}{r} = 2 \cdot F$$

Halbiert man den Bahnradius verdoppelt sich die Kraft F.

c) Elisa nimmt einen Stein mit einer Masse von 1 kg. Die Kraft F bleibt unverändert, wenn der Radius r vervierfacht und gleichzeitig die Bahngeschwindigkeit v verdoppelt wird.

①	
verdoppelt	☐
halbiert	☐
vervierfacht	☒

②	
verdoppelt	☒
halbiert	☐
vervierfacht	☐

A 3.18

	A	B	C	D
n ist positiv.	☒	☐	☐	☒
|n| ist eine gerade Zahl.	☐	☐	☒	☒
a ist eine negative Zahl.	☒	☐	☒	☐
Definitionsmenge D = ℝ	☒	☐	☐	☒
Lesen Sie den Wert von a aus dem Graphen ab.	–2	0,5	–1	0,5

A 3.19 a) $V(p) = \frac{c}{p}$; c ist der Proportionalitätsfaktor.
Werte von $V = 1\ m^3$ und $p = 3$ bar einsetzen und damit c berechnen; $1 = \frac{c}{3} \Leftrightarrow c = 3$.
$V(p) = \frac{3}{p}$

b)

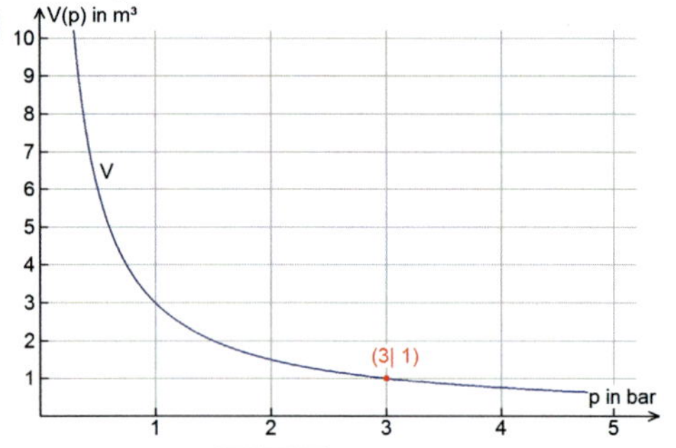

A 3.20 a) $v(20) = 331 \cdot \sqrt{1 + \frac{20}{273}} \approx 342{,}91$ m/s

b)

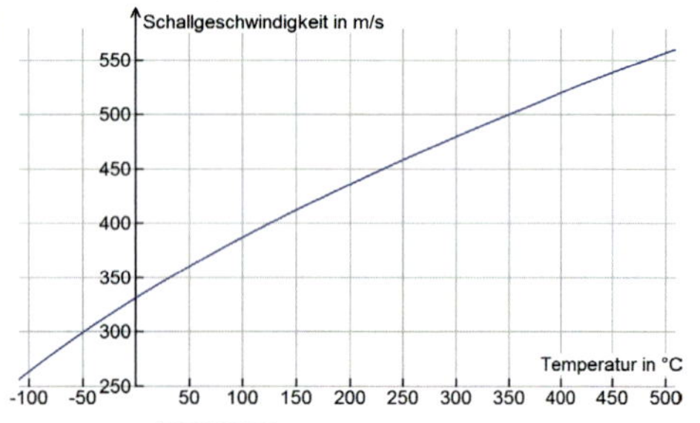

c) $v = 331 \cdot \sqrt{1 + \frac{t}{273}} \quad |:331$

$\frac{v}{331} = \sqrt{1 + \frac{t}{273}} \quad |^2$

$\left(\frac{v}{331}\right)^2 = 1 + \frac{t}{273} \quad |-1 \quad |\cdot 273$

$\left(\left(\frac{v}{331}\right)^2 - 1\right) \cdot 273 = t$

d) 1 200 km/h : 3,6 ≈ 333,33 m/s

$\left(\left(\frac{333{,}33}{331}\right)^2 - 1\right) \cdot 273 = 3{,}86$, d. h. ca. 4°C

A 3.21 a) d = 2 ☒

b) 1D, 2A; kubische Polynome, y-Achsenabschnitte: 0 bei Graph 1 und –12 bei Graph 2

c) $5 \cdot x \cdot (x + 3) \cdot (x - 5) = 0$; $L = \{-3, 0, 5\}$

A 3.22 a) Es gibt keine Polynomfunktion 3. Grades mit keiner Nullstelle. ☒

b) Der Parameter d gibt immer die y-Koordinate des Schnittpunktes von p mit der vertikalen Achse an.

A 3.23 Anton vergisst, dass die Reduktion der Menge in der 2. Halbwertszeit 50 % von der nach der ersten Halbwertszeit reduzierten Menge ist. Nach 60 Jahren sind 0,5 · 0,5 = 0,25, also 25 % der ursprünglichen Menge noch vorhanden.

A 3.24 125 ist die vorhandene Anfangsmenge.
Die Funktion beschreibt ein exponentielles Wachstum, da 2,35 > 1 ist. Die Zunahme beträgt 135 % pro Zeiteinheit.

A 3.25 a) Anfangstemperatur $T_0 = 100$ °C, Raumtemperatur $T_R = 20$ °C

b) Nach 10 Minuten hat die Flüssigkeit eine Temperatur von 40 °C.

A 3.26 a) Das Vorzeichen im Exponenten ist negativ, daher liegt ein Zerfall vor.

b) $\ln(0{,}5) = -0{,}069 \cdot T$

$T = -\frac{\ln(0{,}5)}{0{,}069} \approx 10{,}045 \approx 10$; Halbwertszeit $T \approx 10$ Tage

c) $1 + i = e^{-0{,}069} \approx 0{,}933\,327$; $N(t) = 100 \cdot 0{,}933327^t$

$i = -0{,}066\,67$

Erklärung: Pro Tag zerfällt ca. 6,67 % der noch vorhandenen Substanz.

d) $\lambda = \frac{\ln\left(\frac{1}{2}\right)}{T_{\frac{1}{2}}} = \frac{\ln(1) - \ln(2)}{4} = -\frac{\ln(2)}{4} =$

$= -\frac{1}{4} \cdot \ln(2) = -\ln\left(2^{\frac{1}{4}}\right) \approx -0{,}1733$

☒ $\lambda = -\ln\left(2^{\frac{1}{4}}\right)$

A 3.27 a) Aus der Gleichung $200 = 300 \cdot a^8$ ergibt sich $a = 0{,}950\,58 \Rightarrow$ ungefähr 5 % Abnahme pro Tag

b) $200 = 300 \cdot e^{\lambda \cdot 8}$

$\ln\left(\frac{2}{3}\right) = \lambda \cdot 8$

$\lambda \approx -0{,}050\,683$

$N(t) = 300 \cdot e^{-0{,}050\,683 \cdot t}$

c) $N(16) = 300 \cdot e^{-0{,}050\,683 \cdot 16} = 133{,}33$ mg

d) Die Halbwertszeit ist jener Zeitraum, innerhalb dem die Hälfte einer ursprünglich vorhandenen Stoffmenge zerfallen ist.

$150 = 300 \cdot e^{-0{,}050\,683 \cdot t}$

$0{,}5 = e^{-0{,}050\,683 \cdot t}$

$t = \frac{\ln(0{,}5)}{-0{,}050\,683} \approx 13{,}7$

Halbwertszeit = 13,7 Tage

A 3.28 a) Die prozentuellen Verluste pro Kilometer sind konstant. Daher muss eine exponentielle Funktion angenommen werden.

b) Kabel B ist am wenigsten geeignet. Man vergleicht die verbleibende Lichtintensität z. B. nach 1 km.
Bei Kabel B sinkt die Lichtintensität nach 1 km schon auf ca. 84 %. Kabel A und C zeigen deutlich weniger Verlust der Intensität des Lichtstrahls.

c) Der Verlust pro 1 000 m beträgt bei Kabel B ca. 16 %; [Toleranz: 14 % bis 18 %].
Die Halbwertslänge von Kabel A beträgt ca. 11 km.

A 3.28 d) siehe Grafik

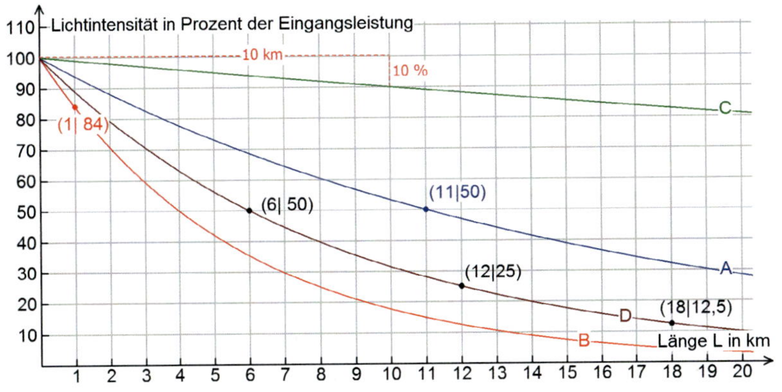

e) $k = \frac{-10\ \%}{10\ km} = -1\ \%/km$

Interpretation: Pro Kilometer Länge des Glasfaserkabels nimmt die Lichtintensität um ca. 1 % ab.

A 3.29 a_1) $I(0) = 100;\ I(1) = 98$

$98 = 100 \cdot e^{k \cdot 1}$

$0{,}98 = e^{k \cdot 1}$ | ln

$\ln(0{,}98) = k$

$k \approx -0{,}0202$

$I(L) = 100 \cdot e^{-0{,}0202 \cdot L}$

a_2) Die Abnahme zeigt sich durch ein negatives Vorzeichen von k.

b_1) Nach $L \approx 27{,}73$ km hat sich die Lichtintensität halbiert.

b_2) $50 = 100 \cdot e^{-0{,}025 \cdot L}$

$0{,}5 = e^{-0{,}025 \cdot L}$ | ln

$\ln(0{,}5) = -0{,}025 \cdot L$ | : (–0,025)

$L \approx 27{,}73$ km

b_3) $40 = 100 \cdot e^{-0{,}025 \cdot L}$

$0{,}4 = e^{-0{,}025 \cdot L}$ | ln

$\ln(0{,}4) = -0{,}025 \cdot L$ | : (–0,025)

$L \approx 36{,}65$ km

Nach jeweils ca. 36,65 km muss ein Verstärker eingebaut werden.

A 3.30 a) exponentiell, da der Preis jährlich um denselben Prozentsatz steigt

$p(t) = 145 \cdot 1{,}005^t$

b) linear, da der Geldbetrag jährlich um denselben Betrag wächst

$G(t) = 50 + t \cdot 10$

c) exponentiell, da die Tierpopulation um denselben Prozentsat abnimmt

$N(t) = 500 \cdot 0{,}5^t$ mit t (Zeit als Vielfache von 5 Jahren)

oder: $N(t) = 500 \cdot \sqrt[5]{0{,}5^t}$ mit t (Zeit in Jahren)

A 3.31 a) F = 40 GE

b) $K(x) = 200;\ 200 = 0{,}02 \cdot x^2 + 0{,}1 \cdot x + 40;\ x_1 = 86{,}98$ ME; ($x_2 = -91{,}98$)

c) $x_1 = 20$ ME; $x_2 = 100$ ME

d)

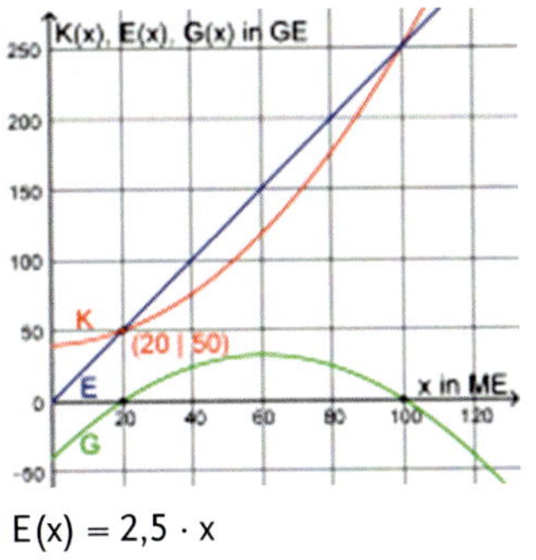

e) $E(x) = 2{,}5 \cdot x$

f) $G(x) = -0{,}02 \cdot x^2 + 2{,}4 \cdot x - 40$

A 3.32 a) $S(0|18) \Rightarrow y = a \cdot x^2 + 18$

$N(60|0) \Rightarrow 0 = a \cdot 60^2 + 18 \Rightarrow a = -0{,}005 \Rightarrow y = -0{,}005 \cdot x^2 + 18$

b) $f(0) = 0$ und $f(120) = 0 \Rightarrow$ Der Koordinatenursprung liegt am linken Rand der Brücke.

A 3.33 a) $B(v) = a \cdot v^2 + b \cdot v + c$

$B(40) = 5{,}8$: $5{,}8 = 40^2 \cdot a + 40 \cdot b + 1 \cdot c$

$B(60) = 6$: $6 = 60^2 \cdot a + 60 \cdot b + 1 \cdot c$

$B(80) = 6{,}6$: $6{,}6 = 80^2 \cdot a + 80 \cdot b + 1 \cdot c$

Berechnung mit Technologie:

$B(v) = 0{,}0005 \cdot v^2 - 0{,}04 \cdot v + 6{,}6$

b) Scheitel: $x_s = -\frac{-0{,}04}{2 \cdot 0{,}0005} = 40$; $S(40|5{,}8)$

Bei 40 km/h ist der Benzinverbrauch mit 5,8 Liter/100 km minimal.

c) Nach oben geöffnet, da Koeffizient $a = 0{,}0005$ positiv.

A 3.34 a)

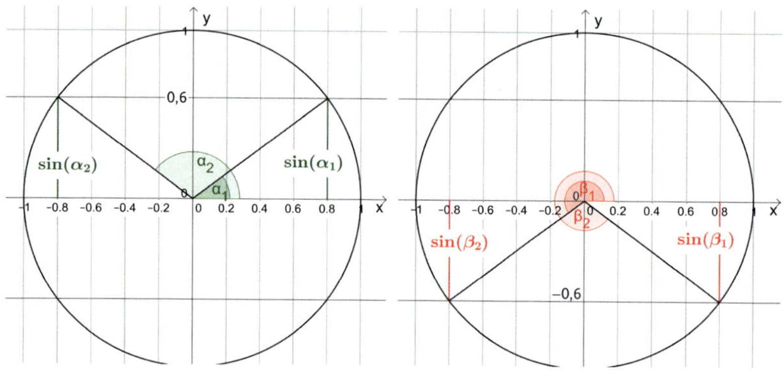

$\alpha_1 \approx 37°$; $\alpha_2 \approx 143°$

$\beta_1 \approx 323°$; $\beta_2 \approx 217°$

b)

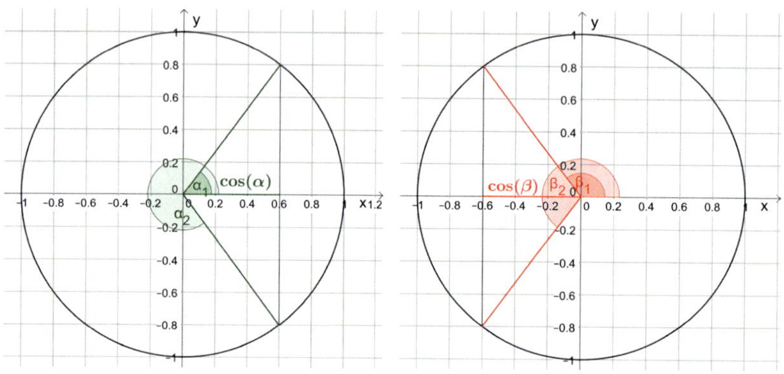

$\alpha_1 \approx 53°$; $\alpha_2 \approx 307°$

$\beta_1 \approx 127°$; $\beta_2 \approx 233°$

A 3.35 a) 1,5 ist die Länge des Fadens in Metern.

b)

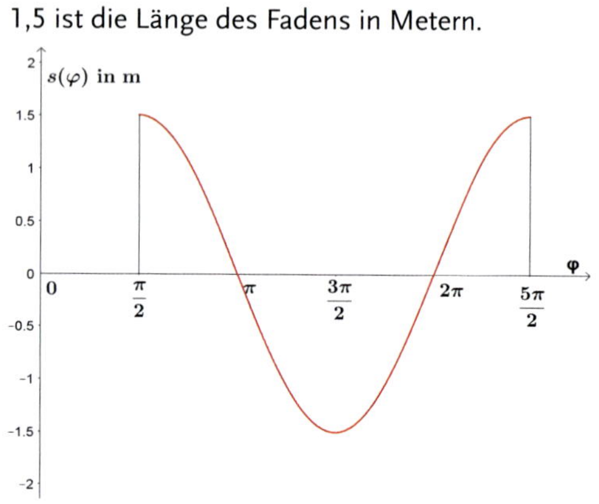

Eine volle Schwingung des Pendels von einem Maximalausschlag zum Beispiel nach links und wieder zurück.

B 3.01 $g(0) = 1{,}5$: $1{,}5 = a \cdot 0 + b \cdot 0 + c \Leftrightarrow c = 1{,}5$

$g(0{,}5) = 2$: $2 = a \cdot 0{,}5^4 + b \cdot 0{,}5^2 + c$

$g(-1) = 1{,}5$: $1{,}5 = a \cdot (-1)^4 + b \cdot (-1)^2 + c$

B 3.02 a) 1 m

b) $f(x) = a \cdot x^4 + b \cdot x^3 + c \cdot x^2 + d \cdot x + e$

$f(0) = 1$: $e = 1$

$f(2) = 0$: $16 \cdot a + 8 \cdot b + 4 \cdot c + 2 \cdot d + e = 0$

$f(4) = -1$: $256 \cdot a + 64 \cdot b + 16 \cdot c + 4 \cdot d + e = -1$

$f(6) = 0$: $1\,296 \cdot a + 216 \cdot b + 36 \cdot c + 6 \cdot d + e = 0$

$f(8) = 1$: $4\,096 \cdot a + 512 \cdot b + 64 \cdot c + 8 \cdot d + e = 1$

$f(x) = -\frac{1}{96} \cdot x^4 + \frac{1}{6} \cdot x^3 - \frac{17}{24} \cdot x^2 + \frac{1}{3} \cdot x + 1$

B 3.03 a) arithmetische Folge; $a_1 = 1$, $d = 1$

explizit: $a_n = 1 + (n - 1) \cdot 1$

rekursiv: $a_{n+1} = a_n + 1$ mit $a_1 = 1$

b) $n = 10$, $a_1 = 1$, $a_n = 10$

c) Die Formel berechnet die Summe der natürlichen Zahlen von 1 bis 10.

B 3.04 a) $a_n = a_1 + (n - 1) \cdot d$ Bildungsgesetz einer arithmetischen Folge

$a_{15} = 30 + 14 \cdot 2 = 58$

Am 15. Tag fährt er 58 km.

b) $1\,000 = n^2 + 29 \cdot n$; $n = 20{,}2886...$

Ab dem 21. Tag hat er mehr als 1 000 km zurückgelegt.

c) Toby verwendet das Bildungsgesetz einer geometrischen Folge.

Eine konstante Zunahme von 2 km täglich entspricht aber einer arithmetischen Folge.

B 3.05 a) geometrische Folge; $K_5 = 500 \cdot 1{,}015^5 = 538{,}642...$

nach 5 Jahren € 538,64

b) $541{,}40 = 500 \cdot (1 + i)^5$

$1 + i = 1{,}016\,03...$; $i \approx 1{,}6\,\%$

c) z. B.: $K_{10} = 100 \cdot 1{,}02^{10} = 121{,}899...$

$K_{10} = 100 \cdot 1{,}04^{10} = 148{,}024...$

Im ersten Fall gibt es ca. € 22 Zinsen, bei doppeltem Zinssatz sind es ca. € 48, das ist mehr als das Doppelte.

d) mit einer Exponentialfunktion ($D = \mathbb{N} \setminus \{0\}$)

B 3.06 a)

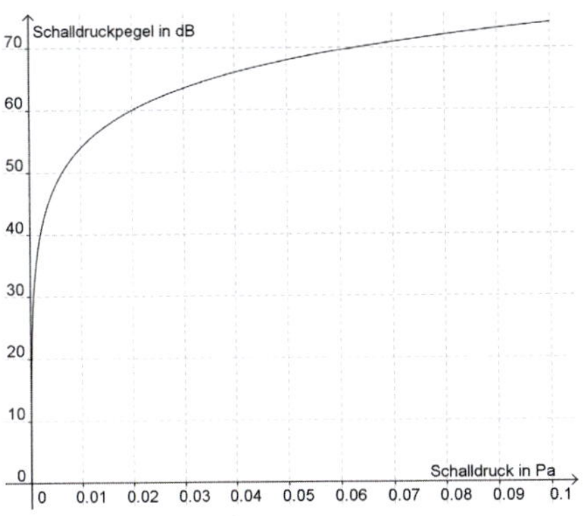

b) $L_{20} = 20 \cdot \lg\left(\frac{20}{20 \cdot 10^{-6}}\right) = 20 \cdot \lg(10^6) = 20 \cdot 6 = 120$

Schalldruckpegel: 120 dB

c) $L_{3 \cdot p} = 20 \cdot \lg\left(3 \cdot \frac{p}{20 \cdot 10^{-6}}\right) = 20 \cdot \lg(3) + 20 \cdot \lg\left(\frac{p}{20 \cdot 10^{-6}}\right) = 20 \cdot \lg(3) + L_p = 9{,}54... + L_p \approx L_p + 10$

B 3.07 a)
- Nach 5 km sind nur noch 60 % vorhanden.
- Sie hat um ca. 80 % abgenommen.

b) 4 % Verlust – nach 1 km noch 96 % vorhanden

$D = 10 \cdot \lg\left(\frac{I_0}{0{,}96 \cdot I_0}\right) = 10 \cdot \lg\left(\frac{1}{0{,}96}\right) = 0{,}177...$

Dämpfung: ca. 0,18 dB

c) Fehler in der 4. Zeile beim Logarithmieren. Den Logarithmus setzt man ein, wenn eine Variable im Exponenten zu berechnen ist. Hier steht die Variable im Numerus, daher muss man entlogarithmieren:

$\lg(10^2) = \lg\left(\frac{1}{x}\right)$

$10^2 = \left(\frac{1}{x}\right)$

$x = 0{,}01 = 1\,\%$

4 Analysis

A 4.01 a)

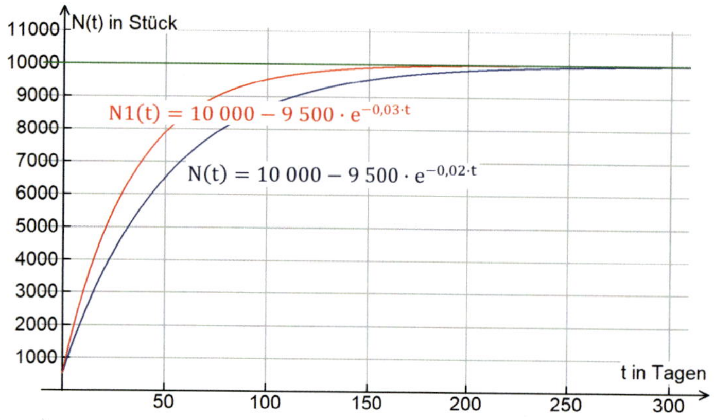

b_1)

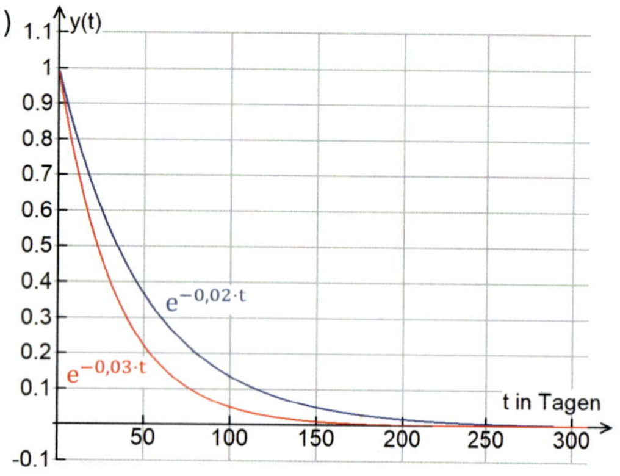

Die Exponentialfunktion $e^{-\lambda \cdot t}$ fällt für $\lambda = 0{,}03$ schneller als für $\lambda = 0{,}02$.
Der Wert der Funktion nähert sich für $\lambda = 0{,}03$ schneller null.

b_2) Fällt die Exponentialfunktion $e^{-\lambda \cdot t}$ schneller, nähert sich der Wert des Teilausdrucks $-9\,500 \cdot e^{-\lambda \cdot t}$ schneller dem Wert null.
Der Sättigungswert von 10 000 Stück wird bei $\lambda = 0{,}03$ daher schneller angenähert als für bei $\lambda = 0{,}02$.

c) Wird t sehr groß, geht $e^{-\lambda \cdot t}$ gegen null, und damit strebt der Ausdruck $10\,000 - 9\,500 \cdot \underbrace{e^{-\lambda \cdot t}}_{\to 0}$ gegen den Sättigungswert 10 000.

A 4.02 a)

Intervall	Zeitdifferenz Δt in Wochen	absoluter Massenzuwachs Δm in Gramm	mittlerer Massenzuwachs $\frac{\Delta m}{\Delta t}$ in $\frac{g}{\text{Woche}}$
[0; 2]	$2 - 0 = 2$	$220 - 42 = 178$	$\frac{178}{2} = 89$
[2; 4]	$4 - 2 = 2$	$925 - 220 = 705$	$\frac{705}{2} = 352{,}5$
[4; 6]	$6 - 4 = 2$	$2\,178 - 925 = 1\,253$	$\frac{1\,253}{2} = 626{,}5$

b) Der langsamste mittlere Massenwachstum der Hühner findet im Zeitintervall [0; 2] statt.
Die mittlere Änderungsrate (mittlerer Massenzuwachs pro Woche) beträgt hier $\frac{\Delta m}{\Delta t} = 89$ g/Woche.
Die Verbindungslinie der Endpunkte des Intervalls [0; 2] hat die kleinste Steigung.
Am schnellsten wachsen die Hühner im Durchschnitt von der 4. bis zur 6. Woche.
Der mittlere Massenzuwachs beträgt in diesem Zeitintervall $\frac{\Delta m}{\Delta t} = 626{,}5$ g/Woche.

c) Die Verbindungslinie der Endpunkte des Intervalls [4; 6] hat die größte Steigung.

A 4.03 a)

Intervall	Zeitdifferenz Δt in Stunden	Energiedifferenz ΔE in kWh	Mittlere Änderung der Energie $\frac{\Delta E}{\Delta t}$ in $\frac{\text{kWh}}{\text{h}}$ oder kW
[18:00; 22:15]	$22{,}25 - 18 = 4{,}25$	$E(22{:}15) - E(18{:}00) = 7{,}8 - 10 = -2{,}2$	$\frac{-2{,}2}{4{,}25} \approx -0{,}518$
[22:15; 04:30]	6,25	–1,7	–0,272
[04:30; 06:00]	1,5	–0,7	–0,467
[18:00; 06:00]	12	$E(6{:}00) - E(18{:}00) = 5{,}4 - 10 = -4{,}6$	$\frac{-4{,}6}{12} \approx -0{,}383$
[08:45; 10:30]	1,75	3	1,714
[07:00; 11:15]	4,25	$9{,}9 - 5{,}4 = 4{,}5$	1,059

A 4.03 b) Die stärkste Entladung der Batterie erfolgte in der Zeit von ca. 18:00 bis ca. 22:15 Uhr.
In diesem Zeitintervall zeigt die Ladungskurve das stärkste Gefälle.
Die durchschnittlich entnommene Leistung in diesem Zeitintervall beträgt ca. 518 Watt.
Die stärkste Zunahme der Ladung der Batterie erfolgte in der Zeit etwa von 8:45 bis ca. 10:30 Uhr.
In diesem Zeitintervall zeigt die Ladungskurve die größte Steigung.
Die durchschnittlich gespeicherte Leistung in diesem Zeitintervall beträgt ca. 1 714 Watt.

A 4.04 a)

Intervall	Zeitdifferenz Δt in Tagen	Änderung der Tageslänge in Stunden	Mittlere Änderungsrate in Minuten pro Tag
[01.03.; 01.04.]	$91 - 60 = 31$	$12{,}9 - 11{,}08 = 1{,}82$	$\frac{1{,}82 \cdot 60}{31} = 3{,}52$

Im März nimmt die Tageslänge im Durchschnitt um 3,52 Minuten pro Tag zu.

b_1) Die Steigung des Geradenstückes gibt die durchschnittliche Zunahme oder Abnahme der Tageslänge pro Tag an.

b_2) Die Steigung des Geradenstückes ist im März am größten; Frühlingsbeginn.

b_3) Das Gefälle des Geradenstückes ist im September am größten; Herbstbeginn.

b_4) Die Steigung der jeweiligen Geradenstücke ist gleich der entsprechenden mittleren Änderungsrate.

c_1) Im Juni (Sommerbeginn) und im Dezember (Winterbeginn) ist der Betrag der mittleren Änderungsrate am kleinsten.

c_2) Im März (Frühlingsbeginn) und im September (Herbstbeginn) ist der Betrag der mittleren Änderungsrate am größten.

A 4.05 a_1) Definitionsbereich $D = [0; 5]$

a_2)

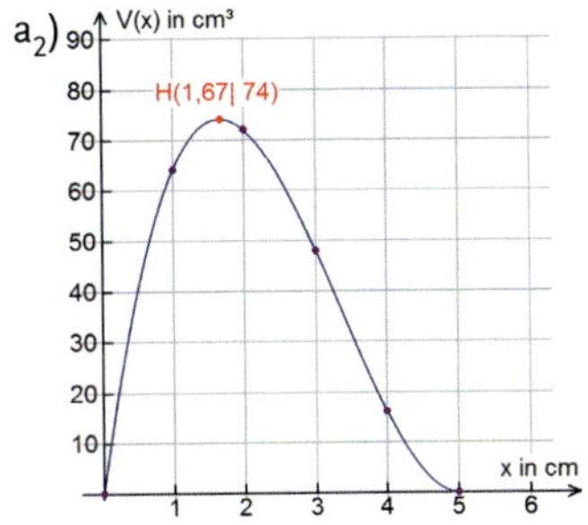

x in cm	V(x) in cm³
0	0
1	64
2	72
3	48
4	16
5	0

$x \approx 1{,}67$ cm; $V_{max} \approx 74$ cm³; H(1,67|74)

V streng mononton fallend für [1,67; 5]

b) $\frac{V(4) - V(2)}{4 - 2} = \frac{16 - 72}{2} = \frac{-56}{2} = -28$

Der Wert gibt an, dass das Volumen der Schachtel im Intervall [2; 4] im Durchschnitt um 28 cm³ kleiner wird, wenn man die Höhe um 1 cm vergrößert.

c) Der Wert des Ausdrucks gibt die Steigung der Sekante an den Graphen von V im Intervall [2; 4] an. ☒

d) $V'(2) = -12$

Die Tangente an die Funktion V an der Stelle 2 hat die Steigung −12.

Interpretation: Vergrößert man an der Stelle x = 2 die Höhe x um 1 cm, dann ändert sich das Volumen um ca. −12 cm³.

e) Die Lösungen der Gleichung $V'(x) = 0$ enthalten den x-Wert des Hochpunktes H. ☒

A 4.06 a)

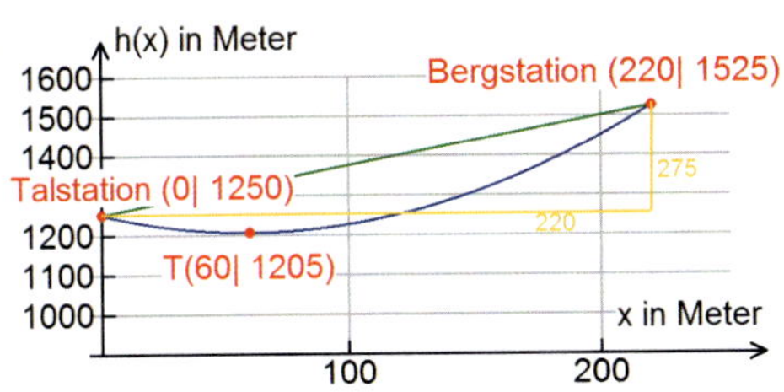

b) Aus h(x) = 1 525 den x-Wert berechnen: x = 220 m

$\frac{\Delta h}{\Delta x} = \frac{1\,525 - 1\,250}{220 - 0} = 1{,}25 = 125\,\%$

c) Aus h(x) = 1 285 den x-Wert berechnen: x = 140 m

$k = h'(140) = 2$; $\alpha = \tan^{-1}(2) \approx 63{,}43°$

d) $h'(x) = 0$; T(60|1 205); $h''(60) = 0{,}025 > 0 \Rightarrow$ daher Minimum; Der tiefste Punkt liegt in 1 205 m Seehöhe.

e) Steigung aus dem Graphen von h' ablesen.
Es liegt ein Randmaximum bei x = 220 m (Bergstation) vor mit der Steigung k = 4.

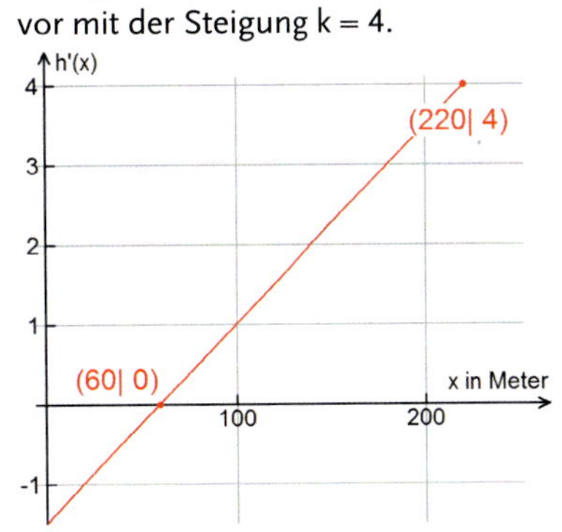

A 4.07 a)

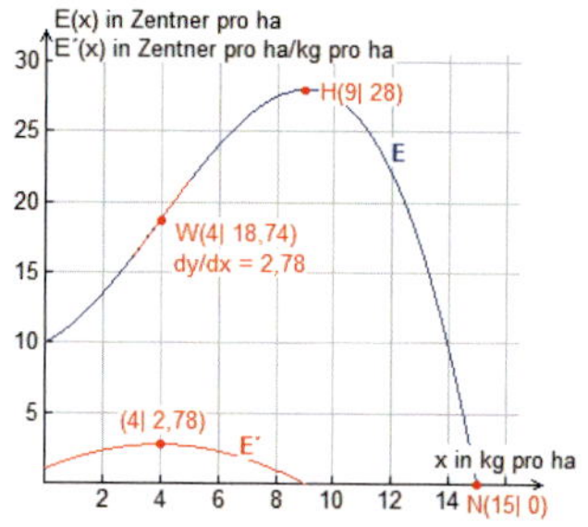

b) $E(0) = 10$ Zentner/ha

c) $E'(x) = 0$; $x = 9$ kg/ha; $E_{max} = 28$ Zentner/ha

d) $10 \cdot (1 + i) = 28$; $i = 1{,}8$; Ertragssteigerung ist 180 %

e) Die Steigung der Funktion E muss maximal sein.
Zu berechnen ist der x-Wert für den gilt: $E'(x) \rightarrow$ Max., d. h. $E''(x) = 0$
$-\frac{2}{9} \cdot x + \frac{8}{9} = 0$; $x = 4$ kg/ha; $E'(4) \approx 2{,}78$
Bei einer Düngermenge von 4 kg/ha ist die Zuwachsrate mit 2,78 Zentner/kg maximal.

f) Hat die Ableitungsfunktion E' an der Stelle x_0 einen Extremwert, dann ist an dieser Stelle $E''(x_0) = 0$ und die Ertragsfunktion E hat an dieser Stelle x_0 einen Wendepunkt.

g) $E'(x) = 2{,}78$ gibt die lokale Änderungsrate des Ernteertrages an.
Vergrößert man bei der Wendestelle $x = 4$ die Düngermenge um 1 kg pro ha, ändert sich der Ernteertrag um ca. 2,78 Zentner pro ha.

h) Zu lösen ist die Gleichung $E(x) = 0 \Rightarrow x = 15$ kg; Vergiftung ab 15 kg/ha

A 4.08 Die Funktion N ist streng monoton fallend, weil die Ableitung $N'(t)$ für alle t negativ ist.

A 4.09 a)

Gleichung	Verwendete Information	Zusammenhang
$d = 0$	(I)	$f(0) = 0$
$64\,000 \cdot a + 1\,600 \cdot b + 40 \cdot c + d = -1$	(V)	$f(40) = -1$
$4\,800 \cdot a + 80 \cdot b + c = 0$	(IV)	$f'(40) = 0$
$c = 0$	(II)	$f'(0) = 0$

b) $f(x) = \frac{x^3}{32\,000} - \frac{3 \cdot x^2}{1\,600}$

A 4.10 a) $f(x) = a \cdot x^3 + b \cdot x^2 + c \cdot x + d$
$f'(x) = 3 \cdot a \cdot x^2 + 2 \cdot b \cdot x + c$
4 Gleichungen aus Bedingungen aufstellen:

(1) H(0|4)	$f(0) = 4$	$d = 4$
(2) T(4|0)	$f(4) = 0$	$64 \cdot a + 16 \cdot b + 4 \cdot c + d = 0$
(3) Hochpunkt	$f'(0) = 0$	$c = 0$
(4) Tiefpunkt	$f'(4) = 0$	$48 \cdot a + 8 \cdot b + c = 0$

$f(x) = 0{,}125 \cdot x^3 - 0{,}75 \cdot x^2 + 4$

b) $f'(x) = 0{,}375 \cdot x^2 - 1{,}5x$
$f''(x) = 0{,}75 \cdot x - 1{,}5$
$0 = 0{,}75 \cdot x - 1{,}5$; $x = 2$
$f'(2) = -1{,}5$
$\alpha = \tan^{-1}(-1{,}5) = -56{,}3°$
Die Rutsche erfüllt die Anforderung nicht.

A 4.11 a) $h(0) = 10$; $h'(0) = 1$; $h(50) = 200$; $h'(50) = 4$
$h(t) = -0{,}00104 \cdot t^3 + 0{,}108 \cdot t^2 + t + 10$

b) $H_{max} = 254$ cm; 73,6 Tage nach Beginn der Untersuchung

c) Größte Wachstumsgeschwindigkeit ca. 34,6 Tage nach Untersuchungsbeginn.
Die momentane Zuwachsrate ist hier ca. 4,74 cm/Tag.

d) Die Steigung der Funktion h muss maximal sein.
Zu berechnen ist der t-Wert, für den gilt: h' ist maximal, d. h. $h''(t) = 0$.

e) Nach Erreichen des Höhenmaximums wird nach dem gegebenen Modell die Höhe der Pflanze wieder geringer. Das ist so in der Natur nicht zu beobachten.
In der Praxis würde nach Erreichen des Maximalwertes die Höhe der Sonnenblume bis zur Ernte weitestgehend unverändert bleiben.

A 4.12 a) 10 m/s

b) 7,5 m/s

c) 15 m/s

d) richtig:

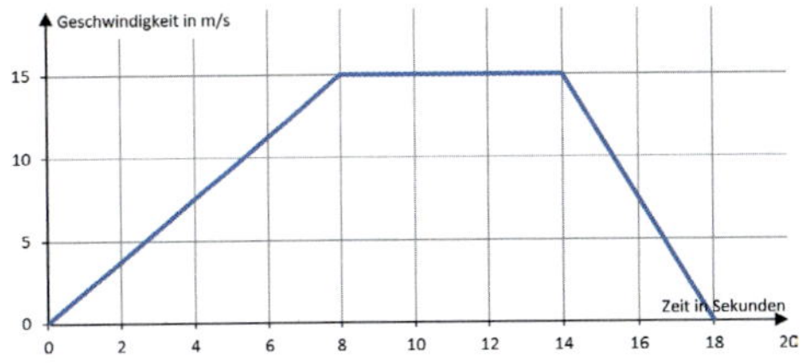

A 4.13 a) Die momentane Geschwindigkeit entspricht der Steigung der Tangente an die Funktion s.

Da die eingezeichneten Tangenten ungefähr parallel verlaufen, ist die momentane Geschwindigkeit zu den genannten Zeitpunkten ungefähr gleich hoch.

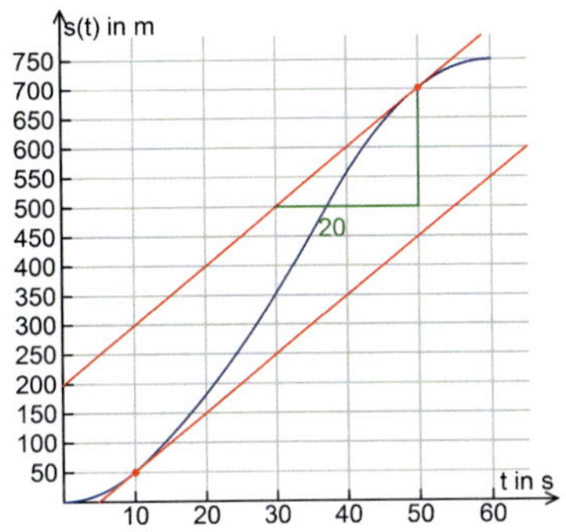

A 4.13 b) $\frac{200}{20}$; $v = 10$ m/s = 36 km/h

c) $\frac{750}{60} = 12{,}5$; $\overline{v} = 12{,}5$ m/s = 45 km/h

d) $s(22) \approx 232$ m

e) $v(t) = 21 - 0{,}95 \cdot t$; $v(0) = 21$ m/s = 75,6 km/h

f) Die Beschleunigung-Zeit-Funktion a ist die erste Ableitung der Geschwindigkeit-Zeit-Funktion v.
v ist eine lineare Funktion, a ist konstant und gleich der Steigung von v, also $-0{,}95$ m/s².

A 4.14 a) $f(x) = a \cdot x^2 + b \cdot x + c$

$f'(x) = 2 \cdot a \cdot x + b$

(1) $f(0) = 0$: $c = 0$

(2) $f'(0) = \tan(35°)$: $b = 0{,}7002$

(3) $f(-5) = 0$: $25 \cdot a - 5 \cdot b + c = 0 \Leftrightarrow a = 0{,}14$

b) $f(x) = 0{,}14 \cdot x^2 + 0{,}7002 \cdot x$

c)

Der Ursprung des Koordinatensystems liegt im Punkt A.	C
Der Ursprung des Koordinatensystems liegt im Punkt S.	A

A 4.15 a) $f(x) = a \cdot x^3 + b \cdot x^2 + c \cdot x + d$;

$f'(x) = 3 \cdot a \cdot x^2 + 2 \cdot b \cdot x + c$

1) $f(0) = 0$: $0 = d$

2) $f'(0) = 0$: $0 = c$

3) $f(4) = 3$: $3 = 64 \cdot a + 16 \cdot b$

4) $f'(4) = 0$: $0 = 48 \cdot a + 8 \cdot b$

$a = -\frac{3}{32}$; $b = \frac{9}{16}$

$f(x) = -\frac{3}{32} \cdot x^3 + \frac{9}{16} \cdot x^2$

b) Schnittstelle der horizontalen Geraden $y = 1{,}5$ mit dem Graphen von f:

$1{,}5 = -\frac{3}{32} \cdot x^3 + \frac{9}{16} \cdot x^2$

Mit Technologie: $x = 2$

$I = \int_0^2 \left(-\frac{3}{32} \cdot x^3 + \frac{9}{16} \cdot x^2\right) dx = 1{,}125$

$A = 8 \cdot 1{,}5 - 2 \cdot 1{,}125 = 9{,}75$

Die Querschnittsfläche beträgt 9,75 m²

A 4.16 a)

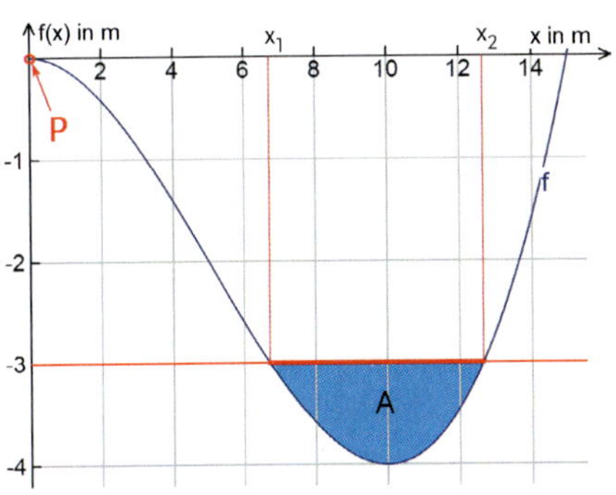

b₁) $\text{Querschnittsfläche} = \left|\int_0^{15} f(x)\,dx\right| = \left|\int_0^{15} \left(\frac{1}{125} \cdot x^3 - \frac{3}{25} \cdot x^2\right) dx\right| = \left|\left[\frac{1}{500} \cdot x^4 - \frac{1}{25} \cdot x^3\right]_0^{15}\right| = |-33{,}75|$

Querschnittsfläche = 33,75 m²

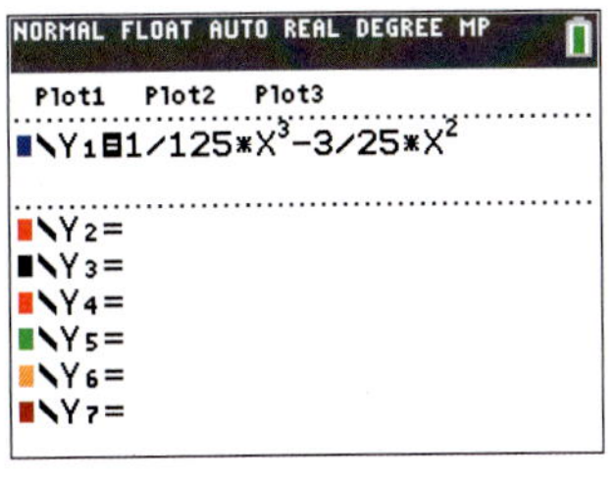

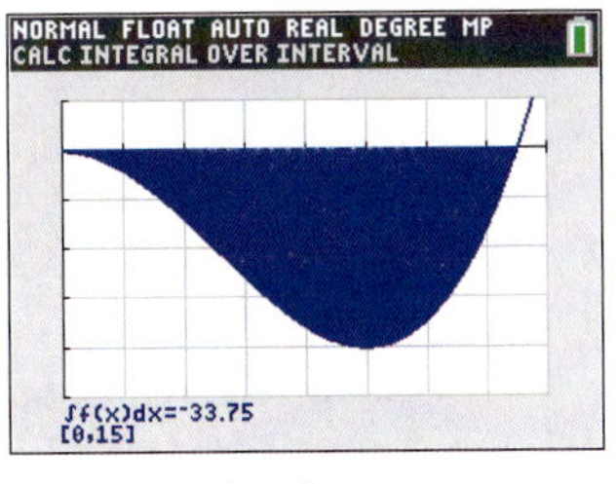

b₂) Wasservolumen = Querschnittsfläche · Länge des Kanals

Wasservolumen = 33,75 m² · 5 000 m = 168 750 m³

Der Kanal wird mit 168 750 Kubikmeter Wasser gefüllt.

c) $A = \int_{x_1}^{x_2} (-3 - f(x))\,dx$ oder $A = \int_{x_1}^{x_2} (f(x) - (-3))\,dx$

d) Berechnung der Werte von x_1 und x_2 mit Technologie:

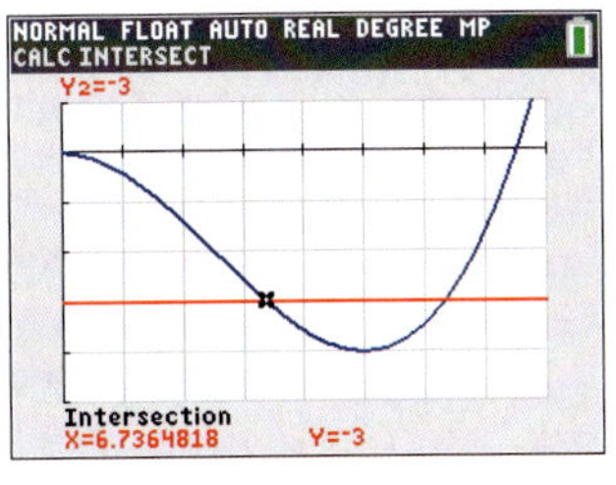

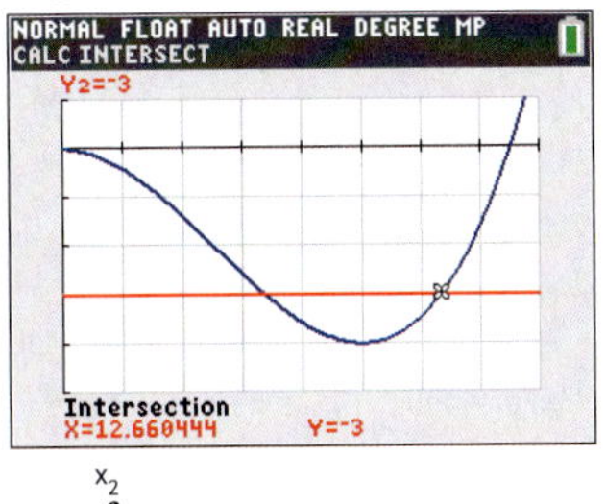

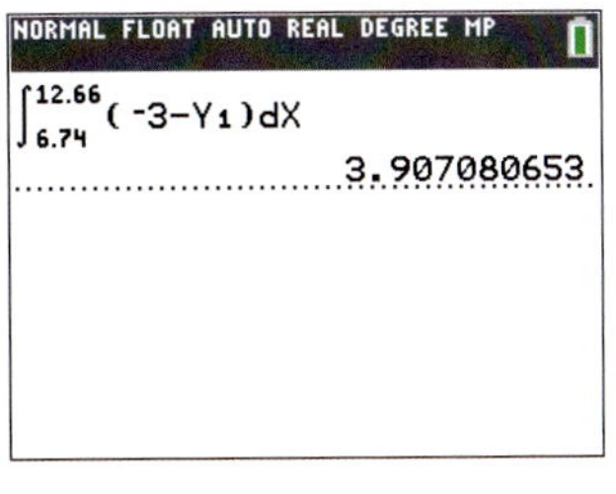

$x_1 \approx 6{,}74$; $x_2 \approx 12{,}66$

$A = \int_{x_1}^{x_2} (-3 - f(x))\,dx \approx 3{,}91$

$A \approx 3{,}91$ m²

A 4.17 a) $f(200) = 160$: $\quad 160 = a \cdot 200 \cdot (200 - 600)^2$; $\quad a = \frac{1}{200\,000}$

b) $A = \int_0^{600} \frac{1}{200\,000} \cdot x \cdot (x - 600)^2 \, dx = 54\,000$

Das Grundstück hat 54 000 m^2.

A 4.18 a) $v(t) = 0$: $t_1 = 0$; $t_2 = 20$.

Die Fahrt dauert 20 Sekunden.

b) $a(t) = \frac{dv}{dt} = -0{,}03 \cdot t + 0{,}3$

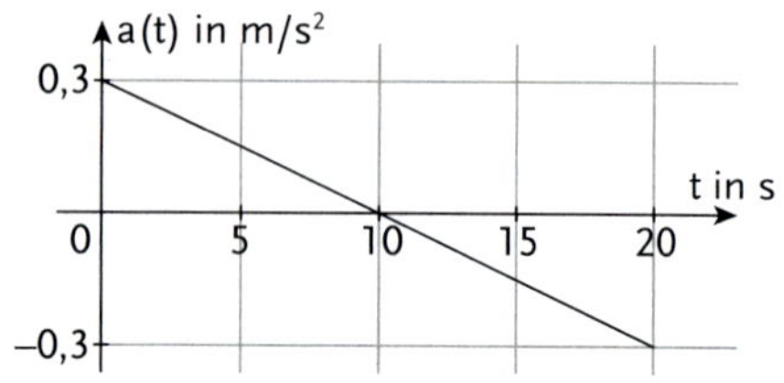

c) $v_{max} = 1{,}5$ m/s; Beim Zeitpunkt der maximalen Geschwindigkeit ist die Beschleunigung gleich null.

d) $s = \int_0^{20} (-0{,}015 \cdot t^2 + 0{,}3 \cdot t) \, dt = 20$; d. h., der Aufzug legt bei seiner Fahrt 20 m zurück.

e) $s(t) = -0{,}005 \cdot t^3 + 0{,}15 \cdot t^2 + c$; Da $s(0) = 0$, gilt: $c = 0$.

f) Der Flächeninhalt entspricht einem Weg von 13,75 m, den der Aufzug bei seiner Fahrt im Zeitintervall [5; 15] zurücklegt.

A 4.19 a)

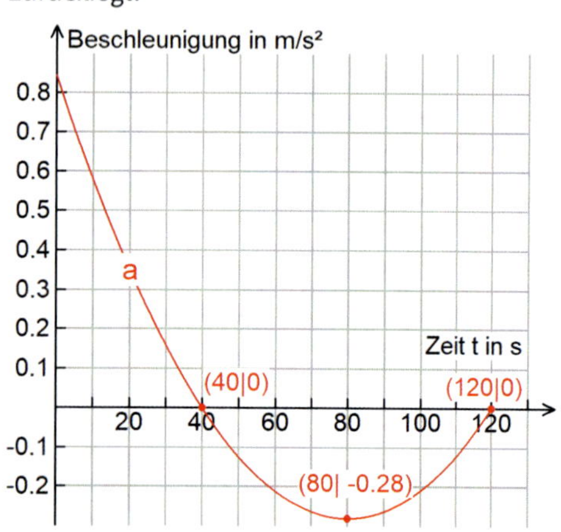

$a > 0$ für $\quad 0 \leqslant t < 40$

$a < 0$ für $\quad 40 < t < 120$

$a = 0$ für $t = 40$ s und $a = 0$ für $t = 120$ s,

d. h., an den Stellen der relativen Extrempunkte H und T.

a ist negativ und minimal für $t = 80$ s,

d. h., an der Stelle des Wendepunktes von v.

b) $\int_0^{120} v(t) \, dt$

c)

D	$\frac{s(90) - s(70)}{90 - 70}$	☒

A 4.20 a) $f(t) = a \cdot t^3 + b \cdot t^2 + c \cdot t + d$

$f'(t) = 3 \cdot t^2 + 2 \cdot t + c$

(1) $f(0) = 0$

(2) $f(40) = 80$

(3) $f'(40) = 0$

(4) $f'(120) = 0$

$f(x) = \frac{x^3}{3\,200} - \frac{3 \cdot x^2}{40} + \frac{9 \cdot x}{2}$

A 4.20 b) Nach $t = 120$ Minuten ist das zugeflossene Volumen am größten.

c) Mit $\int_0^{60} v(t) \, dt$ wird das zugeflossene Volumen an Treibstoff vom Beginn $(t = 0)$ bis zum Zeitpunkt $t = 60$ Minuten berechnet.

Mit $\int_{80}^{120} v(t) \, dt$ wird das zugeflossene Volumen an Treibstoff von $t = 80$ Minuten bis zum Zeitpunkt $t = 100$ Minuten berechnet.

A 4.21 a) $\Delta V = Q \cdot \Delta t = 23 \cdot 60 \cdot 60 \cdot 24 = 1\,987\,200$

Pro Tag fließen 1 987 200 m^3 Wasser durch den Kanal. Das sind 1 987 200 Tonnen Wasser.

b_1)

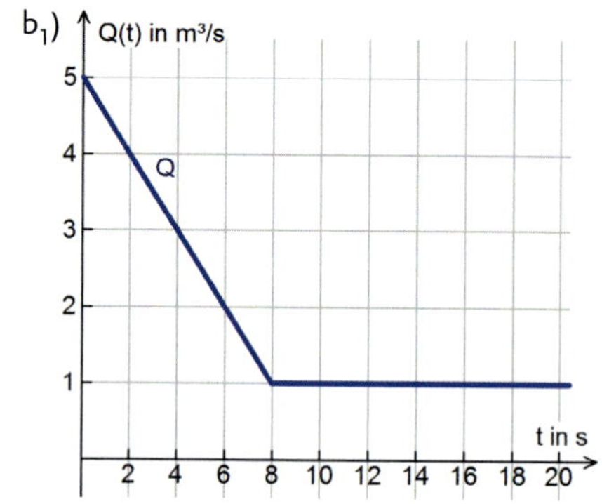

b_2) $Q(t) = -\frac{1}{2} \cdot t + 5$

b_3) $V = \int_0^{8} \left(-\frac{1}{2} \cdot t + 5\right) dt = \left[-\frac{1}{4} \cdot t^2 + 5 \cdot t\right]_0^8 = 24$

oder Flächenberechnung mit Dreieck und Rechteck

$8 \cdot \frac{4}{2} + 8 \cdot 1 = 24$

In den ersten 8 Sekunden sind 24 m^3 Wasser durch das Ventil geflossen.

b_4) Berechnet wird das Volumen des Wassers, das in den ersten 15 Sekunden nach Öffnen des Ventils durch das Ventil fließt.

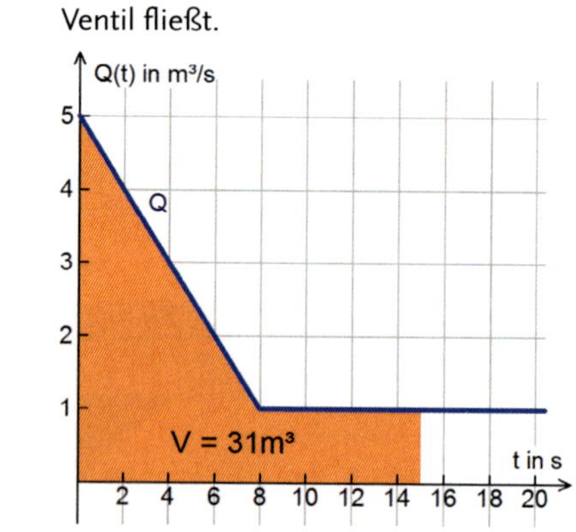

A 4.22 a) Durchflussrate nach 10 Sekunden: 2 m^3/s in positive Richtung (Zufluss in den Kanal)

b) Durchflussrate nach 26 Sekunden: 0 m^3/s

c) Durchflussrate nach 36 Sekunden: 1 m^3/s in negative Richtung (Abfluss aus dem Kanal)

A 4.22 d)

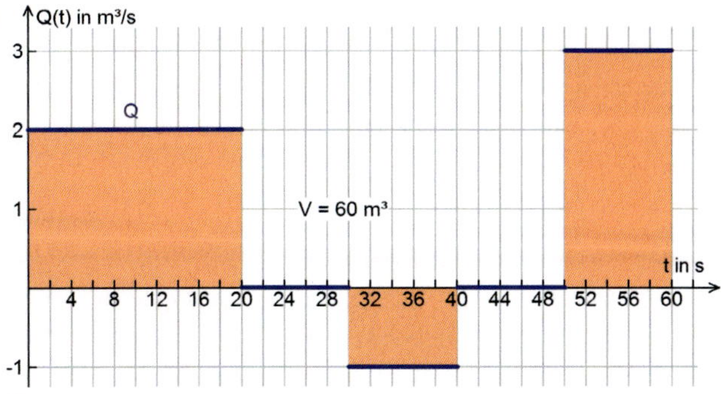

$$\int_0^{60} Q(t)\,dt = 2 \cdot 20 + (-1) \cdot 10 + 3 \cdot 10 = 60$$

In Summe sind in den ersten 60 Sekunden 60 m^3 Wasser in den Kanal geflossen.
70 m^3 sind zugeflossen und 10 m^3 sind abgeflossen.

A 4.23 a) In den ersten 30 Sekunden sind in Summe ca. 10 m^3 durch den Regler in den Kanal geflossen.

b) In den ersten 50 Sekunden sind in Summe ca. 10 m^3 durch den Regler aus dem Kanal geflossen.

c) In den ersten 60 Sekunden sind in Summe ca. 5 m^3 durch den Regler in den Kanal geflossen.

d) Nach 35 Sekunden und nach ca. 57 Sekunden ist die Summe der zu- und abgeflossenen Wassermenge gleich groß.

e)

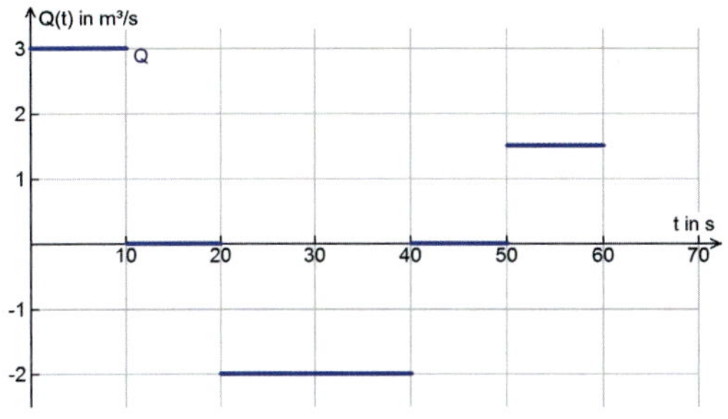

A 4.24 Die Zeit t wird in Stunden ab dem Zeitpunkt 0 gemessen.

a) Das Gesamtvolumen des zu- und abgeflossenen Wassers entspricht dem Flächeninhalt der Rechtecke zwischen dem Graphen von f und der Zeitachse.

$V = 82{,}7 \cdot (4{,}6 - 0{,}25) + |-65{,}4 \cdot (11{,}5 - 6)| = 359{,}745 + 359{,}7 = 719{,}445 \approx 720$

Pro Periode fließen insgesamt ca. 720 Millionen m^3 Wasser durch die Turbinen des Kraftwerks.

b) Im Zeitintervall [4,6; 6], also für eine Zeitspanne von 1,4 Stunden, wird der Durchfluss gesperrt, es fließt kein Wasser durch die Turbinen. (Es wird gewartet, bis durch die einsetzende Ebbe bzw. Flut die Höhendifferenz groß genug ist für die Stromerzeugung.)

c) Es wird das Wasservolumen berechnet, das bei Flut zur Füllung des Beckens durch die Turbinen läuft.

$c_1)$ $\int_{0{,}25}^{4{,}6} 82{,}7\,dt \approx 360$ $c_2)$ $\int_0^6 f(t)\,dt \approx 360$

Ca. 360 Millionen m^3 Wasser füllen das Becken des Kraftwerks.

d) Die Berechnung der Integrale kann durch einfache Flächenberechnungen von Rechtecken erfolgen.

$d_1)$ $\int_6^b |f(t)\,dt| = 300$

$65{,}4 \cdot (b - 6) = 300 \;\Leftrightarrow\; 65{,}4 \cdot b - 392{,}4 = 300 \;\Leftrightarrow\; b \approx 10{,}59$

Der Wert b gibt an, dass nach 10,59 Stunden 300 Millionen m^3 Wasser aus dem Becken ausgeflossen sind.

$d_2)$ $\int_3^b f(t)\,dt = 0$

Berechnet wird der Zeitpunkt b, bis zu dem genau so viel Wasser aus dem Becken herausgeflossen ist, wie im Zeitintervall von 3 bis 4,6 Stunden ins Becken hineingeflossen ist.

Im Intervall [3; 4,6] zugeflossenes Wasservolumen in Millionen m^3: $82{,}7 \cdot (4{,}6 - 3) = 132{,}32$

Im Intervall [6; b] abgeflossenes Wasservolumen in Millionen m^3: $65{,}4 \cdot (b - 6)$

$132{,}32 = 65{,}4 \cdot (b - 6) \;\Leftrightarrow\; b \approx 8{,}02$

Im Zeitintervall [3; 4,6] fließt genau so viel Wasser ins Staubecken, wie im Zeitintervall [6; 8,02] wieder aus dem Becken heraus fließt.

Die Zeit wird in Stunden ab dem Zeitpunkt 0 gemessen.

e) Der Graph von F beschreibt das gespeicherte Wasservolumen in Millionen m^3, das sich zum Zeitpunkt t im Staubecken befindet. Der Wert 0 Millionen m^3 zeigt dabei den Tiefststand der Wassermenge (bei Ebbe), der Wert 360 Millionen m^3 zeigt den Höchststand der gespeicherten Wassermenge (bei Flut) im Becken an.

Eine eventuelle Restwassermenge, die immer im Staubecken verbleibt, wird nicht berücksichtigt.

A 4.25 a_1)

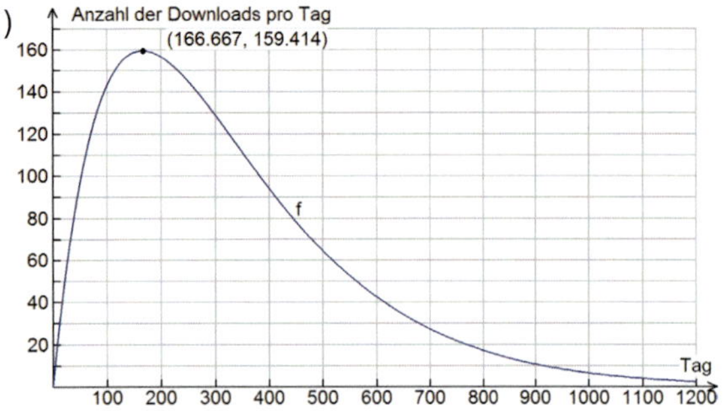

a_2) Am 167. Tag werden die meisten Downloads gezählt.

a_3) Der Song wird an diesem Tag ca. 159-mal heruntergeladen.

b) Das Integral berechnet die Gesamtzahl der Downloads im ersten Jahr (365 Tage) nach Erscheinen des Songs. Der Song wird im ersten Jahr nach Erscheinen ca. 46 438-mal heruntergeladen.

c) $F'(t) = -\frac{1\,300}{9}\cdot\left(3\cdot e^{-\frac{3}{500}\cdot t} + (3\cdot t+500)\cdot e^{-\frac{3}{500}\cdot t}\cdot\left(-\frac{3}{500}\right)\right) =$

$= -\frac{1\,300}{9}\cdot\left(3\cdot e^{-\frac{3}{500}\cdot t} + 3\cdot t\cdot e^{-\frac{3}{500}\cdot t}\cdot\left(-\frac{3}{500}\right) + 500\cdot e^{-\frac{3}{500}\cdot t}\cdot\left(-\frac{3}{500}\right)\right) =$

$= -\frac{1\,300}{9}\cdot e^{-\frac{3}{500}\cdot t}\cdot\left(3 + 3\cdot t\cdot\left(-\frac{3}{500}\right) + 500\cdot\left(-\frac{3}{500}\right)\right) =$

$= -\frac{1\,300}{9}\cdot e^{-\frac{3}{500}\cdot t}\cdot 3\cdot t\cdot\left(-\frac{3}{500}\right) = \frac{13}{5}\cdot t\cdot e^{-\frac{3}{500}\cdot t} = 2{,}6\cdot t\cdot e^{-0{,}006\cdot t} = f(t)$ Was zu zeigen war.

$F(0) = -\frac{1\,300}{9}\cdot(3\cdot 0+500)\cdot e^{-\frac{3}{500}\cdot 0} + \frac{650\,000}{9} = 0$

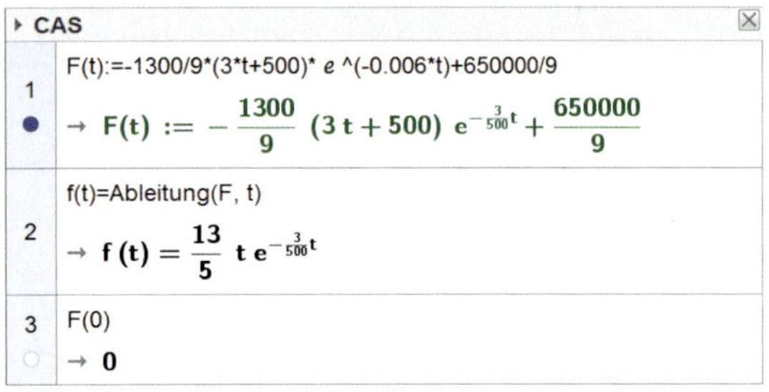

d) Zu lösen ist die Gleichung $\int_0^x f(t)\,dt = 50\,000$.

Dies erfolgt mithilfe des Solvers und ist etwas zeitintensiv.

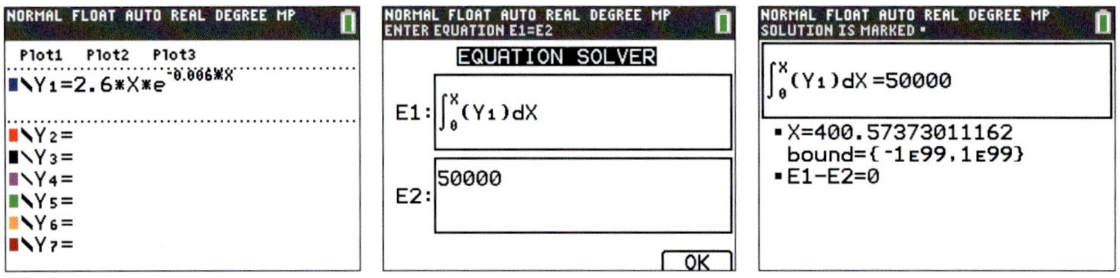

Am 401. Tag nach Veröffentlichung werden 50 000 Downloads überschritten.

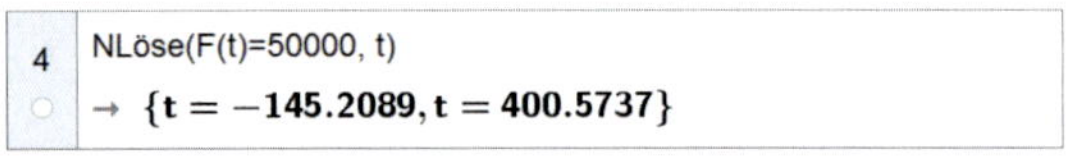

e) Theo kann insgesamt mit ca. 72 222 Downloads seines Songs rechnen.

Berechnet durch Einsetzen großer Zahlen für t.

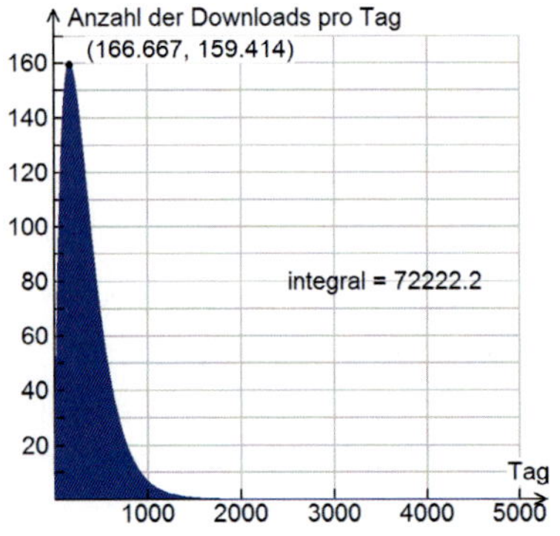

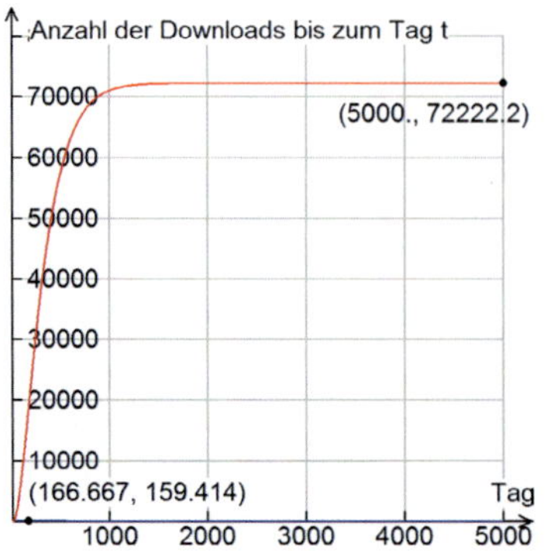

A 4.26 a) 2 000 W

b) 16 kWmin = 16 · 60 · 1 000 Ws = 960 000 J ≈ 0,27 kWh

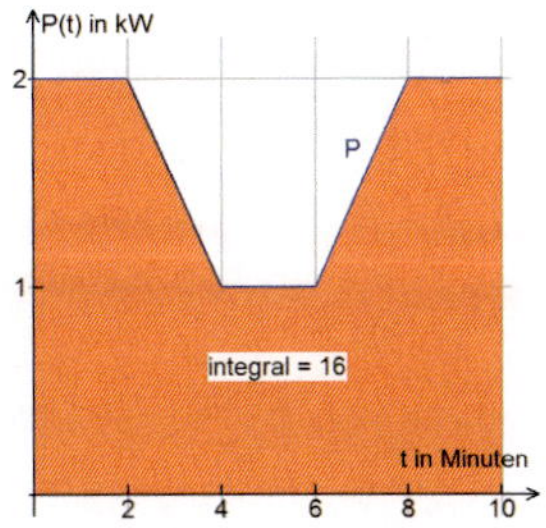

A 4.27 a) $P'(t) = 3 \cdot a \cdot t^2 - 108 \cdot t + 2\,878$

$P'(13{,}25) = 0$ oder $P'(13{,}25) = 0$:

$0 = 3 \cdot a \cdot 13{,}25^2 - 108 \cdot 13{,}25 + 2\,878$

$a = \frac{108 \cdot 13{,}25 - 2\,878}{3 \cdot 13{,}25^2} \approx -2{,}75$

$b_1)\ \frac{\Delta P}{\Delta t} = \frac{P(12) - P(10)}{12 - 10} = \frac{3\,944{,}8 - 2\,500}{2} = 722{,}4$

Interpretation: Im Zeitintervall von 10:00 bis 12:00 Uhr steigt die Leistungsabgabe um durchschnittlich 722,4 Watt pro Stunde (W/h).

b_2) Interpretation: Die momentane Änderungsrate entspricht der Steigung der Tangente an die Funktion P. Im Zeitintervall von t_1 bis $t_1 + 1$ (eine Stunde) nimmt die Leistungsabgab näherungsweise um 959,2 Watt ab.

$P'(t) = -8{,}7 \cdot t^2 - 102 \cdot t + 2\,900$

$P'(t) = -959{,}2$: $-8{,}7 \cdot t^2 - 102 \cdot t + 2\,900 = -959{,}2$

Lösung mit Technologie: $t_1 = 16$; $(t_2 = -27{,}72)$

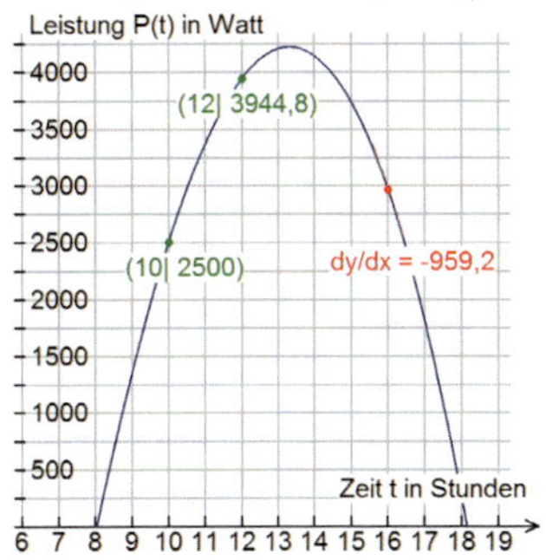

Um ca. 16.00 Uhr ist die momentane Änderungsrate –959,2 W/h.

b_3) Mit dem Integral wird die von der PV-Anlage von 12:00 bis 15:00 Uhr produzierte elektrische Energie (Arbeit) von 12 281,48 Wattstunden (Wh) oder ca. 12,3 Kilowattstunden (kWh) berechnet.

b_4) Nullstellen der Funktion P: $t_1 \approx 8$; $t_2 = 18{,}15$

$$\int_8^{18{,}15} (-2{,}9 \cdot t^3 - 51 \cdot t^2 + 2\,900 \cdot t - 18\,500)\,dt = 28\,441{,}5$$

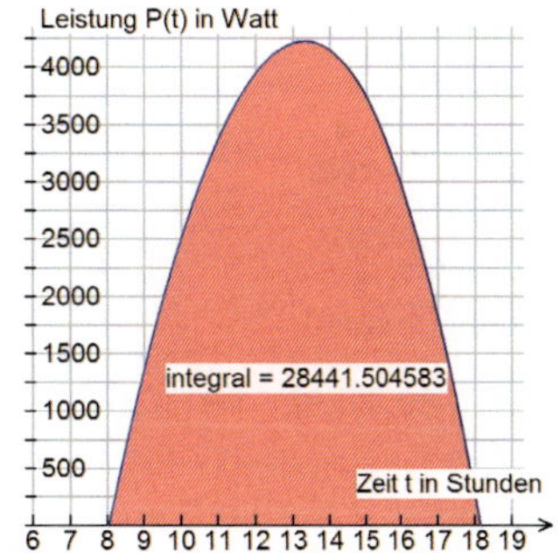

An diesem Tag produziert die PV-Anlage ca. 28,44 kWh elektrische Energie.

B 4.01 a) $g(x) = x + 4$

b) $f(x) = a \cdot x^4 + b \cdot x^3 + c \cdot x^2 + d \cdot x + e$

$f'(x) = 4 \cdot a \cdot x^3 + 3 \cdot b \cdot x^2 + 2 \cdot c \cdot x + d$

(1) D(0|3)	$f(0) = 3$	$e = 3$
(2) Extremum:	$f'(0) = 0$	$d = 0$
(3) C(3|0):	$f(3) = 0$:	$a \cdot 3^4 + b \cdot 3^3 + c \cdot 3^2 + d \cdot 3 + e = 0$, also $27{,}9841 \cdot a + 12{,}167 \cdot b + 5{,}29 \cdot c = -1{,}3$
(4) $f(-2{,}3) = g(-2{,}3) = 1{,}7$:		$a \cdot (-2{,}3)^4 + b \cdot (-2{,}3)^3 + c \cdot (-2{,}3)^2 + d \cdot (-2{,}3) + e = 1{,}7$, also $-48{,}668 \cdot a + 15{,}87 \cdot b - 4{,}6 \cdot c = -2$
(5) $f'(-2{,}3) = g'(-2{,}3) = 1$:		$4 \cdot a \cdot (-2{,}3)^3 + 3 \cdot b \cdot (-2{,}3)^2 + 2 \cdot c \cdot (-2{,}3) + d = 1$, also $-48{,}668 \cdot a + 15{,}87 \cdot b - 4{,}6 \cdot c = 1$

c) $f(x) = 0{,}001534 \cdot x^4 - 0{,}0176 \cdot x^3 - 0{,}294\,342 \cdot x^2 + 3$

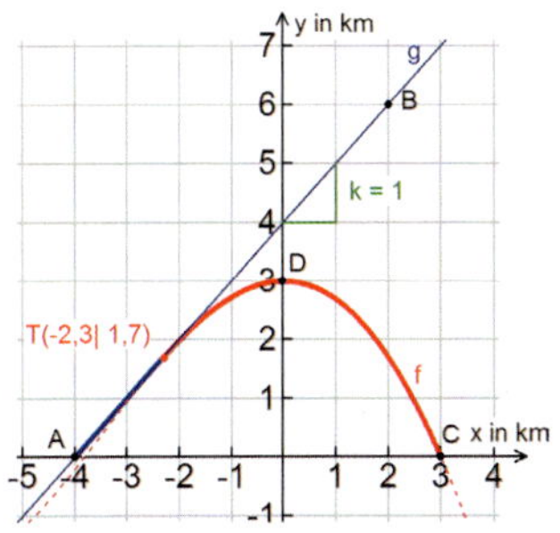

B 4.02 a) $f(x) = -\frac{1}{8} \cdot x^4 + \frac{3}{4} \cdot x^2 + \frac{3}{8}$; t: $y = x$

b) 12,6 cm^2

B 4.03 a) $f(x) = a \cdot x^4 + b \cdot x^2 + c$; $f'(x) = 4 \cdot a \cdot x^3 + 2 \cdot b \cdot x$

Gleichungssystem:

$f(0)$	$= 2$	somit:	$c = 2$
$f(53)$	$= 0$		$53^4 \cdot a + 53^2 \cdot b + c = 0$
$f'(53)$	$= 0$		$4 \cdot 53^3 \cdot a + 106 \cdot b = 0$

b) Der Wert von c ist der y-Wert des Schnittpunktes des Graphen von f mit der y-Achse. c ist der y-Wert des Hochpunktes H(0|2) von f.

c) $f(x) = \frac{2}{7\,890\,481} \cdot x^4 - \frac{4}{2\,809} \cdot x^2 + c$

▸ CAS

1	g(x):=a*x^4+b*x^2+c → $g(x) := a\,x^4 + b\,x^2 + c$
2	g(0)=2 → $c = 2$
3	g(53)=0 → $7890481\,a + 2809\,b + c = 0$
4	g'(53)=0 → $595508\,a + 106\,b = 0$
5	Löse({$2, $3, $4},{a, b, c}) → $\left\{\left\{a = \frac{2}{7890481}, b = -\frac{4}{2809}, c = 2\right\}\right\}$
6	f(x):=Ersetze(g,$5) → $f(x) := \frac{2}{7890481}\,x^4 - \frac{4}{2809}\,x^2 + 2$

d) Setze $f''(x) = 0$: $W_1(-30{,}6|0{,}9)$; $W_2(30{,}6|0{,}9)$
Werte gerundet

6	f(x):=Ersetze(g,$5) → $f(x) := \frac{2}{7890481}\,x^4 - \frac{4}{2809}\,x^2 + 2$
7	f(x) ≈ $2.5347 \cdot 10^{-7}\,x^4 - 0.0014\,x^2 + 2$
8	Löse(f''(x)=0) ≈ $\{x = -30.5996, x = 30.5996\}$
9	f(30.5996) ≈ 0.8889
10	f(-30.5996) ≈ 0.8889

B 4.04 a) $f(x) = a \cdot x^4 + b \cdot x^3 + c \cdot x^2 + d \cdot x + e$

$f'(x) = 4 \cdot a \cdot x^3 + 3 \cdot b \cdot x^2 + 2 \cdot c \cdot x + d$

(1) $f(0) = 0$: $a \cdot 0^4 + b \cdot 0^3 + c \cdot 0^2 + d \cdot 0 + e = 0$

(2) $f'(0) = 0$: $4 \cdot a \cdot 0^3 + 3 \cdot b \cdot 0^2 + 2 \cdot c \cdot 0 + d = 0$

(3) $f(4) = 0$: $a \cdot 4^4 + b \cdot 4^3 + c \cdot 4^2 + d \cdot 4 + e = 0$

(4) $f'(4) = 0$: $4 \cdot a \cdot 4^3 + 3 \cdot b \cdot 4^2 + 2 \cdot c \cdot 4 + d = 0$

(5) $f(2) = -0{,}04$: $a \cdot 2^4 + b \cdot 2^3 + c \cdot 2^2 + d \cdot 2 + e = -0{,}04$

b) $f(x) = -0{,}0025 \cdot x^4 + 0{,}02 \cdot x^3 - 0{,}04 \cdot x^2$

c) $f'(x) = -0{,}01 \cdot x^3 + 0{,}06 \cdot x^2 - 0{,}08 \cdot x$

$f''(x) = -0{,}03 \cdot x^2 + 0{,}12 \cdot x - 0{,}08$

$f'(0) = 0$ (horizontale Tangente) und $f''(0) = -0{,}08 < 0$ (rechtsgekrümmt), d. h. $x = 0$ ist eine Maximumstelle.

$f'(4) = 0$ (horizontale Tangente) und $f''(4) = -0{,}08 < 0$ (rechtsgekrümmt), d. h. $x = 4$ ist eine Maximumstelle.

d) x_0 ist eine Wendestelle.

5 Stochastik

A 5.01 a)

Anzahl der Stunden x_i	2	3	4	5	6	7	8
Absolute Häufigkeit H_i	2	1	2	2	1	1	1

b)

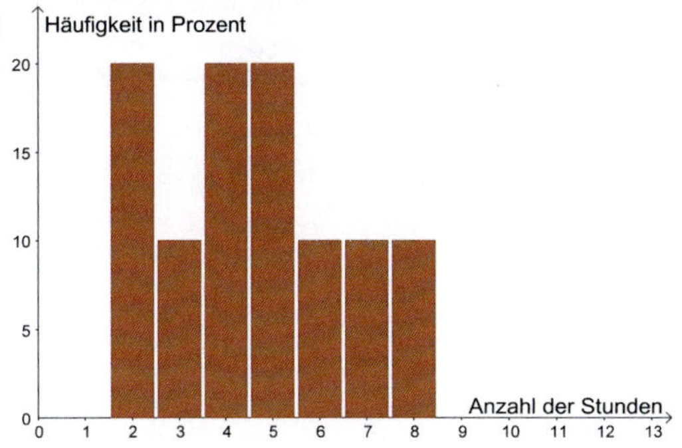

c) Interquartilsabstand $Q3 - Q1 = 6 - 3 = 3$

d) Das arithmetische Mittel würde sich vergrößern, wenn das Kind mit der Nummer 6 statt 8 Stunden 10 Stunden das Smartphone benützt hätte. ☒

A 5.02 a) Arithmetisches Mittel: € 1.895; Median: € 1.725; Standardabweichung: € 400,91

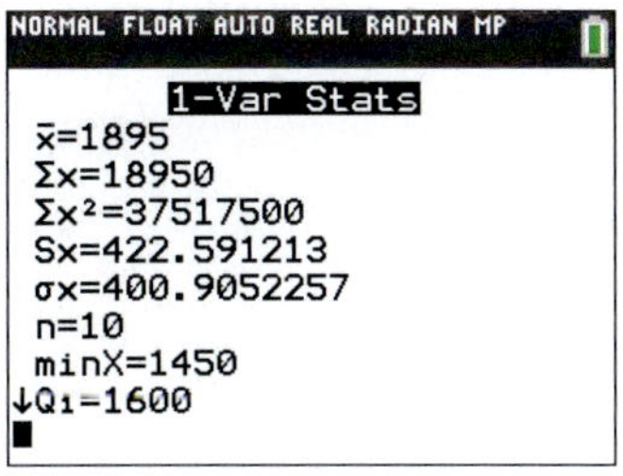

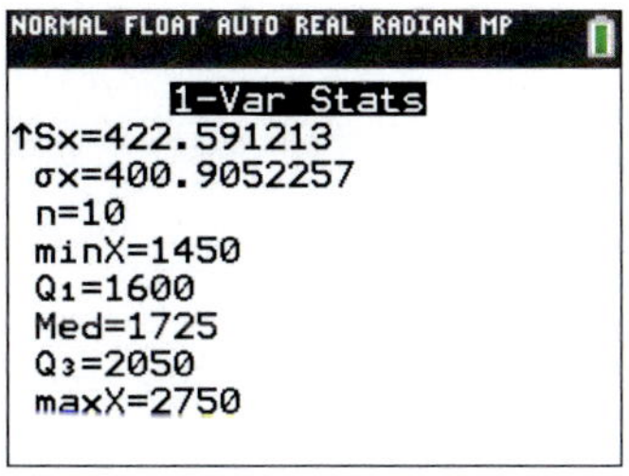

b) Median ☒

A 5.03 a) Die Aussage ist nicht richtig, weil die Bevölkerungszahlen der beiden Länder nicht gleich sind.
Durch die wesentlich höhere Bevölkerungszahl Deutschlands wird die relative Häufigkeit der Blutgruppe 0 für die beiden Länder zusammen näher bei 41 % liegen.

b)

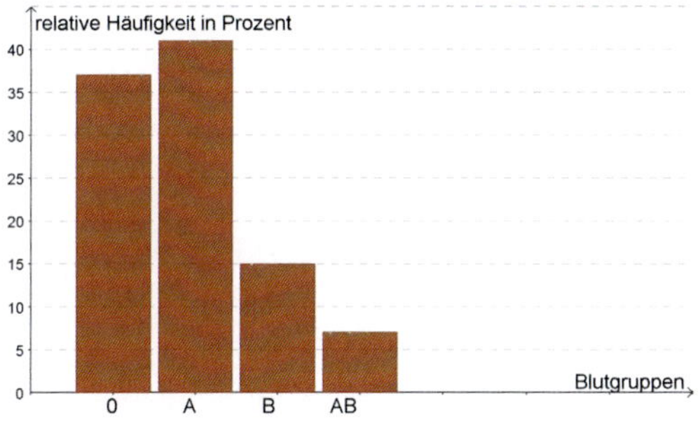

c)

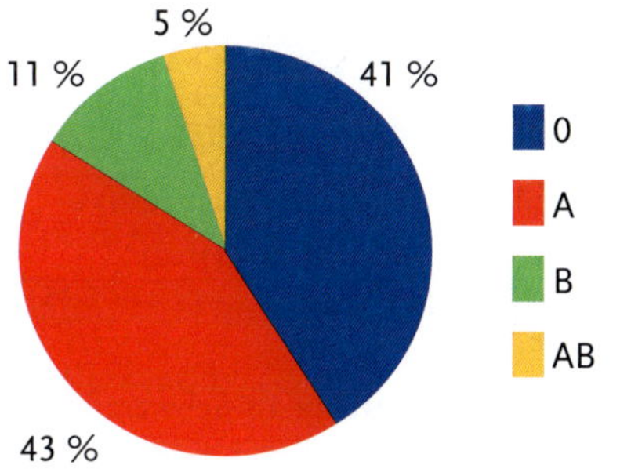

A 5.04 a) Arithmetisches Mittel: 3,5; Standardabweichung: 2,33

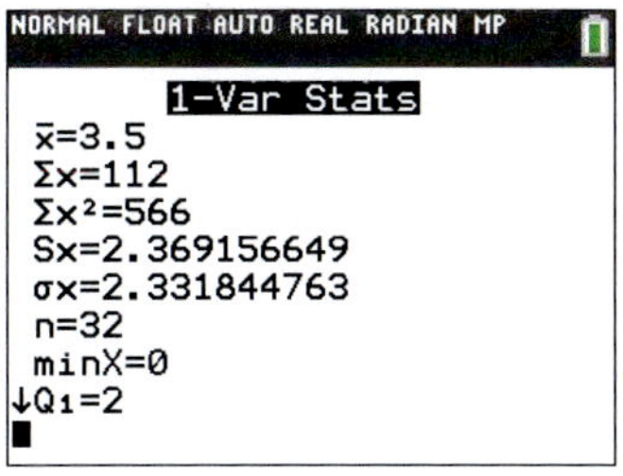

b)

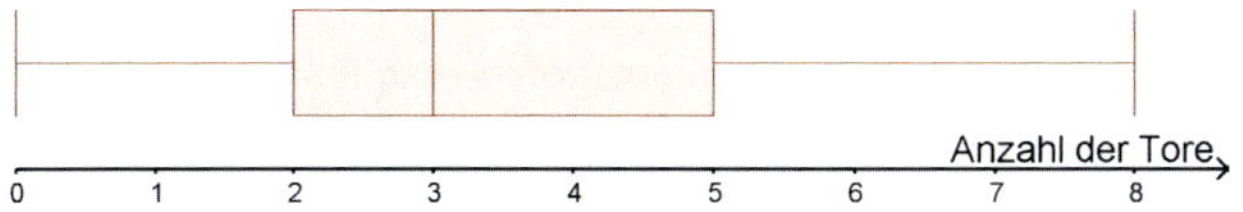

Interquartilsabstand $Q3 - Q1 = 5 - 2 = 3$

A 5.05 a) Median: 80

Spannweite: $98 - 62 = 36$

Interquartilsabstand: $90 - 74 = 16$

b)

15	D	A	Größe des Interquartilsabstands
		B	Punkteanzahl, die von der Hälfte der Bewerberinnen erreicht wird.
80	B	C	Prozentanteil der Bewerberinnen, die die Hälfte der Punkte erreicht haben.
		D	Anzahl der Bewerberinnen, die höchstens 74 Punkte erreicht haben.

c) Mindestens 25 % der Bewerberinnen haben mindestens 90 Punkte erreicht.

A 5.06 a) $\frac{225}{115 + 225 + 70 + 130} = 0{,}41666... \approx 41{,}67\ \%$

Die Behauptung stimmt.

b)

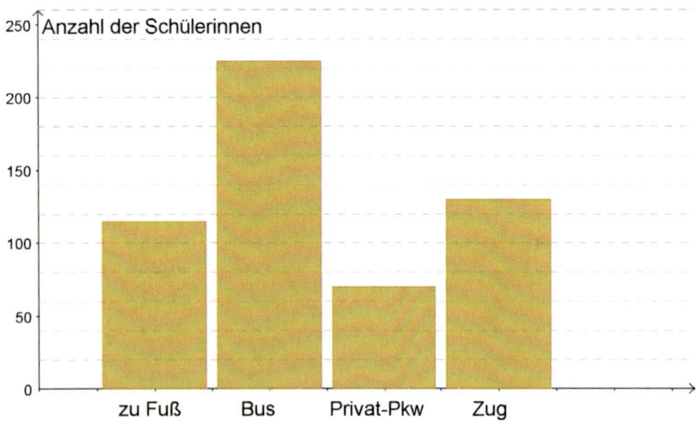

c)

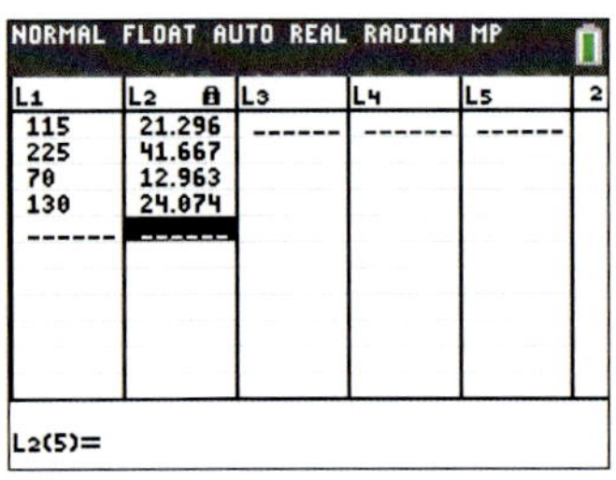

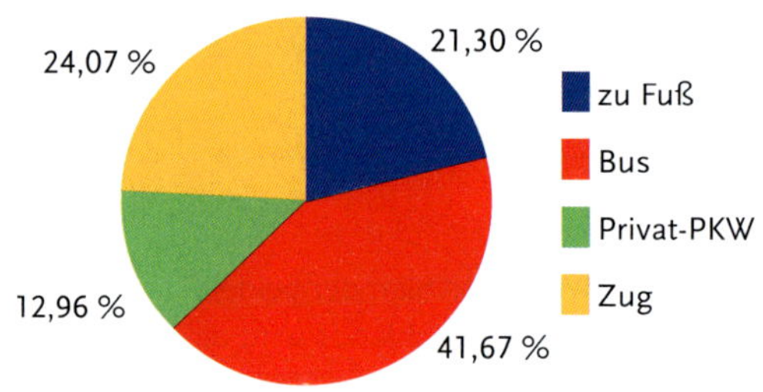

A 5.07 a) $P(\text{sehr zufrieden}) = \frac{162}{284} = 0{,}5704\ ... \approx 57\ \%$

b) $P(\text{Vegetarier und nicht zufrieden}) = \frac{6}{284} = 0{,}0211... \approx 2\ \%$

A 5.08 a) $P(\text{kein Schwarzfahrer} \mid \text{als Schwarzfahrer eingestuft}) =$

$$= \frac{P(\text{kein Schwarzfahrer und als Schwarzfahrer eingestuft})}{P(\text{als Schwarzfahrer eingestuft})} = \frac{0{,}85 \cdot 0{,}16}{0{,}15 \cdot 0{,}9 + 0{,}85 \cdot 0{,}16} = \frac{0{,}136}{0{,}271} = 0{,}5018... \approx 50{,}2\ \%$$

Martin irrt sich in 50,2 % aller Fälle.

b) Es werden von Martin 12 der Fahrgäste als Schwarzfahrer eingestuft.

A 5.09 a) und b)

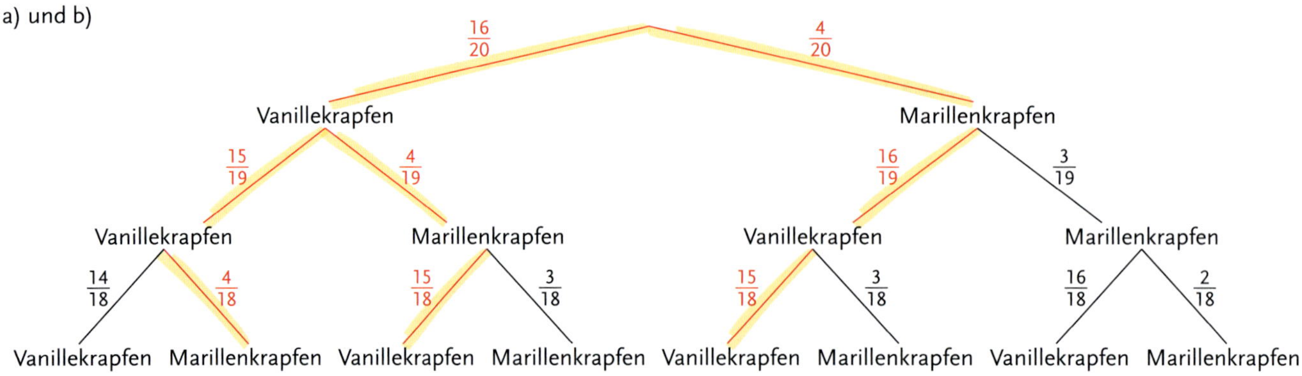

c) $P(X = 1) = \frac{16}{20} \cdot \frac{15}{19} \cdot \frac{4}{18} + \frac{16}{20} \cdot \frac{4}{19} \cdot \frac{15}{18} + \frac{4}{20} \cdot \frac{16}{19} \cdot \frac{15}{18} = \frac{8}{19} \approx 0{,}421... \approx 42\ \%$

A 5.10 a)

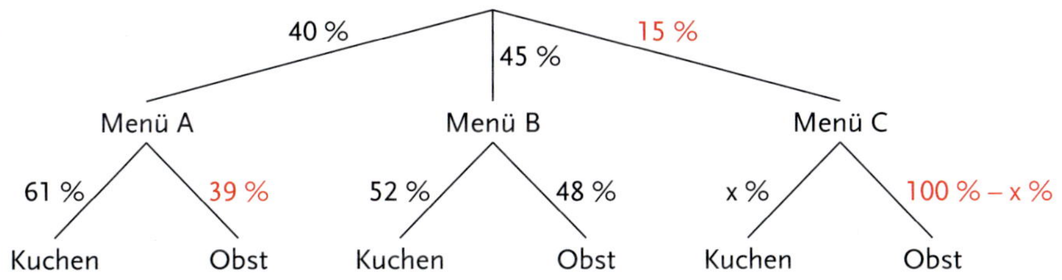

b) $0{,}4 \cdot 0{,}61 + 0{,}45 \cdot 0{,}52 + 0{,}15 \cdot \frac{x}{100} = 0{,}523 \quad \Rightarrow \quad x = 30$

c) P((Menü A oder B) und Kuchen) =
= P((Menü A und Kuchen) oder (Menü B und Kuchen)) =
$= 0{,}4 \cdot 0{,}61 + 0{,}45 \cdot 0{,}52 = 0{,}478 = 47{,}8\ \%$

A 5.11 a) P(vegetarisches Menü ∩ Magenverstimmung) $= 0{,}15 \cdot 0{,}8 = 0{,}12$

b) X   Anzahl der erkrankten Angestellten
$n = 3;\ p = 0{,}12$
$P(X \geqslant 1) = 1 - P(X = 0) = 1 - 0{,}6815 = 0{,}3185$

c)

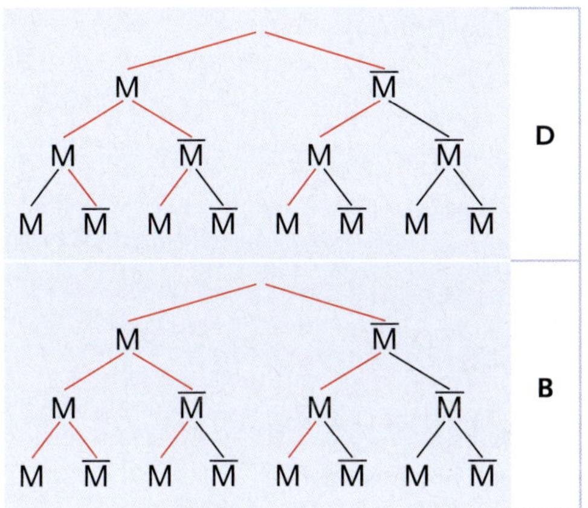

A	Mehr als zwei Angestellte erkranken.
B	Mindestens zwei Angestellte erkranken.
C	Höchstens zwei Angestellte erkranken.
D	Genau zwei Angestellte erkranken.

A 5.12 a) X   Anzahl der Gläser, die Kirschkerne enthalten
n   200 Gläser
$p = 0{,}03$ Wahrscheinlichkeit, dass ein zufällig entnommenes Glas einen Kern enthält
$P(X > 10) = 1 - P(X \leqslant 10) = 1 - 0{,}9599 = 0{,}0401$
Die Wahrscheinlichkeit beträgt ca. 4 %.

b) Ereignis E: In mindestens 2 der 20 Gläser sind Kerne enthalten.

A 5.13 a) Er rechnet mit dem Erwartungswert. Dieser tritt aber nicht mit Sicherheit ein, sondern entspricht nur den im Mittel zu erwartenden Bestellungen. Die tatsächliche Anzahl der Bestellungen schwankt um diesen Erwartungswert.

b) X   Anzahl der Personen, die ein vegetarisches Menü wählen
$n = 150;\ p = 15\ \%$
$P(X \leqslant 30) =$ **binomcdf(150, 0.15, 30)** $= 0{,}9622$
$(1 - 0{,}9622) \cdot 240 \approx 9$
Die vorbereitete Anzahl der vegetarischen Menüs ist an 9 Tagen nicht ausreichend.

c) Ereignis: Es bestellen mindestens 30 Personen ein vegetarisches Menü.

A 5.14 a) Ereignis: Die Füllmenge eines zufällig gewählten Faschingskrapfens beträgt mindestens 5,5 g.

b)

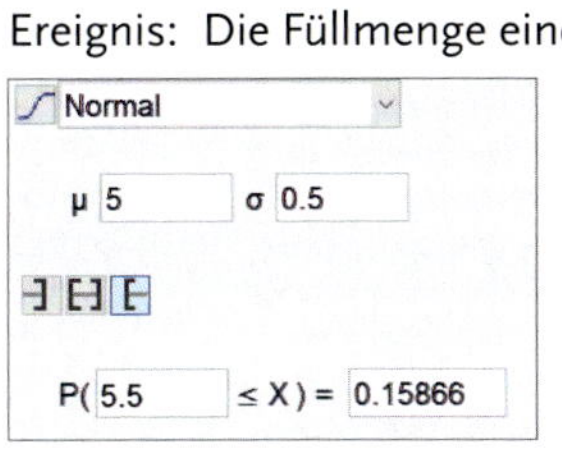

$P(X \geqslant 5{,}5) = 0{,}15866... \approx 15{,}87\ \%$

c) Das Ereignis, dass die Füllmenge eines zufällig gewählten Faschingskrapfens zwischen 4,5 g und 5,5 g beträgt.

d)

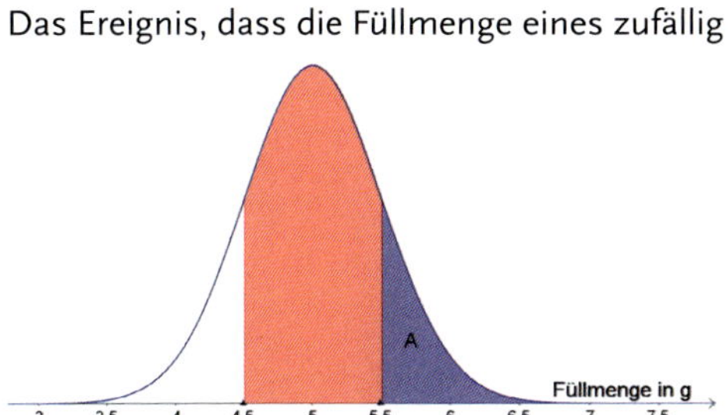

A 5.15 a) und b) $\mu = 77$ und $\alpha = 2$

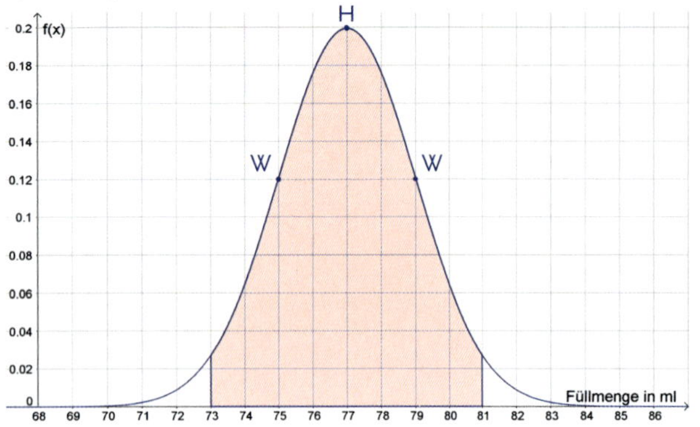

c)

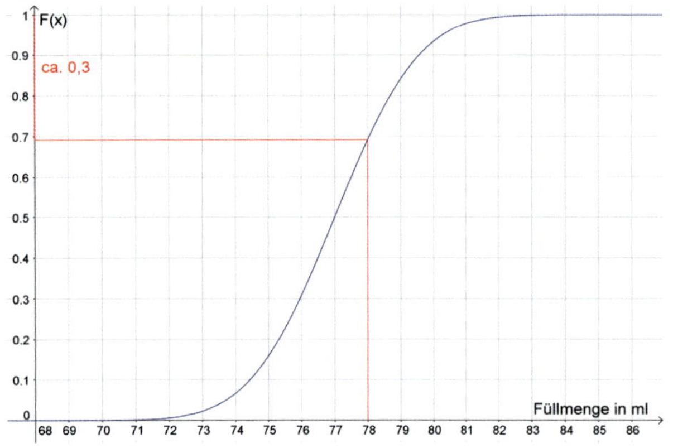

d) Durch die Verringerung des Erwartungswerts verschiebt sich der Graph nach links.
Die Verringerung der Standardabweichung bewirkt, dass die Kurve schmäler und höher verläuft.

A 5.16 a) $P(X \leqslant 1\,350) \approx 0{,}0668 \approx 7\,\%$

b)

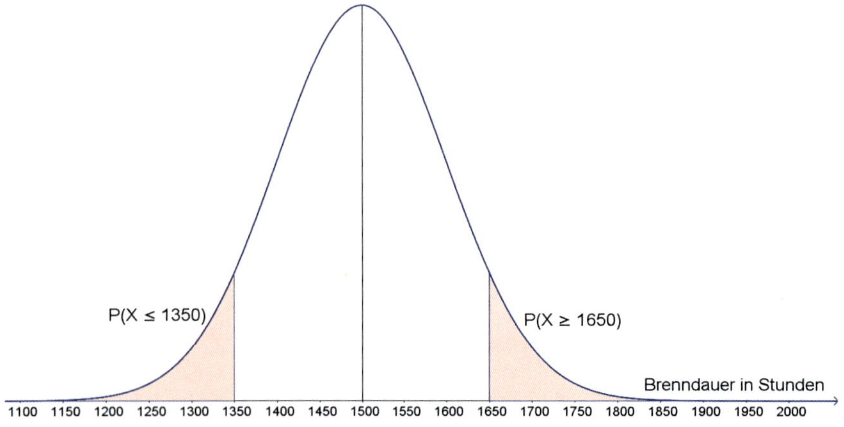

Da die Dichtefunktion symmetrisch um 1 500 Stunden ist, sind die beiden Wahrscheinlichkeiten gleich groß.

c) $P(\mu - a \leqslant X \leqslant \mu + a) = 0{,}95$

$P(X \leqslant \mu - a) = 0{,}5 - 0{,}475 = 0{,}025$

Mit Technologie: $\mu - a \approx 1\,304$ Stunden und daher $a = 196$ Stunden

[1 304; 1 696]

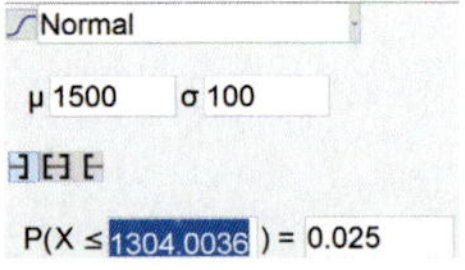

d) $P(X \leqslant b) = 0{,}05$

Mit Technologie: $b = 1\,335{,}514\ldots$

Die Firma garantiert eine Mindestbrenndauer von rund 1 335 Stunden.

A 5.17 a) $\mu = 255$ ml; $\sigma = 2$ ml

b) Das Ereignis, dass die Füllmenge eines zufällig gewählten Seifenspenders höchstens 251 ml beträgt.

c) 251 entspricht der unteren Grenze des 2σ-Intervalls, dessen Wahrscheinlichkeit ca. 95,5 % beträgt.
Da die Dichtefunktion symmetrisch ist, muss $P(X \leqslant \mu - 2\sigma) \approx \frac{1 - 0{,}955}{2} = 0{,}0225$ sein.

d)

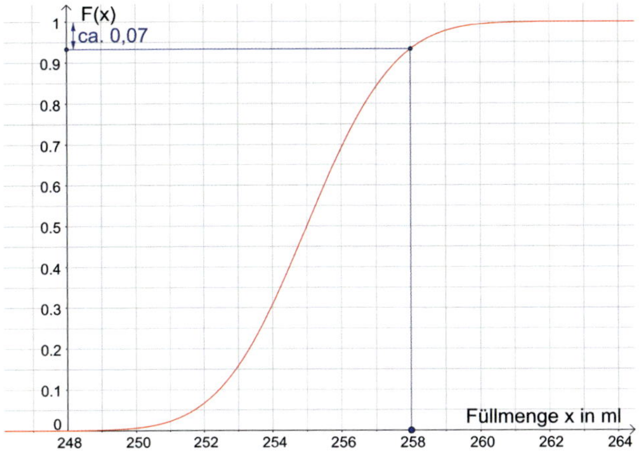

$P(X \geqslant 258) \approx 0{,}07$

A 5.18 a) $P(1\,010 - a \leqslant X \leqslant 1\,010 + a) = 0{,}95$

Mit Technologie: ca. [1 000,2; 1 019,8]

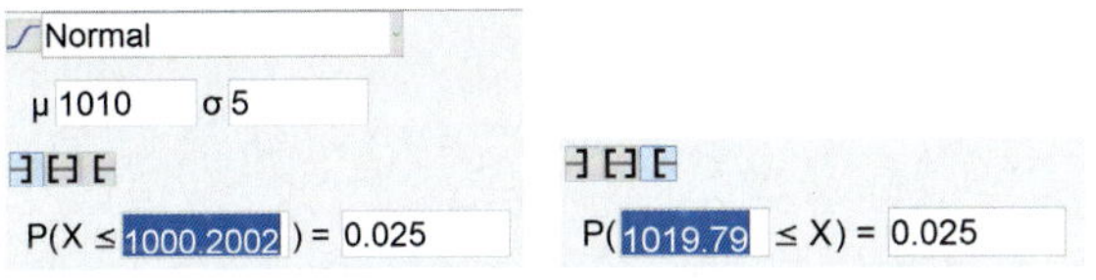

b)

$1 - 0{,}5 \cdot P(1\,000 \leqslant X \leqslant 1\,020)$	☒

c)

①	
gleichbleibendem Maximalwert breiter	☐
erhöhtem Maximalwert breiter	☐
verringertem Maximalwert breiter	☒

②	
μ erhöht	☐
σ erhöht	☒
σ verringert	☐

A 5.19 a)

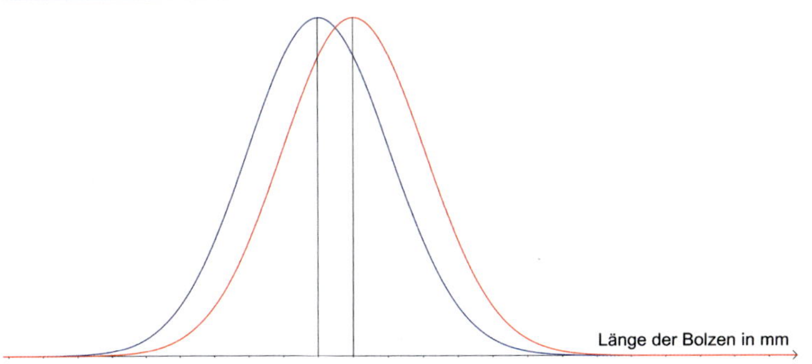

b) Der Prozentanteil der zu langen Bolzen steigt.

B 5.01 a) t in Jahren ab 1995

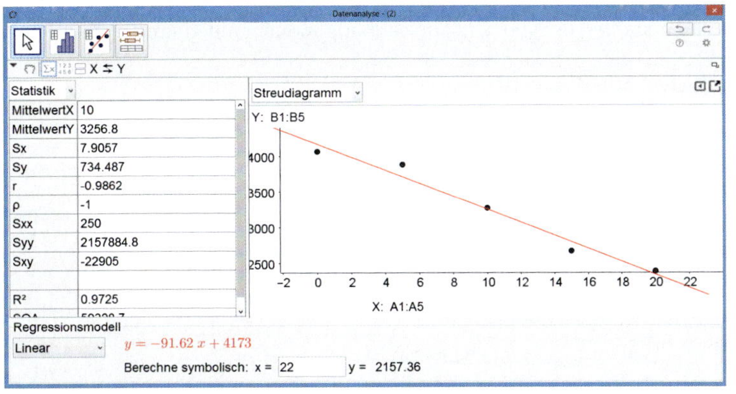

b) Lineare Regression: $f(t) = -91{,}62 \cdot t + 4\,173$

B 5.01 c) 2020 entspricht t = 25: f(25) ≈ 1 883

d) –91,62 bedeutet, dass die Anzahl der Kinderunfälle durchschnittlich um ca. 92 Kinderunfälle pro Jahr abnimmt.

e) Korrelationskoeffizient r = –0,9862

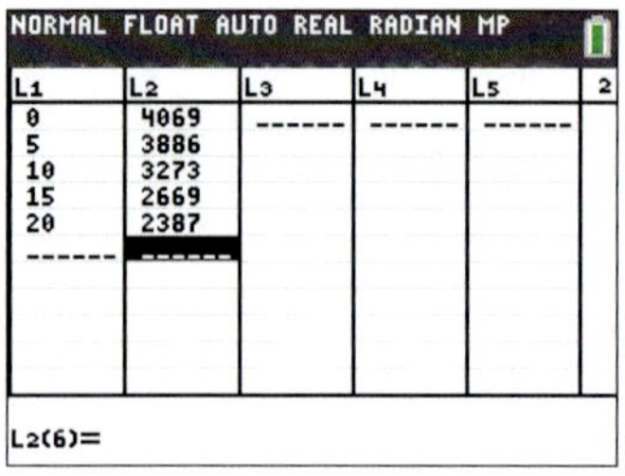

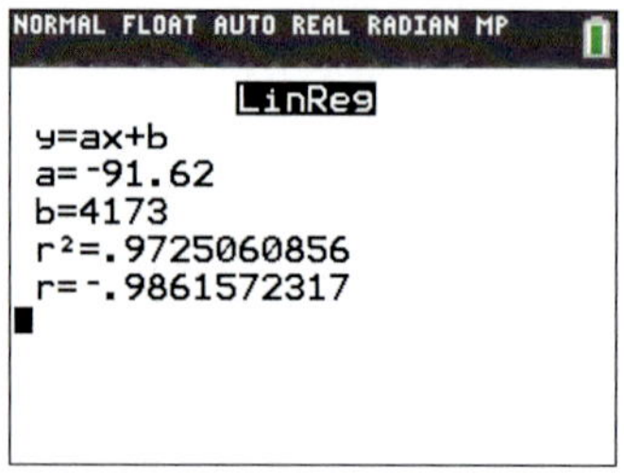

Das negative Vorzeichen von r bedeutet, dass die Regressionsgerade fallend ist.

B 5.02 a) $f(x) = 0{,}0231 \cdot x^3 + 0{,}2372 \cdot x^2 + 0{,}2454 \cdot x + 0{,}0025$

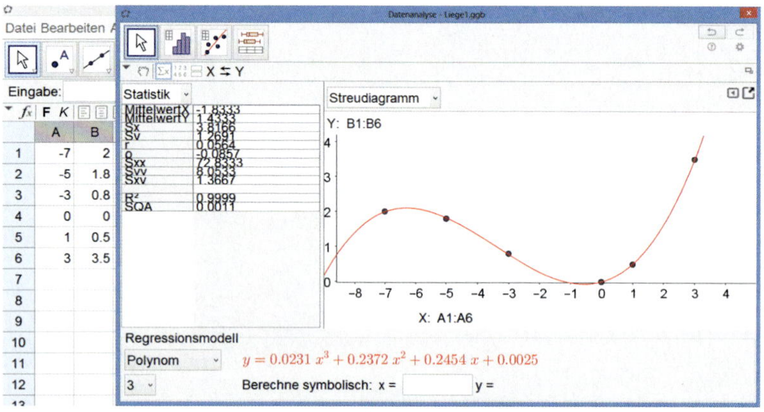

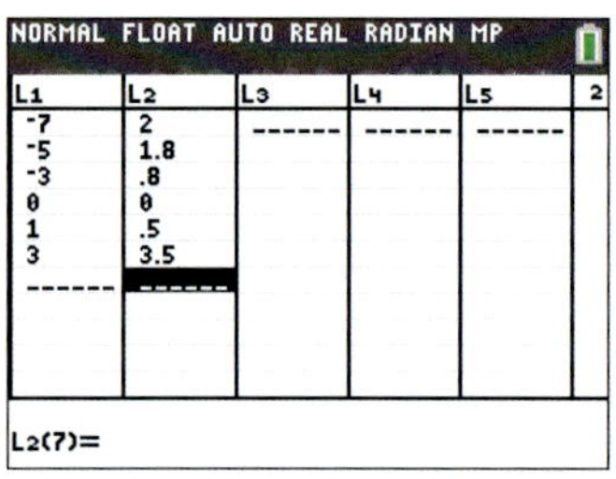

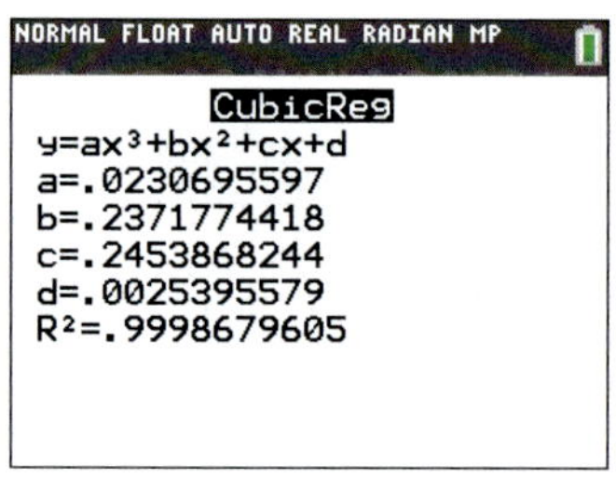

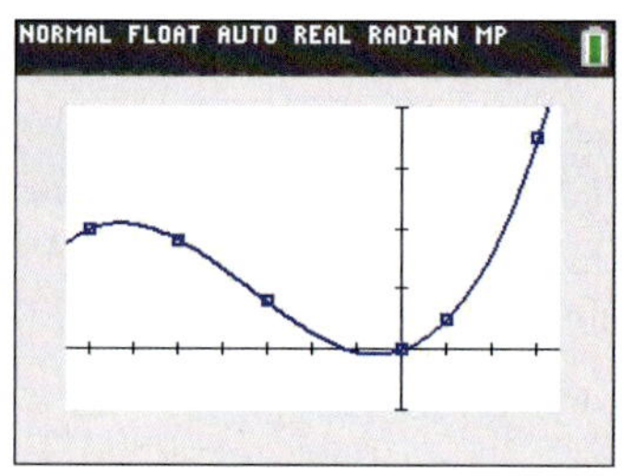

b) Die vorgegebenen Punkte lassen eine s-förmige Kurve mit Rechts- und Linkskrümmung und einem Wendepunkt vermuten. Die Polynomfunktion dritten Grades hat diese Eigenschaften.

B 5.03 a) Regressionsfunktion: f(t) = 3,7537 · t + 175,5467

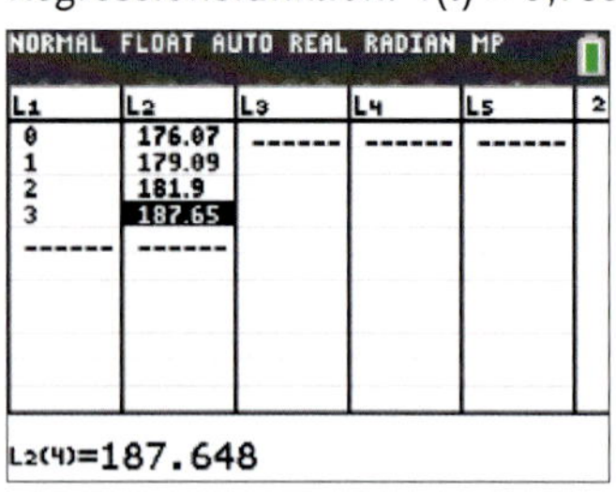

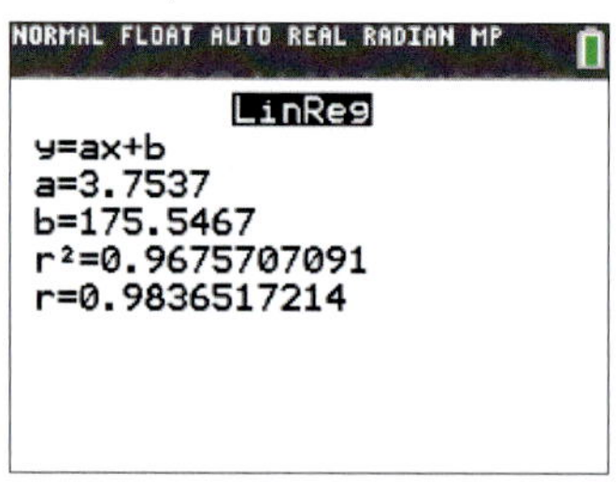

b) a = 3,7537 bedeutet eine durchschnittliche Zunahme der Staatsausgaben um ca. 3,7537 Mrd. Euro pro Jahr.

c) Der Korrelationskoeffizient r = 0,984 deutet auf einen starken linearen Zusammenhang zwischen den Jahren ab 2015 und den Staatsausgaben hin.

B 5.04 a) kein Gewinn bei 600 + 595 Lose: $p_1 = \frac{1\,195}{1\,800} = 0{,}6639$

600 Sachpreise zu je 6 Euro: $p_2 = \frac{600}{1\,800} = \frac{1}{3}$

5 Hauptpreise zu je 200 Euro: $p_3 = \frac{5}{1\,800} = 0{,}0028$

b) $X \in \{0, 6, 200\}$

$E(X) = a_1 \cdot p_1 + a_2 \cdot p_2 + a_3 \cdot p_3$

$E(X) = 0 + 6 \cdot \frac{1}{3} + 200 \cdot 0{,}0028 = 2{,}56$

Erwartungswert: 2,56 Euro

B 5.05 a) Die Zufallsvariable X kann die Werte –2 (Niete), 48 (Gewinn in Euro für ein Gewinnlos) und 198 (Hauptgewinn in Euro) annehmen.

Die Wahrscheinlichkeit für den Hauptgewinn beträgt $\frac{1}{1\,000} = 0{,}001$, für einen 50-Euro-Gewinn $\frac{10}{1\,000} = 0{,}01$ und für eine Niete $\frac{989}{1\,000} = 0{,}989$.

x_i	–2	48	200
$P(X = x_i)$	0,989	0,01	0,001

b) $E(X) = (-2) \cdot 0{,}989 + 48 \cdot 0{,}01 + 198 \cdot 0{,}001 = -1{,}3$

Für ein Los ist ein Gewinn von –1,30 Euro zu erwarten.

c) $(-a) \cdot 0{,}989 + (50 - a) \cdot 0{,}01 + (200 - a) \cdot 0{,}001 = 0$

$a \approx 0{,}7$

Lospreis = 0,7 Euro

Bei einem Lospreis von 0,70 Euro wäre das Spiel fair.

B 5.06 a) Zur Berechnung der Wahrscheinlichkeiten ist ein Baumdiagramm zweckmäßig:

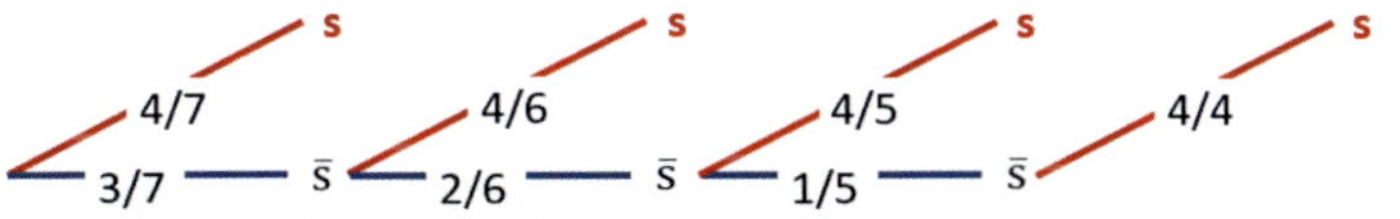

x_i	$P(X = x_i)$	$x_i \cdot P(X = x_i)$
1	$\frac{4}{7}$	$1 \cdot \frac{4}{7} = \frac{4}{7}$
2	$\frac{3}{7} \cdot \frac{4}{6} = \frac{2}{7}$	$2 \cdot \frac{2}{7} = \frac{4}{7}$
3	$\frac{3}{7} \cdot \frac{2}{6} \cdot \frac{4}{5} = \frac{4}{35}$	$3 \cdot \frac{4}{35} = \frac{12}{35}$
4	$\frac{3}{7} \cdot \frac{2}{6} \cdot \frac{1}{5} \cdot \frac{4}{4} = \frac{1}{35}$	$4 \cdot \frac{1}{35} = \frac{4}{35}$
Σ	1	1,6

b) $E(x) = 1 \cdot \frac{4}{7} + 2 \cdot \frac{2}{7} + 3 \cdot \frac{4}{35} + 4 \cdot \frac{1}{35} = 1{,}6$

c) Der Erwartungswert gibt an, dass man im Mittel 1,6 Züge benötigt, bis ein silbernes Bonbon gezogen wird.

B 5.07 a)

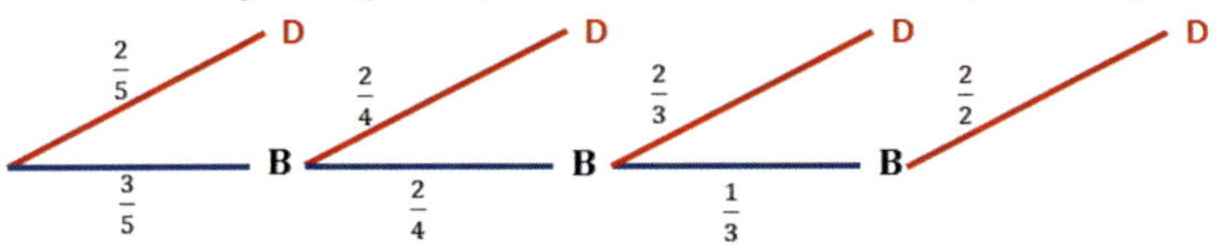

b)

x_i	$P(X = x_i)$	$x_i \cdot P(X = x_i)$
1	$\frac{2}{5}$	$1 \cdot \frac{2}{5} = \frac{2}{5}$
2	$\frac{3}{5} \cdot \frac{2}{4} = \frac{3}{10}$	$2 \cdot \frac{3}{10} = \frac{3}{5}$
3	$\frac{3}{5} \cdot \frac{2}{4} \cdot \frac{2}{3} = \frac{2}{10}$	$3 \cdot \frac{2}{10} = \frac{3}{5}$
4	$\frac{3}{5} \cdot \frac{2}{4} \cdot \frac{1}{3} \cdot \frac{2}{2} = \frac{1}{10}$	$4 \cdot \frac{1}{10} = \frac{2}{5}$
Σ	1	2

c) $E(x) = 1 \cdot \frac{2}{5} + 2 \cdot \frac{3}{10} + 3 \cdot \frac{2}{10} + 4 \cdot \frac{1}{10} = 2$

d) Der Erwartungswert gibt an, dass man im Mittel 2 Züge benötigt, bis eine Dame gezogen wird.

B 5.08 a)

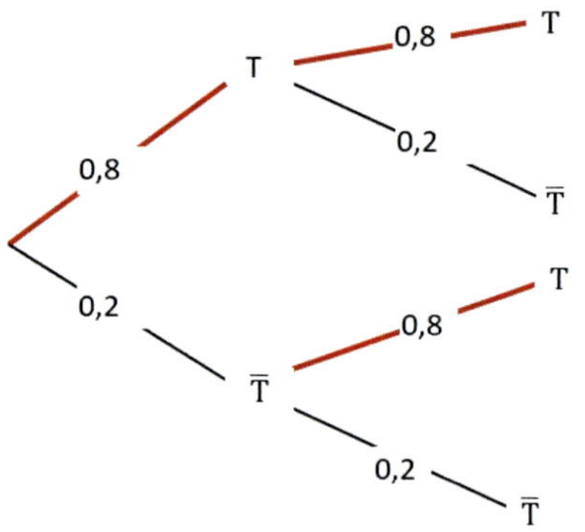

b)

x_i	$P(X = x_i)$	$x_i \cdot P(X = x_i)$	$(x_i - \mu) \cdot P(X = x_i)$
0	$0{,}2 \cdot 0{,}2 = 0{,}04$	$0 \cdot 0{,}04 = 0$	$(0 - 1{,}6)^2 \cdot 0{,}04 = 0{,}1024$
1	$2 \cdot 0{,}2 \cdot 0{,}8 = 0{,}32$	$1 \cdot 0{,}32 = 0{,}32$	$(1 - 1{,}6)^2 \cdot 0{,}32 = 0{,}1152$
2	$0{,}8 \cdot 0{,}8 = 0{,}64$	$2 \cdot 0{,}64 = 1{,}28$	$(2 - 1{,}6)^2 \cdot 0{,}64 = 0{,}1024$
Σ	1	1,6	0,32

$\mu = E(X) = 1{,}6$

Der Bogenschütze wird bei zwei Schüssen im Mittel 1,6 Treffer erwarten.

$s^2 = 0{,}32$

$s = \sqrt{0{,}32} \approx 0{,}5657$

Alternative Berechnung des Erwartungswertes: 80 % von zwei Schüssen werden treffen. Somit sind $2 \cdot 0{,}8 = 1{,}6$ Treffer zu erwarten.

B 5.09 a)

x_i	$P(X = x_i)$	$x_i \cdot P(X = x_i)$
0	0,4006	$0 \cdot 0{,}4006 = 0$
1	0,4241	$1 \cdot 0{,}4241 = 0{,}4241$
2	0,1515	$2 \cdot 0{,}1515 = 0{,}3030$
3	0,0224	$3 \cdot 0{,}0224 = 0{,}0672$
4	0,0014	$4 \cdot 0{,}0014 = 0{,}0056$
5	$2{,}9 \cdot 10^{-5}$	$5 \cdot 2{,}87 \cdot 10^{-5} = 1{,}45 \cdot 10^{-4}$
6	$1{,}2 \cdot 10^{-7}$	$6 \cdot 1{,}22 \cdot 10^{-7} = 7{,}2 \cdot 10^{-7}$
Σ	1	0,8

$E(X) = 0{,}8$

b) Im Durchschnitt sind pro abgegebenem Tipp nur 0,8 Richtige zu erwarten.

B 5.10 a) $P(X = 0) \approx 0{,}11$

b)

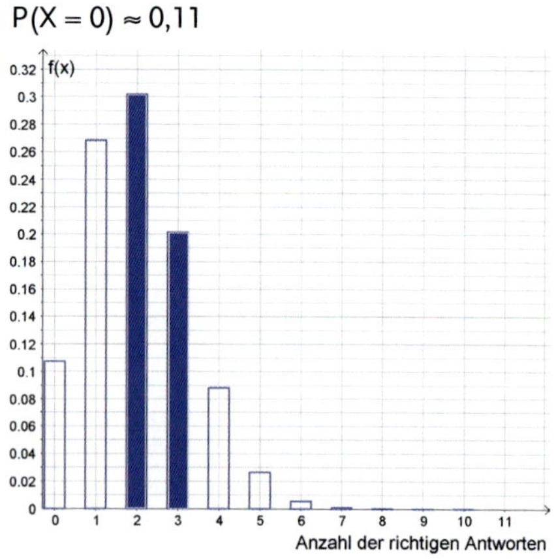

c) $1 - P(X \geqslant 5)$ X

d) $1 - P(X \geqslant 5) = P(X \leqslant 4) \approx 0{,}11 + 0{,}27 + 0{,}3 + 0{,}2 + 0{,}09 = 0{,}97$

e) $\mu = n \cdot p;\; 10 \cdot p = 2 \rightarrow p = \frac{2}{10} = \frac{1}{5}$

Es sind 5 Antwortmöglichkeiten gegeben.

Quellennachweis

Seite 3: Adobe Stock: Young high school students (#5131585). © Yuri Arcurs.

Seite 6: Adobe Stock: group of students with books writing school test (#133194684). © Syda Productions.
Seite 9: Adobe Stock: Math Mathematic Education Knowledge School Concept (#136292234). © Rawpixel.com.
Seite 9: Adobe Stock: yellow swimming pool ring float in blue water. concept color summer (#145429567). © barameefotolia.

Seite 10: Adobe Stock: Glas mit rotem Traubensaft und Früchten (#90058022). © Kitty.
Seite 10: Adobe Stock: Barrel with nuclear waste (#43245884). © Moon Art.
Seite 11: Adobe Stock: feet on white scale (#641033). © fred goldstein.
Seite 12: Adobe Stock: Insurance Home Live Car Protection Concept (#105848941). © REDPIXEL.
Seite 13: Adobe Stock: Paper boxes in a shopping cart ... (#145967547). © william_potter.
Seite 13: Adobe Stock: vaches s'aliment (#21462500). © coco.
Seite 13: Adobe Stock: Kleiderbügel (#293938528). © beeboys.

Seite 15: Adobe Stock: Eine Apothekerin in der Rezeptur (#165584899). © Anke Thomass.
Seite 16: Adobe Stock: Pendel (#20880792). © Gabriele Rohde.
Seite 17: Adobe Stock: Gondel Luftseilbahn Winter (#61947133). © lehvis.
Seite 17: Höhenweg (Quelle unbekannt).
Seite 18: Wasservorrat (science photo library).
Seite 18: Zwei Kugeln (Quelle unbekannt).
Seite 20: Geschichten mit Knoten (Buchcover, Internet).
Seite 20: Adobe Stock: Bremsspur an einem Unfallort (#41811066). © Gerhard Seybert.
Seite 21: Adobe Stock: Barometer instrument for measuring air pressure,vector (#51524365). © michello81.
Seite 21: Adobe Stock: Pfefferminztee (#45026709). © Nadine Conrad.
Seite 23: Adobe Stock: Hoher Kasten, Appenzell, Schweiz (#95632898). © lehvis.
Seite 25: Adobe Stock: Trekking, camping and wild life concept (#165484843). © deagreez.
Seite 25: Shutterstock: Helicopter rescue... (#309534497). © Nadezda Murmakova.
Seite 26: Adobe Stock: boat pulling ship (#170453443). © borroko72.
Seite 27: Adobe Stock: Chica en la montaña (#177244540). © esthermm.
Seite 27: Adobe Stock: Neubau Einfamilienhaus neutral vor blauem Himmel (#21915201). © PANORAMO.

Seite 30: Adobe Stock: Anstoßen mit Bier (#87912992). © mhp.
Seite 31: Adobe Stock: Ein Tank für Bauwasser unter blauem Sommerhimmel (#69285113). © fefufoto.
Seite 32: Parseierspitze. © Kathrin Gerstendorf.
Seite 32: Adobe Stock: Female baker holding freshly baked croissants in bakery (#32008442). © Ljupco Smokovski.
Seite 32: Adobe Stock: Schöner Garten mit vielen Pflanzen (#16695564). © BildPix.de.
Seite 33: Adobe Stock: Telephone (#6911615). © benik.at.
Seite 34: Adobe Stock: Stadtautobahn in Wien (#44633527). © bettina sampl.
Seite 35: Adobe Stock: Paar in Stadt fährt mit Fahrrad in Freizeit (#45485311). © Kzenon.
Seite 36: Adobe Stock: hammer throw 2 (#557851). © Jim.
Seite 38: Adobe Stock: Chemistry model of hydrogen molecule scientific elements (#134035653). © LoopAll.
Seite 38: Adobe Stock: Überschall am Himmel - Der Knall! (#160160195). © WWW.JET-PIX.DE.
Seite 39: Adobe Stock: Equations and Formulas (#152229586). © Marzky Ragsac Jr.
Seite 41: Adobe Stock: Wired to FTTH - Fibre to the Home (#24064473). © PixBox.
Seite 42: Fotolia: Glasfaserkabel (#6599554). © Blumenstock.
Seite 43: Trisannabrücke (Quelle unbekannt).
Seite 43: Adobe Stock: Cockpit mit Spritverbrauch Benzinverbrauch (#127332969). © Stockwerk-Fotodesign.
Seite 45: Adobe Stock: cowboy's leather hat stetson vector illustration isolated on (#41034156). © aleksangel.
Seite 45: Zahlentreppe. © Theresia Klonner.
Seite 46: Adobe Stock: Angenehmer Sound im Ohr (#108922917). © psdesign1.
Seite 47: Adobe Stock: Fiber optic cable with braided armored structure. Vector realistic illustration. (#172099316). © vinap.

Seite 49: Ladezustand Batterie einer PV-Anlage. © Fritz Tinhof.
Seite 50: Adobe Stock: Sunrise over ocean (#86844337). © sborisov.
Seite 50: Adobe Stock: Sunset at Folly Beach (#134222113). © marknortona.
Seite 51: Adobe Stock: Open cardboard box closeup (#73799158). © unclepodger.
Seite 51: Adobe Stock: Materialseilbahn in den Alpen (#30459637). © forelle66.
Seite 52: Adobe Stock: Gülle ausbringen (#14337687). © Netzer Johannes.
Seite 52: Adobe Stock: Triangular sign of radiation hazard in the zone of radioactive fallout (#123032304). © Roman.

Seite 53: Adobe Stock: field of blooming sunflowers (#135177420). © Alekss.
Seite 55: Adobe Stock: small brook (#41214625). © hansenn.
Seite 57: Adobe Stock: External fuel tanks at a filling station (#338137414). © slay19.
Seite 59: Gezeitenkraftwerk (Quelle unbekannt).
Seite 60: Adobe Stock: Handsome man playing guitar on color background (#307761047). © Pixel-Shot.
Seite 62: Adobe Stock: Highway overpass (#186489243). © evening_tao.

Seite 63: Adobe Stock: elementary school students with smartphones (#119361714). © Syda Productions.
Seite 64: Adobe Stock: Geschäftserfolg (#99119858). © mnimage.
Seite 64: Adobe Stock: Blutgruppen und Rhesusfaktor (#24810206). © lom123.
Seite 64: Adobe Stock: the soccer game (#114694762). © Val Thoermer.
Seite 65: Adobe Stock: 3d man trying to solve problem. 3d render. (#136782179). © viktor88.
Seite 65: Adobe Stock: Kinder in der Bushaltestelle (#46053397). © st-fotograf.
Seite 66: Adobe Stock: Lunchladies beside trays of food in school cafeteria (#32005271). © Monkey Business.
Seite 66: Shutterstock: Train Steward in Yamanashi ... (#188444651). © cowardlion.
Seite 66: Adobe Stock: Krapfen (#5931941). © Digitalpress.
Seite 67: Adobe Stock: Business colleagues cook serve lunch canteen food (#41529307). © CandyBox Images.
Seite 67: Adobe Stock: magenschmerzen (#23543544). © westfotos.de.
Seite 67: Adobe Stock: homemade cherry compote on wooden table (#62527501). © meteo021.
Seite 70: Adobe Stock: Bolts (#90641518). © alexlmx.
Seite 71: Adobe Stock: Kind mit Hand am Topf (#24867495). © photophonie.
Seite 72: Adobe Stock: Lose (#96231618). © euthymia.
Seite 73: Kartenspiel. © Markus Paul.

Screenshots von Tabellen, Graphen und Auswertungen wurden mithilfe von am Markt bekannten Tabellenkalkulationsprogrammen, CAS und GTR erstellt.

Alle übrigen Grafiken und Fotos sind Eigentum des TRAUNER Verlags.